▶▶ 光盘主要内容

　　本光盘为《计算机应用案例教程系列》丛书的配套多媒体教学光盘，光盘中的内容包括 18 小时与图书内容同步的视频教学录像和相关素材文件。光盘采用真实详细的操作演示方式，详细讲解了电脑以及各种应用软件的使用方法和技巧。此外，本光盘附赠大量学习资料，其中包括 3 ～ 5 套与本书内容相关的多媒体教学演示视频。

▶▶ 光盘操作方法

　　将 DVD 光盘放入 DVD 光驱，几秒钟后光盘将自动运行。如果光盘没有自动运行，可双击桌面上的【我的电脑】或【计算机】图标，在打开的窗口中双击 DVD 光驱所在盘符，或者右击该盘符，在弹出的快捷菜单中选择【自动播放】命令，即可启动光盘进入多媒体互动教学光盘主界面。
　　光盘运行后会自动播放一段片头动画，若您想直接进入主界面，可单击鼠标跳过片头动画。

▶▶ 光盘运行环境

- 赛扬 1.0GHz 以上 CPU
- 512MB 以上内存
- 500MB 以上硬盘空间
- Windows XP/Vista/7/8 操作系统
- 屏幕分辨率 1280×768 以上
- 8 倍速以上的 DVD 光驱

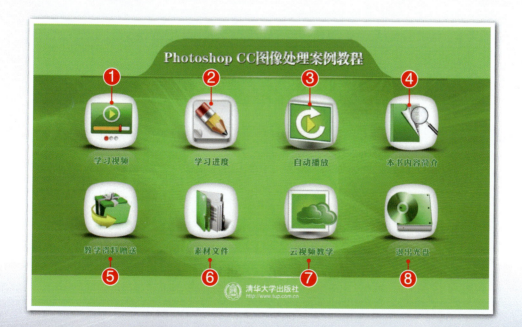

① 进入普通视频教学模式　② 进入学习进度查看模式　③ 进入自动播放演示模式　④ 阅读本书内容介绍

⑤ 打开赠送的学习资料文件夹　⑥ 打开素材文件夹　⑦ 进入云视频教学界面　⑧ 退出光盘学习

[光盘使用说明]

▶▶ 普通视频教学模式

单击【学习视频】按钮

① 单击章节名称
② 单击实例名称

进入普通视频教学界面
控制视频教学播放

▶▶ 学习进度查看模式

单击【学习进度】按钮

① 界面中显示每个实例的学习进度数值
② 单击需要继续学习的实例名称

此时从上次结束部分继续学习

▶▶ 自动播放演示模式

单击【自动播放】按钮

进入自动播放视频教学界面，用户无须动手操作，系统将按顺序播放整张光盘

▶▶ 赠送的教学资料

② 打开光盘中教学资料所在文件夹
① 单击【教学资料赠送】按钮

② 打开光盘中素材文件所在文件夹
① 单击【素材文件】按钮

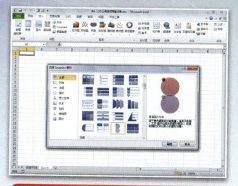

▶ 插入SmartArt图形

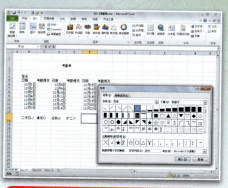

▶ 插入特殊字符

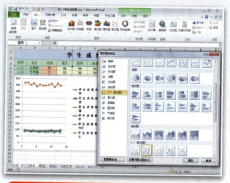

▶ 插入图表

▶ 创建动态图表

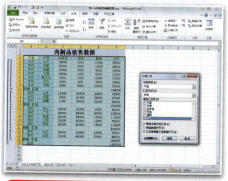

▶ 创建分类汇总

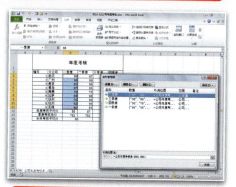

▶ 定义与管理名称

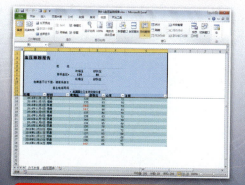

▶ 冻结工作表中的窗格

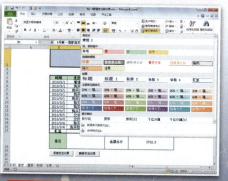

▶ 设置单元格样式

[Excel 2010电子表格案例教程]

▶ 设置工作表背景

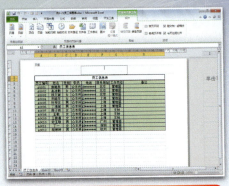

▶ 设置工作表页眉页脚

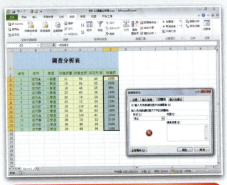

▶ 设置数据有效性

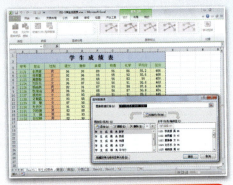

▶ 设置图表数据源

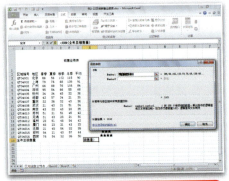

▶ 使用函数

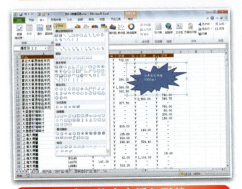

▶ 在工作表中插入形状

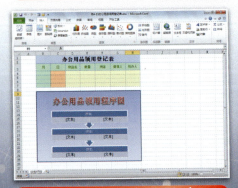

▶ 制作办公用品领用登记表

▶ 制作婚庆流程图

计算机应用案例教程系列

Excel 2010电子表格案例教程

洪妍 张来忠◎编著

清华大学出版社

北　京

内 容 简 介

本书是《计算机应用案例教程系列》丛书之一,全书以通俗易懂的语言、翔实生动的案例,全面介绍了 Excel 2010 软件的相关知识和使用技巧。本书共分 13 章,涵盖了 Excel 2010 的入门知识、管理工作表与工作簿、输入与编辑数据、修饰表格内容、设置表格格式、计算表格中的数据、使用图表分析数据、使用 Excel 常用函数、数据的高级管理、数据的高级计算、使用透视图表分析数据、使用 Excel 模板和宏以及 Excel 数据共享与协作等内容。

本书内容丰富、图文并茂、双栏紧排,附赠的光盘中包含书中实例素材文件、18小时与图书内容同步的视频教学录像以及3~5套与本书内容相关的多媒体教学视频,方便读者扩展学习。本书具有很强的实用性和可操作性,是一本适合于高等院校及各类社会培训学校的优秀教材,也是广大初中级计算机用户和不同年龄阶段计算机爱好者学习计算机知识的首选参考书。

本书对应的电子教案可以到 http://www.tupwk.com.cn/teaching 网站下载。

图书在版编目(CIP)数据

Excel 2010 电子表格案例教程/洪妍,张来忠 编著.—北京:清华大学出版社,2016 (2021.1 重印)
(计算机应用案例教程系列)
ISBN 978-7-302-43519-8

Ⅰ.①E… Ⅱ.①洪… ②张… Ⅲ.①表处理软件—教材 Ⅳ.①TP391.13

中国版本图书馆 CIP 数据核字(2016)第 080977 号

责任编辑:胡辰浩 袁建华
装帧设计:孔祥峰
责任校对:成凤进
责任印制:吴佳雯

出版发行:清华大学出版社
    网 址:http://www.tup.com.cn,http://www.wqbook.com
    地 址:北京清华大学学研大厦 A 座   邮 编:100084
    社 总 机:010-62770175   邮 购:010-62786544
    投稿与读者服务:010-62776969, c-service@tup.tsinghua.edu.cn
    质 量 反 馈:010-62772015, zhiliang@tup.tsinghua.edu.cn
    课 件 下 载:http://www.tup.com.cn, 010-62781730
印 装 者:北京九州迅驰传媒文化有限公司
经 销:全国新华书店
开 本:185mm×260mm 印 张:18.75 插 页:2 字 数:480 千字
    (附光盘 1 张)
版 次:2016 年 7 月第 1 版   印 次:2021 年 1 月第 4 次印刷
定 价:68.00 元

产品编号:065432-02

前 言

　　熟练使用计算机已经成为当今社会不同年龄层次的人群必须掌握的一门技能。为了使读者在短时间内轻松掌握计算机各方面应用的基本知识，并快速解决生活和工作中遇到的各种问题，清华大学出版社组织了一批教学精英和业内专家特别为计算机学习用户量身定制了这套"计算机应用案例教程系列"丛书。

丛书、光盘和教案定制特色

➤ 选题新颖，结构合理，为计算机教学量身打造

　　本套丛书注重理论知识与实践操作的紧密结合，同时贯彻"理论+实例+实战"3阶段教学模式，在内容选择、结构安排上更加符合读者的认知习惯，从而达到老师易教、学生易学的目的。丛书完全以高等院校、职业学校及各类社会培训学校的教学需要为出发点，紧密结合学科的教学特点，由浅入深地安排章节内容，循序渐进地完成各种复杂知识的讲解，使学生能够一学就会、即学即用。

➤ 版式紧凑，内容精炼，案例技巧精彩实用

　　本套丛书采用双栏紧排的格式，合理安排图与文字的占用空间，其中290多页的篇幅容纳了传统图书一倍以上的内容，从而在有限的篇幅内为读者奉献更多的计算机知识和实战案例。丛书内容丰富，信息量大，章节结构完全按照教学大纲的要求来安排，并细化了每一章内容，符合教学需要和计算机用户的学习习惯。书中的案例通过添加大量的"知识点滴"和"实用技巧"的注释方式突出重要知识点，使读者轻松领悟每一个案例的精髓所在。

➤ 书盘结合，素材丰富，全方位扩展知识能力

　　本套丛书附赠一张精心开发的多媒体教学光盘，其中包含了18小时左右与图书内容同步的视频教学录像。光盘采用真实详细的操作演示方式，紧密结合书中的内容对各个知识点进行深入的讲解，读者只需要单击相应的按钮，即可方便地进入相关程序或执行相关操作。附赠光盘收录书中实例视频、素材文件以及3～5套与本书内容相关的多媒体教学视频。

➤ 在线服务，贴心周到，方便老师定制教案

　　本套丛书精心创建的技术交流QQ群(101617400、2463548)为读者提供24小时便捷的在线交流服务和免费教学资源。便捷的教材专用通道(QQ：22800898)为老师量身定制实用的教学课件。老师也可以登录本丛书的信息支持网站(http://www.tupwk.com.cn/teaching)下载图书的相关教学资源。

本书内容介绍

　　《Excel 2010电子表格案例教程》是这套丛书中的一本，该书从读者的学习兴趣和实际需求出发，合理安排知识结构，由浅入深、循序渐进，通过图文并茂的方式讲解Excel 2010软件的各种操作方法。全书共分为13章，主要内容如下。

　　第1章：介绍了Excel 2010软件的界面与常用操作。
　　第2章：介绍了Excel工作表和工作簿的基本操作方法与技巧。

第 3 章：介绍了在电子表格中输入与编辑各类数据的方法。

第 4 章：介绍了使用图形、图片、剪贴画与多媒体元素修饰 Excel 表格的方法。

第 5 章：介绍了在 Excel 中设置电子表格格式的方法与技巧。

第 6 章：介绍了使用公式与函数计算 Excel 表格数据的方法与技巧。

第 7 章：介绍了 Excel 图表的制作与编辑的操作技巧。

第 8 章：介绍了 Excel 常用函数的使用方法。

第 9 章：介绍了数据的排序、筛选以及记录单的相关知识。

第 10 章：介绍了计算 Excel 表格中的复杂数据的方法与技巧。

第 11 章：介绍了在 Excel 2010 中使用数据透视图、表的方法与技巧。

第 12 章：介绍了在 Excel 2010 中使用模板与宏的方法与技巧。

第 13 章：介绍了在局域网和 Internet 上共享工作簿和在工作表中使用超链接的方法。

读者定位和售后服务

本套丛书为所有从事计算机教学的老师和自学人员而编写，是一套适合于高等院校及各类社会培训学校的优秀教材，也可作为计算机初中级用户和计算机爱好者学习计算机知识的首选参考书。

如果您在阅读图书或使用电脑的过程中有疑惑或需要帮助，可以登录本丛书的信息支持网站(http://www.tupwk.com.cn/teaching)或通过 E-mail(wkservice@vip.163.com)联系，本丛书的作者或技术人员会提供相应的技术支持。

除封面署名的作者外，参加本书编写的人员还有陈笑、曹小震、高娟妮、李亮辉、洪妍、孔祥亮、陈跃华、杜思明、熊晓磊、曹汉鸣、陶晓云、王通、方峻、李小凤、曹晓松、蒋晓冬、邱培强等。由于作者水平所限，本书难免有不足之处，欢迎广大读者批评指正。我们的邮箱是 huchenhao@263.net，电话是 010-62796045。

最后感谢您对本丛书的支持和信任，我们将再接再厉，继续为读者奉献更多更好的优秀图书，并祝愿您早日成为计算机应用高手！

本书对应的电子教案可以到 http://www.tupwk.com.cn/teaching 网站下载。

《计算机应用案例教程系列》丛书编委会
2016 年 2 月

目录

Excel 2010 电子表格案例教程

第1章

Excel 2010 入门知识

Excel 2010 是一款功能强大的电子表格制作软件，该软件不仅具有强大的数据组织、计算、分析和统计的功能，还可以通过图表、图形等多种形式显示数据的处理结果，帮助用户轻松地制作各类电子表格，并进一步实现数据的管理与分析功能。

 对应光盘视频

1.1　Excel 2010 简介

Excel 2010 功能强大，它不仅可以帮助用户完成数据的输入、计算和分析等诸多工作，而且还能够创建图表，直观地展现数据之间的关联。本节作为全书的开端，将详细介绍 Excel 2010 软件的界面与特点，为下面进一步学习该软件打下坚实的基础。

1.1.1　Excel 2010 的主要功能

Excel 是 Microsoft 公司开发的 Office 系列办公软件中的一个组件。该软件是一款功能强大、技术先进、方便灵活的电子表格软件，可以用来制作电子表格，完成复杂的数据运算，进行数据分析和预测，并且具有强大的制作图表的功能以及打印功能等。

1. 创建数据统计表格

Excel 软件的制表功能是把用户所用到的数据输入到 Excel 中而形成表格，例如，把考试成绩输入到 Excel 2010 中。在 Excel 2010 中实现数据的输入，首先要创建一个工作簿，然后在所创建的工作簿的工作表中输入数据，并最终形成如下图所示表格效果。

另外，使用 Excel 软件特有的网格线，可以帮助用户在输入数据时，快速找到输入位置。

2. 进行数据计算

在 Excel 的工作表中输入完数据后，还可以对用户所输入的数据进行计算，比如求和、平均值、最大值以及最小值等。此外 Excel 2010 还提供了强大的公式运算与函数处理功能，可以对数据进行更复杂的计算工作。

通过 Excel 来进行数据计算，可以节省大量的时间，并且降低出错的概率，甚至只要输入数据，Excel 就能自动完成计算操作。

3. 创建多样化的统计图表

在 Excel 2010 中，可以根据输入的数据来建立统计图表，以便更加直观地显示数据之间的关系，让用户可以比较数据之间的变动、成长关系以及趋势等。

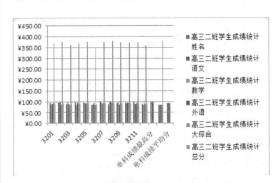

4. 分析与筛选数据

当用户对数据进行计算后，就要对数据进行统计分析。如可以对它进行排序、筛选，还可以对它进行数据透视表、单变量求解、模拟运算表和方案管理统计分析等操作。例如，如下图所示为将考试成绩的总分按从高到低的顺序排序。

通过筛选功能，可以筛选出考试成绩总分大于等于 375 的记录。

5. 打印电子表格

当使用 Excel 电子表格处理完数据之后，为了能够让其他人看到结果或成为材料进行保存，通常都需要进行打印操作。进行打印操作前先要进行页面设置，然后进行打印预览调整打印设置，最后才进行打印。为了能够更好地对结果进行打印，在打印之前可用在打印窗口的打印预览区域中预览表格的打印效果。

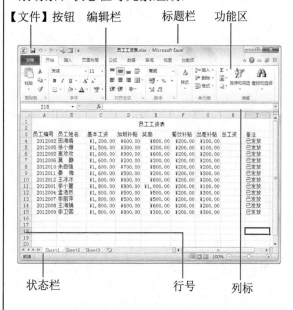

1.1.2　Excel 2010 的工作界面

Excel 2010 的工作界面主要由快速访问工具栏、功能选项卡、功能区、工作表格区、

滚动条和状态栏等元素组成。

> 标题栏：标题栏位于应用程序窗口的最上面，用于显示当前正在运行的程序名及文件名等信息。如果是刚打开的新工作簿文件，用户所看到的是【工作簿 1】，它是 Excel 2010 默认建立的文件名。

> 【文件】按钮：Excel 2010 中的新功能是【文件】按钮，它取代了 Excel 2007 中的 Office 按钮和 Excel 2010 的【文件】菜单。单击【文件】按钮，会弹出【文件】菜单，在其中显示一些基本命令，包括新建、打开、保存、打印、选项以及其他一些命令。

> 功能区：Excel 2010 的功能区和 Excel 2007 的功能区一样，都是由功能选项卡和选项卡中的各种命令按钮组成。使用 Excel 2010 功能区可以轻松地查找以前版本中隐藏在复杂菜单和工具栏中的命令和功能。

> 状态栏：状态栏位于 Excel 窗口底部，用来显示当前工作区的状态。在大多数情况下，状态栏的左端显示【就绪】，表明工作表正在准备接收新的信息；向单元格中输入数据时，状态栏的左端将显示【输入】字样；对单元格中的数据进行编辑时，状态栏显示【编辑】字样。

> 其他组件：Excel 2010 工作界面中，

除了包含与其他 Office 软件相同界面元素外，还有许多其他特有的组件，如编辑栏、工作表编辑区、工作表标签、快速访问工具栏，行号与列标等。

【例 1-1】在 Excel 2010 软件中自定义功能区。

⊙视频

step 1 启动 Excel 2010 后，在功能区右击鼠标，在弹出的菜单中选择【自定义功能区】命令，打开【Excel 选项】对话框。

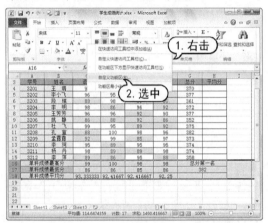

step 2 在【自定义功能区】下拉列表中选择【主选项卡】选项，然后单击【新建选项卡】按钮，新建一个主选项卡，并在该选项卡中创建一个命令组。

step 3 选中新建的主选项卡，然后单击【重命名】按钮，打开【重命名】对话框，在【显示名称】文本框中输入【常使用】，然后单击【确定】按钮。

step 4 选中并右击【新建组】选项，在弹出的菜单中选择【重命名】命令，打开【重命名】对话框，在【显示名称】文本框中输入【常用按钮】，然后单击【确定】按钮。

step 5 在【自定义功能区】界面的【从下列位置选择命令】下列列表框中选择【常用命令】选项，在下方的列表框中选择需要添加到【常用按钮】组中的按钮，并单击【添加】按钮。

step 6 使用相同的方法，在【常用按钮】组中添加其他按钮，完成后，单击【确定】按钮确认设置。

step 7 返回 Excel 2010 工作界面，即可在工作区看到添加的【常使用】选项卡。

1.2　Excel 的三大元素

　　一个完整的 Excel 电子表格文档主要由 3 个部分组成，分别是工作簿、工作表和单元格，这 3 个部分相辅相成、缺一不可。

　　在使用 Excel 软件之前，用户需要认识工作簿、工作表和单元格的含义，并了解它们之间的关系。

　　▶ 工作簿：Excel 以工作簿为单元来处理工作数据和存储数据。工作簿文件是 Excel 存储在磁盘上的最小独立单位，其扩展名为.xlsx。工作簿窗口是 Excel 打开的工作簿文档窗口，它由多个工作表组成。刚启动 Excel 时，系统默认打开一个名为【工作簿1】的空白工作簿。

　　▶ 工作表：工作表是在 Excel 中用于存储和处理数据的主要文档，也是工作簿中的重要组成部分，它又称为电子表格。工作表是 Excel 的工作平台，若干个工作表构成一个工作簿。在默认情况下，Excel 中只有一个名为 Sheet1 的工作表，单击工作表标签右侧的【新工作表】按钮⊕，可以添加新的工作表。不同的工作表可以在工作表标签中通过单击进行切换，但在使用工作表时，只能有一个工作表处于当前活动状态。

　　▶ 单元格：单元格是工作表中的小方格，它是工作表的基本元素，也是 Excel 独立操作的最小单位。单元格的定位是通过它所在的行号和列标来确定的，每一列的列标由 A、B、C 等字母表示，每一行的行号由 1、2、3 等数字表示。行与列的交叉形成一个单元格。

实用技巧

　　工作簿、工作表与单元格之间的关系是包含与被包含的关系，即工作表由多个单元格组成，而工作簿又包含一个或多个工作表(Excel 的一个工作簿中理论上可以制作无限多个的工作表，不过受电脑内存大小的限制)。

1.3　工作簿的基本操作

　　Excel 2010 中的所有操作都不能独立于工作簿之外进行。工作簿的基本操作包括新建、保存、打开与关闭等，熟练地掌握工作簿的操作技巧，可以大大提高 Excel 表格的制作效率。

1.3.1　新建工作簿

　　新建工作簿分为新建空白工作簿和基于模板新建工作簿两种，是 Excel 最基本的操作之一。

1. 新建空白工作簿

　　在 Excel 2010 中新建空白工作簿就是新建一个全新的工作簿，具体方法如下。

【例 1-2】新建一个空白 Excel 工作簿。◎视频

step 1 启动 Excel 2010 后，单击【文件】按钮，在弹出的菜单中选择【新建】选项，在【可用模板】栏选中选择【空白工作簿】选项，再单击【创建】按钮。

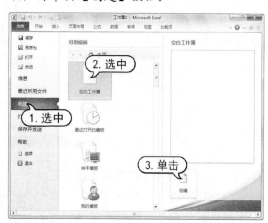

step 2 此时，即可创建一个如下图所示的空白 Excel 工作簿。

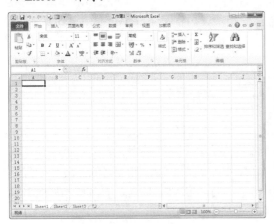

2. 基于模板创建工作簿

在 Excel 中，除了新建空白工作簿以外，用户还可以通过软件自带的模板创建有【内容】的工作簿，从而大幅度地提高工作效率和速度，其具体方法如下。

【例 1-3】利用 Excel 自带的模板创建新的工作簿。⊙视频

step 1 单击【文件】按钮，在弹出的菜单中选择【新建】，在【可用模板】栏中双击【样本模板】选项。

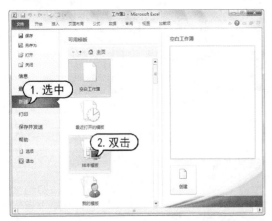

step 2 在打开的【可用模板】选项区域中选择相应模板图标，在窗口右侧的列表栏中将显示该模板的预览效果，单击【创建】按钮即可使用模板创建工作簿。

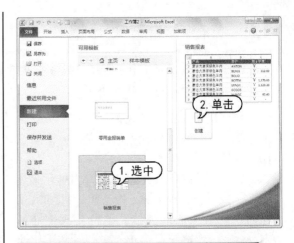

1.3.2 保存工作簿

保存工作簿就是将工作簿中的数据保存到电脑中，使其长期存在。否则关闭工作簿后，表中的所有数据将会全部丢失。

【例 1-4】将打开的 Excel 工作簿保存。⊙视频

step 1 继续【例 1-3】的操作，在 Excel 中基于模板创建如下图所示的工作簿后，单击【文件】按钮。

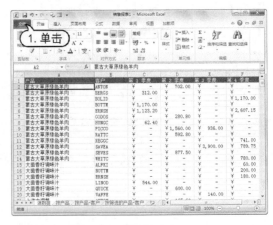

step 2 在弹出的【文件】菜单中选择【保存】选项，打开【另存为】对话框。

step 3 在【另存为】对话框的【保存位置】下拉列表框中选择文件保存的位置，在【文件名】文本框中输入工作簿的名称【销售报表 1】，在【保存类型】下拉列表框中选择工作簿文件的保存类型，最后单击【保存】按钮。

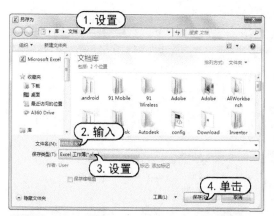

step 4 返回 Excel 工作界面后，在标题栏中可以看到保存后的工作簿名称。

1.3.3 打开工作簿

当用户需要对保存的工作簿进行编辑，就需要将该工作簿打开。下面将介绍几种常用的打开工作簿的方法。

▶ 直接双击 Excel 文件打开工作簿：找到工作簿的保存位置，直接双击其文件图标，Excel 软件将自动识别并打开该工作簿。

▶ 使用【最近使用的工作簿】列表打开工作簿：在 Excel 2010 中单击【文件】按钮，在弹出的【文件】菜单中单击【最近所用文件】选项，即可显示 Excel 软件最近打开的工作簿列表，单击列表中的工作簿名称，可以打开相应的工作簿文件。

▶ 通过【打开】对话框打开工作簿：在 Excel 2010 中单击【文件】按钮，在弹出的【文件】菜单中单击【打开】选项，即可打

开【打开】对话框，在该对话框中选择一个 Excel 文件后，单击【打开】按钮，即可将该文件在 Excel 2010 中打开。

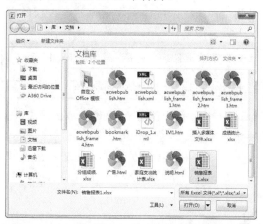

1.3.4 关闭工作簿

在完成工作簿的编辑、修改及保存后，需要将工作簿关闭，以便下次再进行操作。在 Excel 2010 中关闭工作簿的方法有以下几种。

▶ 单击【关闭】按钮：单击标题栏右侧的按钮，将直接退出 Excel 软件。

▶ 双击文件图标：双击标题栏上的文件图标，将关闭当前工作簿。

▶ 按下快捷键：按下 Alt+F4 组合键将强制关闭所有工作簿并退出 Excel 软件。按下 Alt+空格组合键，在弹出的菜单中选择【关闭】命令，将关闭当前工作簿。

1.3.5　设置工作簿密码

　　设置工作簿密码就是加上一把"锁"，以防止他人在未经过工作簿创建者授权的情况下擅自改动已经编辑完成的工作簿。

【例1-5】为【例1-4】保存的【销售报表1】工作簿设置打开密码。

视频+素材 (光盘素材\第01章\例1-5)

step 1 继续【例1-4】的操作，单击【文件】按钮，在弹出的【文件】菜单中选择【信息】选项，然后单击【保护工作簿】下拉列表按钮，在弹出的下拉列表中选择【用密码进行加密】选项。

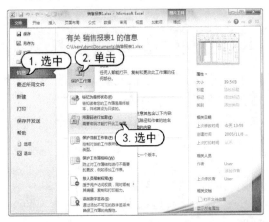

step 2 打开【加密文档】对话框，在【密码】文本框中输入密码123456，然后单击【确定】按钮。

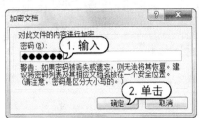

step 3 打开【确认密码】对话框，在【重新输入密码】文本框中再次输入密码123456，然后单击【确定】按钮。

step 4 保存工作簿，再次打开工作簿时，Excel 软件将打开【密码】对话框，提示用户在【密码】文本框中输入正确的密码，才能打开工作簿，效果如下图所示。

1.3.6　更改工作簿默认保存位置

　　在 Excel 2010 中系统有默认的保存位置，每次保存或打开工作簿时，软件都会自动跳转到默认位置。用户可以根据实际工作需要更改系统的默认保存位置，以方便操作。

【例1-6】更改工作簿的默认保存路径。

视频+素材 (光盘素材\第01章\例1-6)

step 1 单击【文件】按钮，在弹出的【文件】菜单中选择【选项】选项。

step 2 打开【Excel 选项】对话框，在对话框左侧的列表框中选择【保存】选项，再在右侧列表栏的【默认文件位置】文本框中删除原有的保存位置，并输入新的默认文件保存位置为【E:\常用表格】。

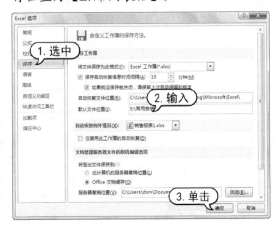

step 3 最后，单击【确定】按钮，即可修改 Excel 的工作簿默认保存位置。

step④　打开任意一个工作簿并执行保存工作簿操作，在打开的【另存为】对话框即可查看到工作簿的默认保存位置为【E:\常用表格】。

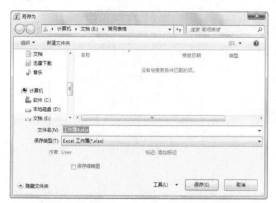

1.3.7　创建共享工作簿

共享工作簿就是将一个私有的工作簿变成共有的，在局域网中进行共享，使每个授权用户都可以对其进行编辑。

【例 1-7】在 Excel 2010 中设置共享工作簿。
视频+素材 (光盘素材\第 01 章\例 1-7)

step① 打开【例 1-4】保存的【销售报表 1】工作簿，然后选择【审阅】选项卡，在【更改】组中单击【共享工作簿】按钮。

1.4　打印电子表格

打印电子表格可以将 Excel 工作表中的数据从电脑中打印到纸上。在打印表格时，用户可以根据实际需求对表格的打印效果进行设置(例如打印区域、打印效果等)，从而打印出符合实际工作需要的表格。

1.4.1　设置打印参数

打印表格就是将制作的表格打印到纸张上，打印前用户可以根据实际需要对打印的参数进行相应的设置，如打印的份数、纸张大小和打印范围等。

【例 1-8】设置 Excel 打印参数。
视频+素材 (光盘素材\第 01 章\例 1-8)

step① 单击【文件】按钮，在弹出的菜单中

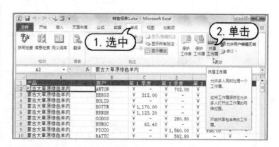

step② 打开【共享工作簿】对话框，选择【编辑】选项卡，选中【允许多用户同时编辑，同时允许工作簿合并】复选框，然后单击【确定】按钮。

step③ 在打开的提示对话框中单击【确定】按钮，保存当前文档，并启用共享功能。设置后的工作簿标题栏将显示【共享】提示。

选择【打印】选项。

step② 显示【打印】选项区域，在【份数】数值框中输入需要打印表格的份数。

step③ 如果表格有很多页，可以在【页数】数值框中设置打印的范围，例如 1~3 页，只需要在【页数】数值框中输入 1，在【至】数值框中输入 3 即可。

step④ 单击下拉列表按钮，在弹出的下拉列表中选择相应的选项，可以设置表格的

打印方向，包括【纵向】和【横向】。

step 5 单击下拉列表按钮，在弹出的下拉列表中，可以选择打印纸张的大小。

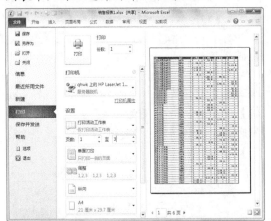

1.4.2 打印预览

在打印电子表格前，用户可以在打印界面的预览区域中预览表格的打印效果，并可以通过拖动鼠标的方式，调整表格页边距。

【例 1-9】在打印预览中调整表格的页边距。
视频+素材 (光盘素材\第 01 章\例 1-9)

step 1 继续【例 1-8】的操作，在打印页面中单击界面右下角的【显示边距】按钮，在预览区域中显示如下图所示的页边距控制柄。

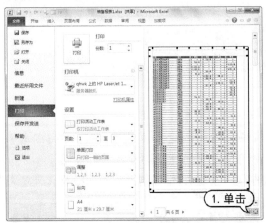

step 2 将鼠标指针移动至相应的控制柄上，当其变成十字状态时，按住鼠标左键进行拖动，即可调整页边距。

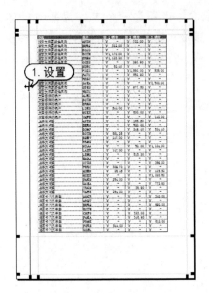

step 3 单击【缩放到页面】按钮，可以放大打印预览区域，查看页边距的调整效果。

1.4.3 打印表格

根据实际需要对打印份数、纸张大小、打印方向和页边距设置完成后，就可以直接打印电子表格。

【例 1-10】打印【销售报表 1】工作簿。
视频+素材 (光盘素材\第 01 章\例 1-10)

step 1 继续【例 1-9】的操作，在打印页面中单击界面中的【打印机】下拉列表按钮，在弹出的下拉列表中选择一种打印机。

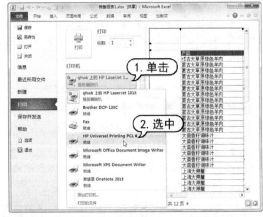

step 2 单击【打印】按钮，即可将当前电子表格通过与电脑相连的打印机打印。

1.5　案例演练

　　本章的案例演练部分主要包括设置自动打开电子表格，隐藏工作表中的各种元素和恢复未保存的电子表格等多个实例操作，用户可以通过练习从而巩固本章所学知识。

【例 1-11】在 Excel 2010 中设置软件自动打开工作簿文件。 📀视频

step 1 单击【文件】按钮，在弹出的菜单中选择【选项】选项。

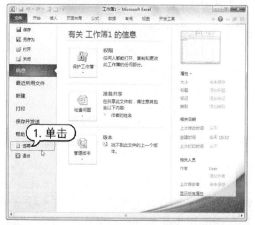

step 2 打开【Excel 选项】对话框，选择【高级】选项卡，在【启动时打开此目录中的所有文件】文本框中输入所需打开的 Excel 文件的路径为【E:\常用表格】。

step 3 单击【确定】按钮，关闭【Excel 选项】对话框。

step 4 重新启动 Excel，将打开【E:\常用表格】文件夹中的所有 Excel 文件。

【例 1-12】在 Excel 2010 隐藏工作表中的滚动条、编辑栏等元素。 📀视频

step 1 单击【文件】按钮，在弹出的菜单中选择【选项】选项。

step 2 打开【Excel 选项】对话框，选择【高级】选项卡，取消选中【显示编辑栏】复选框。

step 3 单击【确定】按钮，关闭【Excel 选项】对话框，编辑栏将自动隐藏。

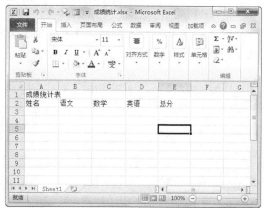

step 4 打开【Excel 选项】，选择【高级】选项卡，然后取消选中【显示水平滚动条】和【显示垂直滚动条】复选框。

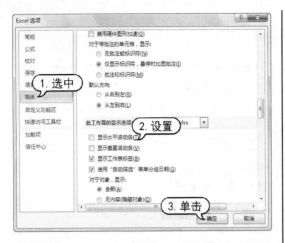

step ⑤ 单击【确定】按钮，关闭【Excel 选项】对话框，工作表中的水平和垂直滚动条将被隐藏，效果如下图所示。

step ⑥ 在【Excel 选项】对话框的【高级】选项卡中，取消选中【显示工作表标签】复选框，然后单击【确定】按钮，工作表标签将自动隐藏。

【例 1-13】在 Excel 2010 恢复未保存的电子表格文件。 📹视频

step ① 单击【文件】按钮，在弹出的菜单中选择【选项】选项。

step ② 打开【Excel 选项】对话框，选择【保存】选项卡，选中【保存自动恢复信息时间间隔】复选框，并设置间隔时间为 10 分钟。

step ③ 在【自动恢复文件位置】文本框中输入自动保存恢复文件的位置。

step ④ 单击【确定】按钮，关闭【Excel 选项】对话框，然后再次单击【文件】按钮，在弹出的菜单中选择【最近所用文件】选项，并在显示的选项区域右下角单击【恢复未保存的工作簿】选项。

step ⑤ 在打开的【打开】对话框中，选择需要恢复的文件，然后单击【打开】按钮即可将其在 Excel 2010 中恢复。

【例 1-14】在 Excel 2010 中自定义快速访问工具栏。◎视频

step① 单击【文件】按钮，在弹出的菜单中选择【选项】选项。

step② 打开【Excel 选项】对话框，选择【快速访问工具栏】选项卡，在【从下列位置选择命令】下拉列表中，选择【不在功能区中的命令】选项。

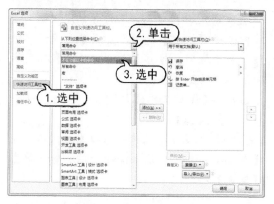

step③ 在列表中选择相应的命令，单击【添加】按钮，即可将该命令添加到快速访问工具栏中。

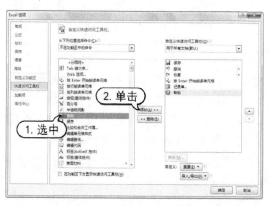

step④ 在【自定义快速访问工具栏】列表组中选择相应的命令，然后单击【上移】按钮，可以上移该命令。

step⑤ 在【自定义快速访问工具栏】列表组中选择【记录单】选项，然后单击【删除】按钮，可以将该选项从快速访问工具栏中删除。

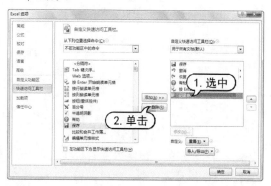

step⑥ 在【自定义快速访问工具栏】列表组下方单击【重置】下拉列表按钮，在弹出的下拉列表中选择【仅重置快速访问工具栏】选项，可以取消快速访问工具栏的自定义操作，恢复到自定义之前的状态。

【例 1-15】在 Excel 2010 设置工作簿的属性。◎视频

step① 打开需要管理的工作簿，单击【文件】按钮，在弹出的菜单中选择【信息】选项。

step② 在显示的选项区域右侧列表框中单击【属性】下拉列表按钮，在弹出的下拉列表中选择【高级属性】选项。

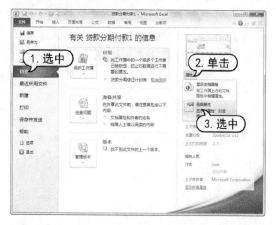

step③ 打开【属性】对话框，选择【摘要】选项卡，在该选项卡中设置【标题】、【主题】、【作者】、【类别】、【关键字】等选项。

step 4 单击【确定】按钮，然后执行保存工作簿操作，保存工作簿。此时，将鼠标悬停在 Excel 文件的上方时，将显示文档属性信息。

【例1-16】管理 Excel 工作簿的信息权限。 🔘 视频

step 1 单击【文件】按钮，在弹出的菜单中选择【信息】选项。

step 2 在显示的选项区域中，单击【保护工作簿】下拉列表按钮，在弹出的下拉列表中选择【标记为最终状态】选项。

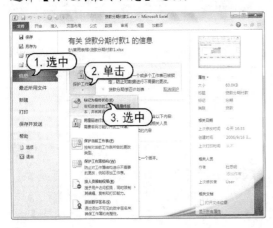

step 3 在弹出的信息框中单击【确定】按钮，列表中的【权限】文本将变色，显示提示文本。

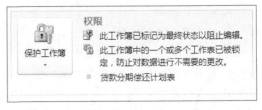

step 4 再次单击【文件】按钮，在弹出的菜单中选择【信息】选项，然后单击【保护工作簿】下拉列表按钮，在弹出的下拉列表中取消标记为最终状态。

step 5 在【保护工作簿】下拉列表中选择【保护工作簿结构】选项。

step 6 打开【保护结构和窗口】对话框，在【密码】文本框中输入保护密码，然后单击【确定】按钮。

step 7 在打开的【确认密码】对话框中再次输入保护密码，并单击【确定】按钮。

step 8 此时，右击工作表标签，用户将发现当前工作表中的部分功能被禁止。例如，插入工作表、删除工作表、隐藏工作表等。

第2章

管理工作表与工作簿

在使用 Excel 制作表格前，首先应掌握它的基本操作，包括管理工作簿、工作表的方法。本章所涉及的知识点是 Excel 2010 中最基础却最不容忽视的部分，只有扎实地掌握了本章所介绍的内容，才能为以后进一步学习 Excel 2010 软件打下坚实的基础。

 **对应光盘视频**

2.1 工作表的常用操作

在 Excel 中，新建一个空白工作簿后，会自动在该工作簿中添加一个空的工作表，并将其命名为 Sheet1，用户可以在该工作表中创建电子表格，本节将详细介绍工作表的一些常用操作。

2.1.1 插入工作表

若工作簿中的工作表数量不够，用户可以在工作簿中插入工作表，不仅可以插入空白的工作表，还可以根据模板插入带有样式的新工作表。常用插入工作表的方法有两种，分别如下所示。

▶ 在工作表标签栏中单击【新工作表】按钮。

▶ 右击工作表标签，在弹出的菜单中选择【插入】命令，然后在打开的【插入】对话框中选择【工作表】选项，并单击【确定】按钮即可。此外，在【插入】对话框的【电子表格方案】选项卡中，还可以设置要插入工作表的样式。

2.1.2 选定工作表

在实际工作中，由于一个工作簿中往往包含多个工作表，因此操作前需要选定工作表。选定工作表的常用操作包括以下 4 种：

▶ 选定一张工作表，直接单击该工作表的标签即可，如下图所示为选定 Sheet2 工作表。

▶ 选定相邻的工作表，首先选定第一张工作表标签，然后按住 Shift 键不松并单击其他相邻工作表的标签即可。如下图所示为同时选定 Sheet2 与 Sheet3 工作表。

▶ 选定不相邻的工作表，首先选定第一张工作表，然后按住 Ctrl 键不松并单击其他任意一张工作表标签即可。如下图所示为同时选定 Sheet1 与 Sheet3 工作表。

▶ 选定工作簿中的所有工作表，右击任意一个工作表标签，在弹出的菜单中选择【选定全部工作表】命令即可。

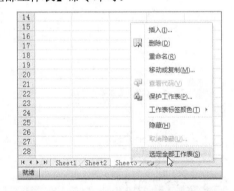

2.1.3 删除工作表

对工作表进行编辑操作时，可以删除一些多余的工作表。这样不仅可以方便用户对工作表进行管理，也可以节省系统资源。在 Excel 2010 中删除工作表的常用方法如下所示：

▶ 在工作簿中选定要删除的工作表，在【开始】选项卡的【单元格】组中单击【删除】

下拉列表按钮，在弹出的下拉列表中选中【删除工作表】选项即可。

> 右击要删除工作表的标签，在弹出的快捷菜单中选择【删除】命令，即可删除该工作表。

2.1.4　重命名工作表

在 Excel 中，工作表的默认名称为 Sheet1、Sheet2……。为了便于记忆与使用工作表，可以重新命名工作表。在 Excel 2010 中右击要重新命名工作表的标签，在弹出的快捷菜单中选择【重命名】命令，即可为该工作表自定义名称。

【例 2-1】将【家庭支出统计表】工作簿中的工作表依次命名为【春季】、【夏季】、【秋季】与【冬季】。

💿 视频+素材 (光盘素材\第 02 章\例 2-1)

step① 在 Excel 2010 中打开【家庭支出统计表】的工作簿，在工作表标签栏中连续单击 3 次【新工作表】按钮，创建 Sheet1、Sheet2 和 Sheet3 这 3 个工作表。

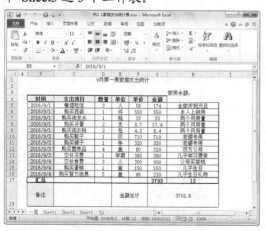

step② 在工作表标签中通过单击，选定 Sheet1 工作表，然后右击鼠标，在弹出的菜单中选择

【重命名】命令。

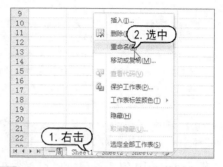

step③ 接下来，输入工作表名称【夏季】，按 Enter 键即可完成重命名工作表的操作。

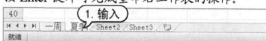

step④ 重复以上操作，将【一周】工作表重命名为【春季】，将 Sheet2 工作表重命名为【秋季】，将 Sheet3 工作表重命名为【冬季】。

2.1.5　移动或复制工作表

在 Excel 2010 中，工作表的位置并不是固定不变的，为了操作需要可以移动或复制工作表，以提高制作表格的效率。

在工作表标签栏中右击工作表标签，在弹出的菜单中选择【移动或复制】命令，可以打开【移动或复制工作表】对话框。在该对话框中可以将工作表移动或复制到其他位置。

在【移动或复制工作表】对话框的【工作簿】下拉列表框中，既可以选择在当前工作簿中移动或复制工作表，也可以选择其他的工作簿，实现在工作簿间移动或复制工作表；在该对话框中若不选中【建立副本】复

选框,则执行【移动】操作,反之则执行【复制】操作。

实用技巧

　　若用户只需要在当前工作簿中移动工作表的位置,则可以用鼠标按住工作表标签不松,将其拖动至目标位置即可;若是要在同一个工作簿中复制工作表,则可以在拖动工作表标签时按住Ctrl键。

2.1.6　保护工作表

　　在 Excel 2010 中,用户可以设置保护工作表,包括具体设置工作表的密码与允许的操作等,实现对工作表的全面保护。当工作表被保护时,所有用户只能对工作表进行被允许的相关操作。

【例2-2】继续【例2-1】的操作,为【家庭支出统计表】工作簿中的【春季】工作表设置密码,并设定允许操作该工作表的用户执行插入列和行操作。

（视频+素材）(光盘素材\第 02 章\例 2-2)

step ① 打开【家庭支出统计表】工作簿后,在工作表标签栏中右击【春季】工作表,在弹出的菜单中选择【保护工作表】命令,打开【保护工作表】对话框。

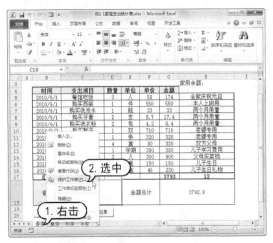

step ② 在【保护工作表】对话框中的【取消工作表保护时使用的密码】文本框中输入一个密码,在【允许此工作表的所有用户进行】选项区域中选中【插入列】与【插入行】复选框,并单击【确定】按钮。

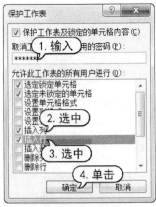

step ③ 在打开的【确认密码】对话框中的【重新输入密码】文本框内再次输入步骤(2)设定的密码,并单击【确定】按钮。

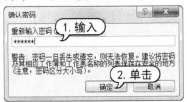

step ④ 完成以上操作后,右击【春季】工作表中的任意一行,被禁止的功能将呈灰色。

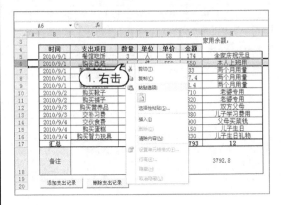

step ⑤ 若需要撤销对工作表的保护,可在工作表标签栏中右击【春季】工作表,在弹出的菜单中选择【撤销工作表保护】命令,然后在打开的【撤销工作表保护】对话框中的【密码】文本框内,输入工作表的保护密码,并单击【确定】按钮即可。

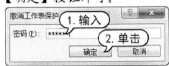

2.2 查看工作簿窗口

对于 Excel 中的工作簿，用户除了可以完成新建与保存等基本操作外，还可以管理查看工作簿窗口，如切换工作簿视图、并排比较工作簿中的工作表、同时查看多个工作簿以及拆分与冻结窗口等。

2.2.1 工作簿视图

与其他 Office 2010 组件一样，Excel 2010 同样提供多种视图方式供用户选择，选择【视图】选项卡，在该选项卡的【工作簿视图】组中，用户可选择切换不同的工作簿视图。

Excel 2010 中常用的视图包括【普通】、【分页浏览】和【页面布局】等几种视图。

▶ 【普通】视图为 Excel 默认使用的视图方式，在该视图方式中工作簿将以正常比例大小显示，并且能充分显示菜单栏与工具栏中的命令与按钮。

▶ 【分页浏览】视图可以在工作簿窗口中分页显示内容。当用户在工作表中插入分页符后，在【分页浏览】视图中即可分页查看内容，并能通过鼠标拖动来调整分页符的位置。

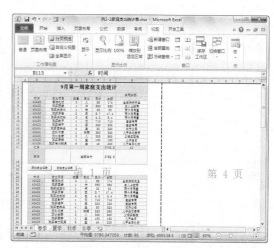

▶ 【页面布局】视图允许用户既能像在【普通】视图中一样对表格进行编辑，又能像在 Word 中一样让活动页面显示水平和垂直标尺，方便用户查看和修改页边距，添加或者删除页眉页脚。

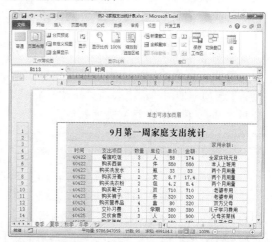

2.2.2 并排查看工作簿

在 Excel 的工作簿中，用户可以设置在同一个窗口中同时查看两个不同的工作簿。首先分别打开要查看的两个工作簿，然后在

【视图】选项卡的【窗口】组中单击【并排查看】选项□□。

此时，即可将打开的两个工作簿在同一个窗口中同时显示。

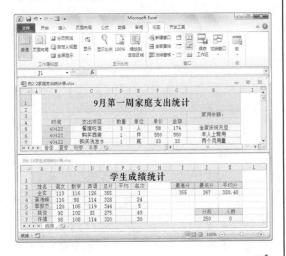

【窗口】组中，当【同步滚动】选项□□处于选中状态时，用户在窗口中拖动任何一个工作簿的滚动条时，Excel 会同步滚动另外一个工作簿的滚动条。

当用户调整各工作簿在窗口中的位置后，若要恢复原始位置，则单击【重置窗口位置】选项□□即可；若要取消并排比较状态，则再次单击【并排查看】选项即可。

2.2.3 拆分工作簿窗口

在 Excel 2010 中，通过【拆分窗口】功能，可以将工作簿窗口拆分为多个窗口，让用户可以分块处理工作簿窗口中的内容。

【例 2-3】在【家庭支出统计表】工作簿的【春季】工作表中设置从 F11 单元格处拆分工作簿窗口。

🎬视频+素材 (光盘素材\第 02 章\例 2-3)

step 1 选定 F11 单元格后，在【视图】选项卡的【窗口】组中单击【拆分】选项□□□。

step 2 此时，Excel 2010 会从 F11 单元格处将

当前工作簿窗口分为 4 部分。

step 3 用户可以通过滚动条移动被拆分窗口中的任意一个部分。若要取消拆分状态，则在【窗口】组中再次单击【拆分】选项即可。

2.2.4 冻结工作簿窗口

当表格中的数据过多而无法在一个屏幕全部显示时，就需要拖动滚动条来查看内容。为了便于用户在拖动查看表格内容时，始终可以了解表格结构，可以在 Excel 2010 中冻结表格的标题栏。

【例 2-4】在【学生成绩统计表】工作簿中冻结表格的标题栏。

🎬视频+素材 (光盘素材\第 02 章\例 2-4)

step 1 打开工作簿后选择【视图】选项卡，在【窗口】组中单击【冻结窗格】下拉列表按钮，在弹出的下拉列表中选择【冻结首行】选项。

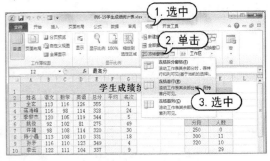

step 2 此时，Excel 会将单元格的首行冻结，当用户拖动滚动条查看表格中的内容时，被冻

结的首行单元格部分将保持原位置不变。

step 3 若用户需要取消首行标题栏的冻结效果，可以在【窗口】组中单击【冻结窗格】下拉列表按钮，在弹出的下拉列表中选择【取消冻结窗格】选项即可。

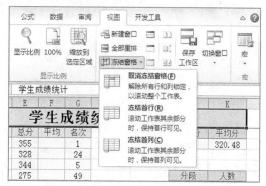

2.3　设置工作簿窗口的显示比例

工作簿窗口的默认显示比例为100%，用户可以根据需要自定义工作簿窗口的显示比例，操作方法是：选择【视图】选项卡，在【显示比例】组中单击【显示比例】选项。然后在打开的【显示比例】对话框中选择合适的显示比例(或自定义显示比例)，并单击【确定】按钮。

【例 2-5】在【学生成绩统计表】工作簿中设置工作簿的显示比例为50%。
🎬视频+素材 (光盘素材\第 02 章\例 2-5)

step 1 打开【学生成绩统计表】工作簿后，选择【视图】选项卡，在【显示比例】组中单击【显示比例】选项。

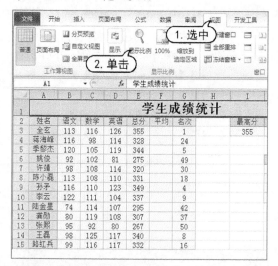

step 3 此时，【学生成绩统计表】工作簿窗口的效果如下图所示。

step 2 打开【显示比例】对话框，选中 50% 单选按钮，然后单击【确定】按钮。

2.4　隐藏工作簿和工作表

　　Excel 中的所有操作都不能独立于工作簿之外进行。工作簿的基本操作包括新建、保存、打开与关闭等，熟练地掌握工作簿的操作技巧，可以大大提高 Excel 表格的制作效率。

2.4.1　隐藏工作簿

　　在 Excel 2010 中选择【视图】选项卡，然后在【窗口】组中单击【隐藏】选项，可以将当前正在打开的工作簿隐藏。

【例 2-6】在【学生成绩统计表】工作簿中隐藏与显示工作簿。

▶ 视频+素材 (光盘素材\第 02 章\例 2-6)

step 1 打开【学生成绩统计表】工作簿后，选择【视图】选项卡，在【窗口】组中单击【隐藏】选项□ 。

step 2 此时，Excel 会将打开的工作簿隐藏，效果如下图所示。

step 3 在【窗口】组中单击【取消隐藏】选项□ ，在打开的【取消隐藏】对话框中选择【学生成绩统计表】工作簿后，单击【确定】按钮。

step 4 此时，将恢复【学生成绩统计表】工作簿的显示。

2.4.2　隐藏工作表

　　隐藏 Excel 工作表的方法非常简单，首先在工作簿中选定要隐藏的工作表，然后在工作表标签栏中右击该工作表，在弹出的菜单中选中【隐藏】命令即可。

　　若要显示被隐藏的工作表，可以在工作表标签栏中右击任意一个工作表，在弹出的菜单中选择【取消隐藏】命令，然后在打开的【取消隐藏】对话框中选择需要取消隐藏的工作表，并单击【确定】按钮即可。

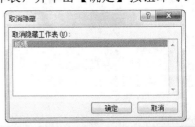

🔧 实用技巧

　　在工作簿中如果只有一张工作表，要隐藏工作表，必须先插入一张工作表或者显示一个已隐藏的工作表。

2.5　案例演练

本章的案例演练部分包括在 Excel 2010 固定常用文档、保存文件预览以及查看多个工作簿内容等多个实例操作，用户通过练习从而巩固本章所学知识。

【例2-7】在工作簿中固定常用文档。

视频+素材 (光盘素材\第 02 章\例 2-7)

step 1 打开工作簿后，单击【文件】按钮，在弹出的菜单中选择【选项】选项。

step 2 打开【Excel 选项】对话框，在对话框左侧的列表中选择【高级】选项，在右侧列表的【显示】选项区域中的【显示此数目的"最近使用的文档"】文本框内输入 30，然后单击【确定】按钮。

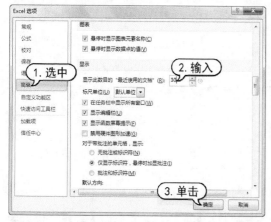

step 3 单击【文件】按钮，在弹出的菜单中选择【最近使用文件】选项，在展开的列表框中单击需要固定文档后的 按钮，即可将该文档固定。

step 4 打开一个新的文档【工作簿 2】后，在【最近使用文件】列表框中将以刚刚打开的文档名称替换最后一个文档名称。

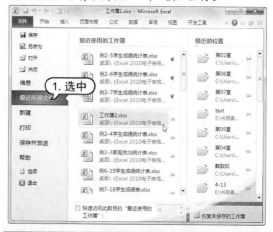

【例2-8】在 Excel 保存文件时，保存文件预览。

视频+素材 (光盘素材\第 02 章\例 2-8)

step 1 打开工作簿后，编辑表格内容，然后单击【文件】按钮，在弹出的菜单中选择【信息】选项。

step 2 在显示的选项区域中单击【属性】下拉列表按钮，在弹出的下拉列表中选择【高级属性】选项。

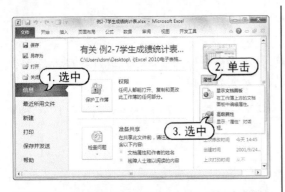

step 3 打开【属性】对话框,选择【摘要】选项卡,选中【保存所有 Excel 文档的缩略图】复选框,并单击【确定】按钮。

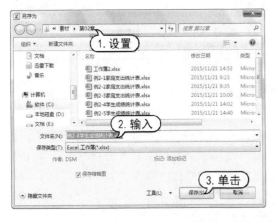

step 4 再次单击【文件】按钮,在弹出的菜单中选择【另存为】选项,打开【另存为】对话框,设置文件的保存位置和名称,然后单击【保存】按钮。

step 5 重新 Excel,在快速访问工具栏中单击【打开】按钮,打开【打开】对话框。

step 6 在【打开】对话框中单击【更改您的视图】下拉列表按钮,在弹出的下拉列表中选择【大图标】选项,即可在对话框中查看工作簿文件的预览效果。

【例2-9】在 Excel 中查看多个工作簿中的数据。
视频+素材 (光盘素材\第02章\例2-9)

step 1 使用 Excel 2010 同时打开两个不同的工作簿后,选择其中一个工作簿,在【视图】选项卡的【窗口】组中单击【并排查看】按钮。

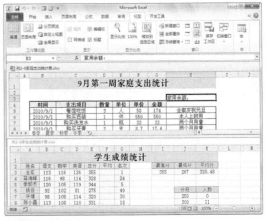

step 2 在【窗口】组中单击【全部重排】按钮,然后在打开的【重排窗口】对话框中选择窗口的排列方式,例如【平铺】,然后单击【确定】按钮。

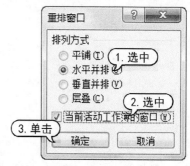

击【确定】按钮。

step 3 此时，窗口的排列效果将如下所示。在【窗口】组中选择【同步滚动】选项，拖动一个工作簿中的滚动条，其它工作簿的滚动条也会同时调整。

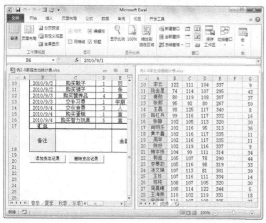

step 6 此时，Excel 将只显示一个工作簿窗口，如下图所示。

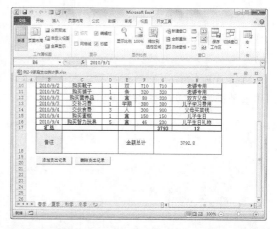

step 4 在【窗口】组中单击【重设窗口位置】按钮，窗口排列方式将恢复为【水平并排】样式。

【例2-10】在 Excel 中使用【拆分】与【冻结】功能，管理工作表窗口。

视频+素材 (光盘素材\第 02 章\例 2-10)

step 1 打开工作表后，单击【全选】按钮，选择整个工作表。

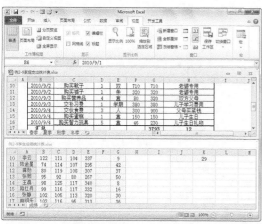

step 5 在【窗口】组中单击【全部重排】按钮，然后在打开的【重排窗口】对话框中选中【当前活动工作簿的窗口】复选框，并单

step 2 选择【视图】选项卡，在【窗口】组中单击【拆分】按钮，拆分窗口。

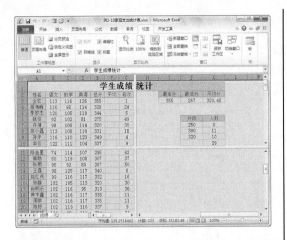

step ③ 选中 B3 单元格，执行【拆分】命令，再在【视图】选项卡的【窗口】组中单击【冻结窗格】下拉列表按钮，在弹出的下拉列表中选择【冻结拆分窗格】选项，可以冻结工作表的前两行与最左例一列。

step ④ 此时，使用鼠标滚轮向下查看表格内容，表格前两行将不会发生变化。

step ⑤ 拖动窗口底部的滚动条向右移动，表格最左侧的一列也不会发生变化。

第 3 章

输入与编辑数据

　　在使用 Excel 创建工作表后，首先要在单元格中输入数据，然后可以对其中的数据进行删除、更改、移动以及复制等操作，使用科学的方式和运用一些技巧，可以使数据的输入和编辑操作变得更加高效和便捷。

 对应光盘视频

Excel 2010 电子表格案例教程

3.1　在单元格中输入数据

Excel 中的数据可分为 3 种类型：一类是普通文本，包括中文、英文和标点符号；一类是特殊符号，例如▲、★、◎等；还有一类是各种数字构成的数值数据，例如货币型数据、小数型数据等。数据类型不同，其输入方法也不同。本节将介绍不同类型数据的输入方法。

3.1.1　输入普通数据

在 Excel 中输入普通数据(包括数字、负数、分数和小数等)的方法和在 Word 中输入文本相同，首先选定需要输入文本的单元格，然后参考下面介绍的方法执行输入操作即可。

▶ 输入数字：单击需要输入数字的单元格，输入所需数据，然后按下回车键即可。

▶ 输入负数：单击需要输入负数的单元格，先输入-号，再输入相应的数字，也可以将需要输入的数字加上圆括号，Excel 软件会将其自动显示为负数。例如，在单元格中输入-88 或(88)，都会显示为-88。

▶ 输入分数：单击需要输入分数的单元格，在【开始】选项卡的【对齐方式】组中单击【扩展】按钮，然后在打开的对话框中选择【数字】选项卡，在分类列表框中选择【自定义】选项，再在右侧的类型列表框中选择# ?/?选项，最后单击【确定】按钮，在单元格中输入【数字/数字】即可实现输入分数的效果。

▶ 输入小数：小数点的输入方法为数字+小键盘中.键+数字。若输入的小数过长，单元格中将显示不全，可以通过编辑栏进行查看。

【例 3-1】制作一个【考勤表】，并输入相关表头。
🔘视频

step 1　启动 Excel 2010，然后创建一个空白工作簿。

step 2　选中 A1 单元格，然后直接输入文本【考勤表】。

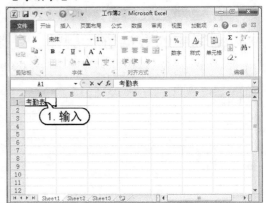

step 3　选定 A3 单元格，将光标定位在编辑栏中，然后输入文本【姓名】。此时在 A3 单元格中同时出现【姓名】两个字。

step 4　选定 A4 单元格，输入文字【日期】，然后按照上面介绍的方法，在其他单元格中输入文本，效果如下图所示。

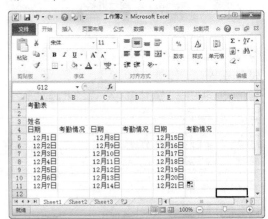

step 5　在快速访问工具栏中单击【保存】按钮，将工作簿保存。

3.1.2　输入特殊符号

在表格中有时需要插入一些特殊符号,来表明单元格中数据的性质,例如商标符号、版权符号等,此时可以使用 Excel 软件提供的【符号】对话框实现。

【例 3-2】在【例 3-1】制作的【考勤表】中输入特殊符号。 视频

step 1 继续【例 3-1】的操作,选中 A13 单元格后,输入文字【工作日】,然后打开【插入】选项卡,并在【符号】选项区域中单击【符号】按钮。

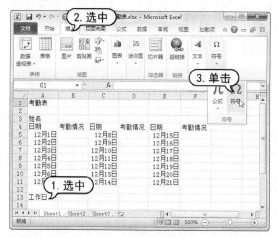

step 2 在打开的【符号】对话框中选择需要插入的符号后,单击【插入】按钮。

step 3 此时,A13 单元格中将添加相应的符号,效果如下图所示。

step 4 参考上面介绍的方法,在 B13、C13 和 D13 单元格中输入文本并插入符号,完成后表格效果如下图所示。

在【符号】对话框中包含有【符号】和【特殊字符】两个选项卡,每个选项卡下面又包含很多种不同的符号和字符,下图所示为【特殊字符】选项卡。

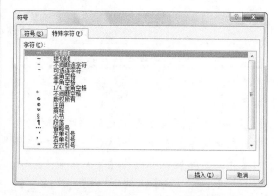

3.1.3　输入数值型数据

在 Excel 中输入数值型数据后,数据将

自动采用右对齐的方式显示。

如果输入的数据长度超过 11 位,则系统会将数据转换成科学记数法的形式显示,例如 2.16E＋03。无论显示的数值位数有多少,只保留 15 位的数值精度,多余的数字将舍掉取零。

另外,还可在单元格中输入特殊类型的数值型数据,例如货币、小数等。当将单元格的格式设置为【货币】时,在输入数字后,系统将自动添加货币符号。

【例 3-3】制作一个【工资表】,在表格中输入每个员工的工资明细。

视频+素材 (光盘素材\第 03 章\例 3-3)

step 1 参考【例 3-1】介绍的方法,制作一个如下图所示的【工资表】。

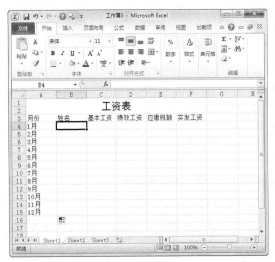

step 2 选定 C4:F15 单元格区域,在【开始】选项卡的【数字】组中,单击【设置单元格格式】按钮。

step 3 在打开的【设置单元格格式】对话框中选中【数字】选项卡,然后在对话框左侧的【分类】列表框中选择【货币】选项,在右侧的【小数位数】微调框中设置数值为 2,【货币符号】选择¥,在【负数】列表框中选择一种负数格式。

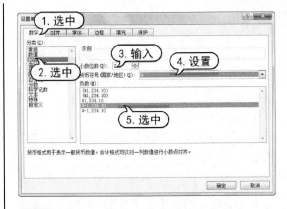

step 4 完成设置后,单击【确定】按钮,完成货币型数据的格式设置。此时当在 C4:F15 单元格区域输入数字后,系统会自动将其转化为货币型数据。

3.1.4 使用批注

为了说明某些单元格的性质或作用,可以为单元格添加批注,起到解释说明的作用。对批注的操作包括插入批注、设置批注格式和删除批注。下面将通过实例操作分别进行介绍。

【例 3-4】在【例 3-3】创建的工资表中插入并设置批注格式。

视频+素材 (光盘素材\第 03 章\例 3-4)

step 1 继续【例 3-3】的操作,在 A1 单元格上单击,选择【审阅】选项卡,在【批注】组中单击【新建批注】按钮。

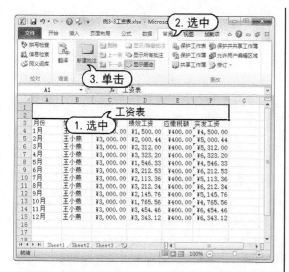

step 2 在显示的批注框中，输入相应的批注内容，例如【该员工 2016 年全年工资收入记录】，然后单击批注框之外的任意位置。

step 3 将鼠标指针移动至批注框的边框，然后右击鼠标，在弹出的菜单中选择【设置批注格式】命令。

step 4 打开【设置批注格式】对话框，选择【颜色与线条】选项卡，在【填充】栏的【颜色】下拉列表框中选择【浅黄】选项，在【线

条】栏的【颜色】下拉列表框中选择【红色】选项。

step 5 选择【字体】选项卡，在【字体】列表框中选择【楷体】选项，在【字号】列表框中选择 11 选项，然后单击【确定】按钮。

step 6 返回工作表，将鼠标指针移动至 A1 单元格即可查看设置的批注效果。

3.2 单元格的基本操作

单元格是工作表的基本单位，在 Excel 中，绝大多数的操作都是针对单元格来完成的。对单元格的操作主要包括单元格的选定、合并与拆分单元格等。

3.2.1 单元格的命名规则

在 Excel 2010 中，工作表是由单元格组成的，每个单元格都有其独一无二的名称，在学习单元格的基本操作前，用户首先应掌握单元格的命名规则。

对单元格的命名主要是通过行号和列标来完成的，其中又分为单个单元格的命名和单元格区域的命名两种方式：

▶ 单个单元格的命名是选取【列标+行号】的方法，例如 A3 单元格指的是位于第 A 列，第 3 行的单元格。

多个连续的单元格区域的命名规则是【单元格区域中左上角的单元格名称＋":"＋单元格区域中右下角的单元格名称】。例如在下图中，选定单元格区域的名称为A1:E6。

3.2.2 选择单元格

要对单元格进行操作，首先要选定单元格，对单元格的选定操作主要包括选定单个单元格、选定连续的单元格区域和选定不连续的单元格。

➤ 选定单个单元格，只需用鼠标单击该单元格即可，按住鼠标左键拖动鼠标可选定一个连续的单元格区域。

➤ 按住Ctrl键配合鼠标操作，可选定不连续的单元格或单元格区域。

另外，单击工作表中的行标，可选定整行；单击工作表中的列标，可选定整列；单击工作表左上角行标和列标的交叉处，即全选按钮，可选定整个工作表。

3.2.3 快速定位单元格

在数据较多的单元格中，若要按正常的方法找到某一个特定的单元格，可以用定位单元格功能进行查找和定位。

➤ 快速定位到A1单元格：按下Ctrl+Home组合键可以快速定位到A1单元格；在空白工作表中，按下Ctrl+End组合键也可以快速定位到A1单元格。

➤ 快速定位到数据区域右下角的单元格：在数据区域中按下Ctrl+End组合键可以快速定位到数据区域最右下角的单元格。

➤ 快速定位到数据区域端的单元格：在数据区域中，按下Ctrl+左或右方向键，可以快速定位到水平方向数据区域的始末端单元格；按下Ctrl+上或下方向键可以快速定位到垂直方向数据区域的始末端单元格；连续按两次Ctrl+方向键能够定位到当前行或列的顶端单元格。

3.2.4 插入和删除单元格

在工作表中输入数据时，若发现错误，不必重新输入，可以使用插入和删除单元格功能对错误数据进行修改。

1. 插入单元格

选择【开始】选项卡，在【单元格】组中单击【插入】下拉列表按钮，在弹出的下拉列表中选择【插入单元格】选项，在打开的【插入】对话框中选中相应的单选按钮，并单击【确定】按钮。

2. 删除单元格

选择需要删除的单元格或单元格区域，在【开始】选项卡的【单元格】组中单击【删除】下拉列表按钮，在弹出的下拉列表中选择【删除单元格】选项，打开【删除】对话框，在其中选中相应的单选按钮，单击【确定】按钮即可。

3.2.5　合并和拆分单元格

在编辑表格的过程中，有时需要对单元格进行合并或者是拆分操作，以方便对单元格进行编辑。

1. 合并单元格

要合并单元格，需要先将要合并的单元格选定，然后打开【开始】选项卡，在【对齐方式】组中单击【合并单元格】按钮 📑 即可。

【例 3-5】在【学生成绩表】工作表中，合并标题栏单元格。

📹 视频+素材 (光盘素材\第 03 章\例 3-5)

step 1 打开【学生成绩表】工作表，然后选中表格中的 A1：J2 单元格区域。

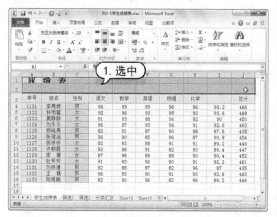

step 2 选择【开始】选项卡，在【对齐方式】组中单击【合并后居中】按钮 📑。

step 3 此时，选中的单元格区域将合并为一个单元格，其中的内容将自动居中。

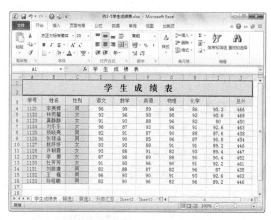

2. 拆分单元格

拆分单元格是合并单元格的逆操作，只有合并后的单元格才能够进行拆分。

要拆分单元格，用户只需选定要拆分的单元格，然后在【开始】选项卡的【对齐方式】组中再次单击【合并后居中】按钮 📑▼，即可将已经合并的单元格拆分为合并前的状态。或者可单击【合并后居中】下拉按钮，选择【取消单元格合并】命令，也可拆分单元格。

另外，用户也可打开【设置单元格格式】对话框，在该对话框的【对齐】选项卡中，取消选中【文本控制】选项区域中的【合并单元格】复选框，然后单击【确定】按钮，同样可以将单元格拆分为合并前的状态。

3.2.6　移动和复制单元格

编辑 Excel 工作表时，若数据位置摆放错误，必须重新录入，可将其移动到正确的单元格位置；若单元格区域数据与其他区域数据相同，为避免重复输入，可采用复制和移动操作来编辑工作表。

【例 3-6】将【学生成绩表】工作表中的部分数据复制和移动到【分类汇总】工作表中。

视频+素材 (光盘素材\第 03 章\例 3-6)

step ① 打开【学生成绩表】工作表，选中 A4：G9 单元格区域。

step ② 选择【开始】选项卡，在【剪贴板】选项组中单击【复制】按钮。

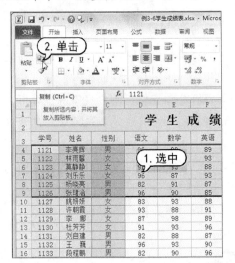

step ③ 单击【分类汇总】标签，切换到该工作表中，选中 A4：J9 单元格区域，然后在【剪贴板】选项组中单击【粘贴】下拉按钮，从弹出的【粘贴】列表框中单击【粘贴】按钮，粘贴单元格。

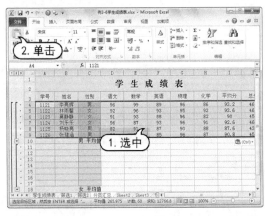

step ④ 切换到【学生成绩表】工作表，选取 A10:J16 单元格区域，然后右击鼠标，在弹

出的快捷菜单中选择【剪切】命令。

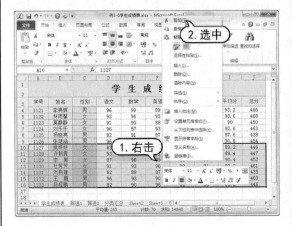

step ⑤ 切换到【分类汇总】工作表中，选中 A11:J17 单元格区域，在【剪贴板】选项组中单击【粘贴】按钮。此时，【学生成绩表】工作表中 A10:J16 单元格区域中的内容将被移动至【分类汇总】工作表的 A11:J17 单元格区域中。

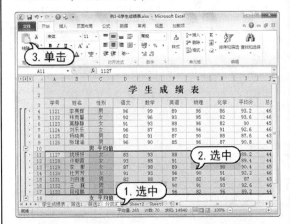

3.2.7 隐藏和显示单元格

若单元格中有不宜让其他用户看见的重要的数据，可以将其隐藏，待需要查看单元格中的内容时，再将隐藏的内容显示出来即可。

【例 3-7】在【学生成绩表】工作簿中隐藏一部分的数据内容。

视频+素材 (光盘素材\第 03 章\例 3-7)

step ① 打开【费用趋势预算表】工作簿后，

选中需要隐藏的单元格区域，然后在【开始】选项卡中单击【单元格】组中的【格式】下拉列表按钮，在弹出的下拉列表中选择【隐藏和取消隐藏】|【隐藏行】命令。

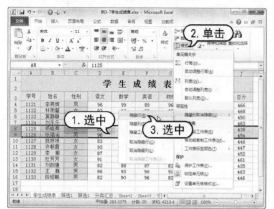

step ② 此时，工作表中被选中的单元格区域将被隐藏。

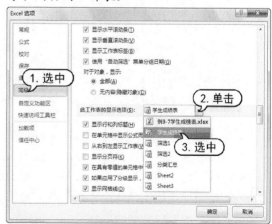

step ③ 当用户需要显示隐藏的数据时，可以选中包含隐藏单元格的单元格区域，然后在【开始】选项卡中单击【单元格】组中的【格式】下拉列表按钮，在弹出的下拉列表中选择【隐藏和取消隐藏】|【取消隐藏行】命令。

3.3 行与列的基本操作

Excel 的表格由行和列组成，行和列相交所形成的格子称为单元格，单元格区域则是选定的单元格范围。本节将主要介绍工作表中行、列的基本操作。

3.3.1 认识行与列

Excel 的表格状态是由横线和竖线相交而成的格子。由横线间隔出来的区域称之为【行】，由竖线间隔出来的区域称之为【列】。在 Excel 工作簿窗口里，一组垂直标签中的阿拉伯数字标识了表格的行号，而另一组水平标签中的英文字母标识了表格的列号，这两组标签分别称之为【行号】和【列标】。

在 Excel 中，用户可以设置隐藏和显示行号和列标，具体方法如下。

【例3-8】设置隐藏 Excel 行号和列标。
视频+素材 (光盘素材\第03章\例3-8)

step ① 单击【文件】按钮，在弹出的菜单中选择【选项】选项。

step ② 在打开的【Excel 选项】对话框中选择【高级】选项，然后在对话框右侧的选项

区域中单击【此工作表的显示选项】下拉列表按钮，在弹出的下拉列表中选择要隐藏行号和列标的工作表。

step ③ 接下来，取消选中【显示行和列标题】复选框，然后单击【确定】按钮，即可隐藏工作表中的行号和列标。

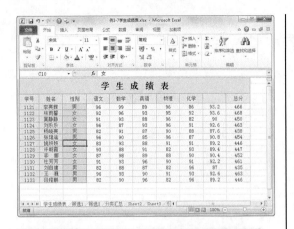

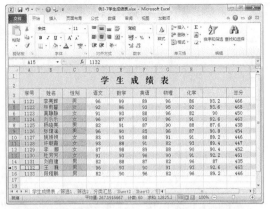

3.3.2 选择行与列

在 Excel 中，选择工作表的行和列一般有以下几种方法。

➤ 选定单行或单列：使用鼠标单击某个行号或者列标的标签即可选中相应的整行或整列。

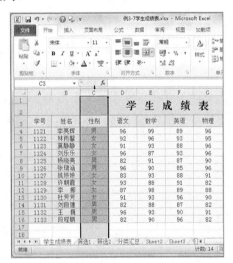

➤ 选定相邻连续的多行或多列：鼠标单击某行的标签后，按住鼠标不放向上或向下拖动，即可选中此行相邻的连续多行；单击某列的标签后，按住鼠标不放向左或向右拖动，即可选中此行相邻的连续多列。

➤ 选定不相邻的多行或多列：选中单行或单列后，按住 Ctrl 键不放，继续用鼠标单击多个行或列标签，直至选择完所有需要选择的行或列。

3.3.3 设置行高和列宽

设置行高和列宽有好几种方式可以进行操作。

1. 直接更改行高和列宽

要改变行高和列高可以直接在工作表中拖动鼠标进行操作。

比如要设置行高，用户在工作表中选中单行，将鼠标指针放置在行与行标签之间，出现黑色双向箭头时，按住鼠标左键不放，向上或向下拖动，此时会出现提示框，显示当前的行高，调整所需的行高后松开左键即可完成行高的设置，设置列宽方法与此操作类似。

2. 精确设置行高和列宽

要精确设置行高和列宽，用户可以选定单行或单列，然后选择【开始】选项卡，单击【格式】下拉按钮进行设置，具体如下。

【例3-9】精确设置工作表的行高和列宽。

视频+素材 (光盘素材\第 03 章\例 3-9)

step 1 打开【学生成绩表】工作表后，选中表格中的第 1 行和第 2 行。

step 2 选择【开始】选项卡，然后单击【单元格】组中的【格式】下拉列表按钮，在弹出的下拉列表择选择【行高】选项。

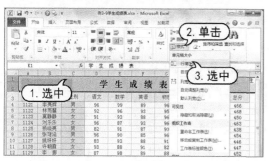

step 3 在打开的【行高】对话框中输入新的行高参数后，单击【确定】按钮。

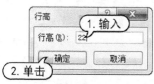

step 4 选中工作表中的 C 列，然后单击【开始】选项卡【单元格】组中的【格式】下拉列表按钮，在弹出的下拉列表中选择【列宽】选项，并在打开的【列宽】对话框中输入新的列宽参数。

step 5 成以上设置后表格效果如下图所示。

3. 自动调整行高和列宽

有时表格中多种数据内容长短不一，看

上去较为凌乱，用户可以设置最适合的行高和列宽，来适合表格的匹配和美观度。

【例3-10】为【学生场记表】工作表设置最合适的行高和列宽。

视频+素材 (光盘素材\第 03 章\例 3-10)

step 1 选择【学生成绩表】工作表，在【开始】选项卡的【单元格】组中单击【格式】按钮，在弹出的下拉列表中选择【自动调整列宽】选项。

step 2 此时，Excel 将自动调整表格各列的宽度，效果如下图所示。

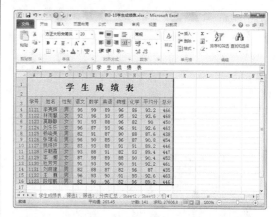

step 3 在【开始】选项卡的【单元格】组中单击【格式】按钮，在弹出的列表中选择【自动调整行高】选项则可以自动调整表格各行的高度。

3.3.4　插入行与列

在 Excel 2010 中，打开【开始】选项卡，在【单元格】选项组中单击【插入】下拉按钮，在弹出的下拉菜单中选择【插入工作表行】或【插入工作表列】命令，即可在工作表中插入行、列。

用户还可以右击表格，在弹出菜单中选择【插入】命令，如果当前选定的是单元格，将打开【插入】对话框，选中【整行】或【整列】单选按钮，单击【确定】按钮即可插入一行或一列。

关于行和列的插入还有很多操作上的技巧，如快速插入多行，隔行插入行等操作。

1. 快速插入(多)行或列

如果要快速插入多行或列，用户可以使用以下几种方法。

➤ 重复插入一行：如果要快速一次性插入许多行，可以先插入一行后，使用 F4 键快速的重复插入一行的操作。

➤ 复制多行：选中多行，然后按 Ctrl+C 键进行复制，再选定要插入的行，按 Ctrl+Shift+=键插入复制的多行。

➤ 调整空行位置：选中多行，然后按 Ctrl 键，将鼠标指向选中行的外框，当光标右上角出现十字箭头时单击鼠标并拖拽至需要插入空行的行号。

实用技巧

以上介绍的几种插入行或列方法同时也适用于插入多列。

2. 隔一行插入一行

用户可以使用排序的方法将表格内容进行隔一行插入一行的操作。

> **【例 3-11】**在【学生成绩表】工作表中设置隔一行插入一个空行。
> **视频+素材** (光盘素材\第 03 章\例 3-11)

step① 在 Excel 2010 中打开【学生成绩表】工作表后，选中 A 列并右击鼠标，在弹出的菜单中选择【插入】命令。

step② 在打开的【插入】对话框中选中【整列】单选按钮，然后单击【确定】按钮，在表格内插入一个新列，然后在 A4:A16 单元格区域中输入数字 1~13。

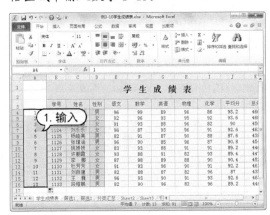

step③ 在 A17:A29 单元格区域中输入数字 1.1~13.1。

step④ 选中 A4:K29 单元格区域，然后选择【数据】选项卡，并在【排序和筛选】组单击【升序】按钮即可将 B 列、C 列的数据都以空行相间隔。

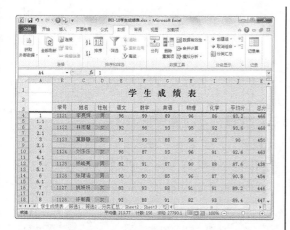

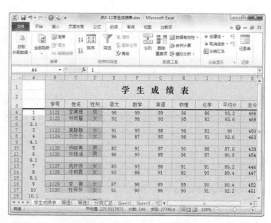

step 5 最后，将 A 列删除，即可完成隔一行插入一行操作。

3. 隔多行插入一行

使用前面的方法，还能在表格中每间隔多行插入一行。

【例 3-12】将【学生成绩表】工作表的 A4：J16 区域设置为每隔 2 行插入 1 空行。

视频+素材 (光盘素材\第 03 章\例 3-12)

step 1 在 Excel 2010 中打开【学生成绩表】工作表后，选中 A 列并右击鼠标，在弹出的菜单中选择【插入】命令，插入一个新列，并在新列的 A4:A16 单元格区域中输入数字 1~13。

step 2 在 A17 单元格内输入 2.1，A18 单元格内输入 4.1，A19 单元格内输入 6.1，A20 单元格内输入 8.1，A21 单元格内输入 10.1，A22 单元格内输入 12.1。

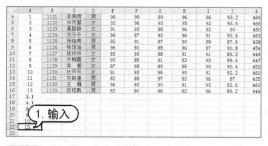

step 3 选中 A4:K22 单元格区域，然后选择【数据】选项卡，并在【排序和筛选】组中单击【升序】按钮即可将 B 列、C 列等数据都每隔 2 行插入一个空行。

step 4 最后，将 A 列删除，即可完成隔 2 行插入 1 行操作。

实用技巧

如果需要隔 3 行插入一行，只要将插入列里对应的数字序列替换为 3.1、6.1…依次类推进行操作。

3.3.5 快速调整行列次序

如果要对表格的行列次序进行调整，主要使用剪切复制的操作方法。

例如，用户选中一列，右击弹出快捷菜单，选择【剪切】命令。

接下来，选中目标列，右击弹出快捷菜单，选择【插入已剪切的单元格】命令，即可将上一列转移到该列之前。

	A	B	C	D	E	F
1	产品	销售日期	销售数量	销售金额	地区	
2	IS61	03/25/96	10,000	6,000	北京	
3	IS61	06/25/96	30,000	20,000	北京	
4	IS62	09/25/96	50,000	30,000	北京	
5	IS61	03/25/96	20,000	20,000	江苏	
6	IS61	06/25/96	30,000	10,000	江苏	
7	IS62	09/25/97	40,000	12,000	江苏	
8	IS27	03/25/98	10,000	6,000	山东	
9	IS27	06/25/98	12,000	8,400	山东	
10	IS61	09/25/98	20,000	5,600	山东	
11	IS61	09/25/98	12,000	5,000	天津	
12	IS27	06/25/99	10,000	3,400	天津	
13	IS62	06/25/99	15,000	7,600	天津	
14						

另外,用户还可以参考下面介绍的方法,通过拖拽鼠标改变行列次序。

【例3-13】将C列内容移到A列后。

视频+素材 (光盘素材\第03章\例3-13)

step① 打开【学生成绩表】工作表,单击C列标签,将鼠标光标定位在选定列黑色边框上,当光标显示为四向箭头时按住Shift键并按住左键拖拽。

step② 拖拽至B列,显示有【工字型】虚线,即为插入后的位置。

step③ 释放鼠标后,可以看到原来C列上的内容已经调整到B列内容的前面。

3.3.6 快速删除空行

一般情况下,删除行或列只需在选定目标行或列后,右击弹出快捷菜单,选择【删除】命令即可。

如果用户的数据区域内有大量的空行,可以参考以下操作进行快速删除。

【例3-14】快速删除【学生成绩表】工作表中所选区域内完全空白的行。

视频+素材 (光盘素材\第03章\例3-14)

step① 打开【学生成绩表】工作表后,选中A4:J12单元格区域,在【数据】选项卡的【排序和筛选】组中单击【筛选】按钮,进入筛选模式。

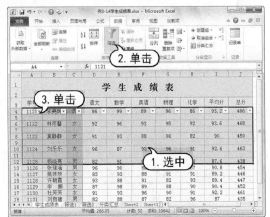

step② 单击A列的下拉按钮▼,在弹出的下拉列表中选中【空白】复选框,取消其他复选框的选中状态,然后单击【确定】按钮。

step③ 选中并右击蓝色行号的行,在弹出的菜单中选择【删除行】命令。

step ④ 在【数据】选项卡的【排序和筛选】组中再次单击【筛选】按钮，关闭筛选模式。

step ⑤ 此时，工作表将显示所有空行都删除的区域。

3.4 填充数据

当需要在连续的单元格中输入相同或者有规律的数据(等差或等比)时，可以使用 Excel 提供的快速填充数据的功能来实现。

3.4.1 填充相同的数据

在处理数据的过程中，有时候需要输入连续且相同的数据，这时可使用数据的快速填充功能来简化操作。

【例3-15】在【销售统计】工作表的 F 列中填充相同的文本。

视频+素材 (光盘素材\第 03 章\例 3-15)

step ① 在 Excel 2010 中打开【销售统计】工作表后，在F4 单元格中输入文字【是】。

step ② 将鼠标指针移至 F4 单元格右下角的小方块处，当鼠标指针变为＋形状时，按住鼠标左键不放并拖动至 F7 单元格。

step ③ 此时，释放鼠标左键，在F4:F7 单元格区域中即可填充相同的文本【是】，效果如下图所示。

3.4.2 填充有规律的数据

有时候需要在表格中输入有规律的数字，例如【星期一、星期二、…】，或【一月份、二月份、三月份、…】以及天干、地支和年份等，此时可以使用 Excel 特殊类型数据的填充功能进行快速填充。

例如在 A1 单元格中输入文本【星期一】然后将鼠标指针移至 A1 单元格右下角的小方块处，当鼠标指针变为＋形状时，按住鼠标左键不放并拖动鼠标至 A7 单元格中。释放鼠标左键，即可在 A1:A7 单元格区域中填充星期序列【星期一、星期二、星期三……星期日】，如下图所示。

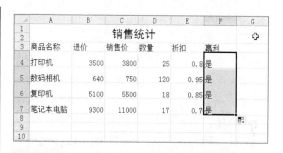

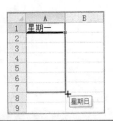 

3.4.3 填充等差数列

如果一个数列从第二项起，每一项与它的前一项的差等于同一个常数，这个数列就叫做等差数列，这个常数叫做等差数列的公差。

在 Excel 中也经常会遇到填充等差数列的情况，例如员工编号【1、2、3、…】等，此时就可以使用 Excel 的自动累加功能来进行填充了。

【例 3-16】在【学生成绩表】工作表的 A 列中填充【学号】列数据。

视频+素材 (光盘素材\第 03 章\例 3-16)

step 1 在 Excel 2010 中打开【学生成绩表】工作表后，在 A4 单元格中输入 20001。

step 2 将鼠标指针移至 A4 单元格右下角的小方块处，当鼠标指针变为 ✛ 形状时，按住 Ctrl 键，同时按住鼠标左键不放拖动鼠标至

A13 单元格。

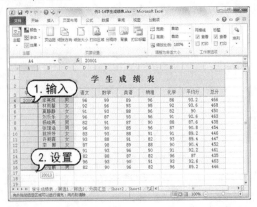

step 3 释放鼠标左键，即可在 A4: A16 单元格区域中填充等差数列。

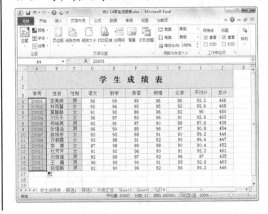

3.5 编辑数据

在表格中输入数据后，用户可以根据需要对数据内容进行相应的编辑，例如修改、删除、查找和替换等。

3.5.1 修改数据

Excel 表格中的数据都必须准确，若表格中的数据有误，就须要对其进行修改。

在表格中修改数据的方法主要有两种，一种是在编辑栏中修改，另一种是在单元格中进行修改，具体如下。

▶ 在编辑栏中修改数据：当单元格中是较长文本内容或对数据进行全部修改时，在编辑栏中修改数据非常便利。用户选中需要修改数据的单元格后，将鼠标光标定位到编辑栏中，

在其中即可进行相应的修改，输入正确的数据后按下 Enter 键或单击编辑栏中的 ^ 按钮，即可完成数据修改。

▶ 直接在单元格中进行修改：当单元格中数据较少或只需对数据进行部分修改时，可以通过双击单元格，进入单元格编辑状态对其中的数据进行修改，完成数据修改后按下 Enter 键即可。

3.5.2 删除数据

当表格中的数据输入有误时，用户可以

对其进行修改。同理，当表格中出现多余的数据或错误数据时，也可以将其删除。在 Excel 中常用删除数据的方法主要有以下几种。

> 选中需要删除数据所在的单元格后，直接按下 Delete 键。

> 双击单元格进入单元格编辑状态，选择需要删除的数据，然后按下 Delete 或 Backspace 键。

> 选择需要删除数据所在的单元格，选择【开始】选项卡，在【单元格】组中单击【删除】按钮。

3.5.3　查找和替换数据

如果需要在工作表中查找一些特定的字符串，那么查看每个单元格就过于麻烦，特别是在一份较大的工作表或工作簿中。使用 Excel 提供的查找和替换功能可以方便地查找和替换需要的内容。

1. 查找匹配单元格

在 Excel 中，用户既可以查找出包含相同内容的所有单元格，也可以查找出与活动单元格中内容不匹配的单元格。它的应用进一步提高了编辑和处理数据的效率。

【例 3-17】在【学生成绩表】工作表中查找值为 91 的单元格位置。
视频+素材 (光盘素材\第 03 章\例 3-17)

step 1 打开【调查表】工作表后，在【开始】选项卡的【编辑】组中单击【查找和选择】按钮，在弹出的快捷菜单中选择【查找】命令。

step 2 在打开的【查找和替换】对话框中选中【查找】选项卡，然后单击【选项】按钮显示相应的选项区域。

step 3 在【查找内容】文本框中输入 91，在【范围】下拉列表框中选择【工作表】选项，然后单击【查找全部】按钮。

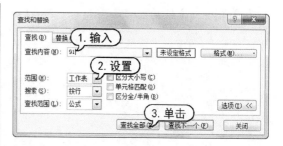

step 4 Excel 即会开始查找整个工作表，完成后在对话框下部的列表框中显示所有满足搜索条件的内容。

2. 模糊匹配查找

用户有时需要搜索一类有规律的数据，比如以 A 开头的编码，包含 9 的电话号码等，无法使用完全匹配的方式来查找，这时可以使用 Excel 提供的通配符进行模糊查找。

【例 3-18】在【学生成绩表】工作表中查找以 6 结尾的单元格位置。
视频+素材 (光盘素材\第 03 章\例 3-18)

step 1 继续【例 3-17】的操作，在【查找和替换】对话框中的【查找内容】文本框中输入关键字*6，并选中【单元格匹配】复选框。

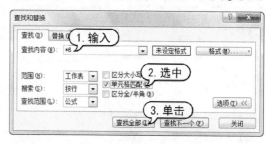

step 2 在【查找和替换】对话框中单击【全部查找】按钮，Excel 即会开始查找整个工作表，完成后在对话框下部的列表框中显示

Excel 2010 电子表格案例教程

所有满足搜索条件的内容。

Excel中有2个可用的通配符可以用于模糊查找，分别是半角问号?和星号*。?可以在搜索目标中代替任意单个的字符，*可以代替任意多个连续的字符。

3. 查找与替换单元格格式

用户可以对查找对象的格式进行设定，将具有相同格式的单元格查找出来，进行替换数据的同时还能替换其单元格格式。

【例3-19】在【学生成绩表】工作表中使用【查找与替换】功能更改单元格填充色。

视频+素材 (光盘素材\第03章\例3-19)

step 1 在 Excel 中打开【学生成绩表】工作表后，在【开始】选项卡的【编辑】组中单击【查找和选择】按钮，在弹出的快捷菜单中选择【查找】命令。

step 2 在打开的【查找和替换】单元格中单击【选项】按钮，然后单击【格式】下拉列表按钮，在弹出的下拉列表中选择【从单元格选择格式】选项。

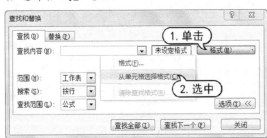

step 3 此时，光标变成吸管形状，单击目标单元格，此处单击 C5 单元格，提取该单元格格式。

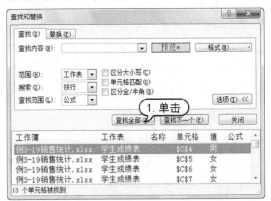

step 4 返回【查找和替换】对话框，单击【查找全部】按钮，此时会列出所有跟 C5 单元格格式相同的单元格。

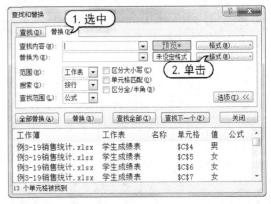

step 5 选择【替换】选项卡，单击【替换为】选项后面的【格式】按钮。

step 6 在打开的【替换格式】对话框中选择【填充】选项卡，然后在【背景色】区域里选择绿色，并单击【确定】按钮。

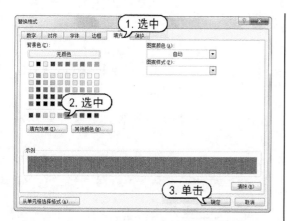

step 7 返回【查找和替换】对话框，在【替换】选项卡里单击【全部替换】按钮，弹出对话框表示已经进行替换，单击【确定】按钮。

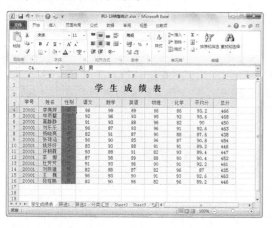

step 8 完成替换后，在【查找和替换】对话框中单击【关闭】按钮。此时，表格中相应的单元格效果如下图所示。

3.5.4 选择性粘贴数据

选择性粘贴是一种特殊的粘贴方式，使用这种方式不仅可以实现格式粘贴、数据粘贴、文本数据粘贴以及公式粘贴等，还能够实现简单的运算，例如加、减、乘、除运算。

在 Excel 中复制单元格中的数据后，右击任意单元格，在弹出的快捷菜单中选择【选择性粘贴】命令，打开【选择性粘贴】对话框，在该对话框中用户可以设置粘贴所复制内容中特定的部分。

【选择性粘贴】对话框中比较常用的选项功能如下：

▶【全部】单选按钮：选中该单选按钮，将粘贴复制数据的数字、公式、格式等全部内容。

▶【公式】单选按钮：选中该单选按钮后，将只粘贴复制内容中的公式，其他的数据或格式将被去掉。

▶【格式】单选按钮：选中该单选按钮后，将只粘贴复制内容的格式，其他的数据、公式将被去掉。

▶【数值】单选按钮：选中该单选按钮后，将只粘贴复制内容中的数值、文本和运算结果，其他格式和公式等内容将被去掉。

▶【公式和数字格式】单选按钮：选中该单选按钮，只粘贴复制内容的公式和格式。

3.6 案例演练

本章的案例演练部分包括制作【本月财务支出统计表】、【员工信息表】和【区域销售业绩表】等多个综合实例操作，用户通过练习从而巩固本章所学知识。

【例 3-20】使用 Excel 2010 制作一个【本月财务支出统计表】。

视频+素材 (光盘素材\第 03 章\例 3-20)

step 1 创建一个空白工作簿后，将该工作簿以文件名【本月财务支出统计表】保存。

step 2 选中 A1:D2 单元格区域，在【开始】选项卡中单击【合并后居中】按钮。

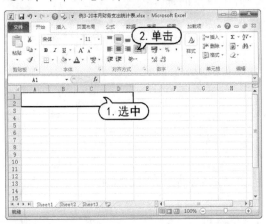

step 3 在合并后的单元格中输入文本【本月财务支出统计表】。

step 4 在 A3、B3、C3 和 D3 单元格中分别输入文本【日期】、【支出项目】、【数量】和【金额】后，选中 A4 单元格。

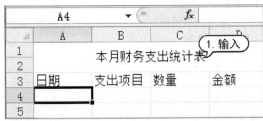

step 5 选择【数据】选项卡，在【数据工具】组中单击【数据有效性】选项。

step 6 在打开的【数据有效性】对话框中选择【设置】选项卡，单击【允许】下拉列表按钮，在弹出的下拉列表中选择【日期】选项，然后在【开始日期】文本框中输入

2016/6/1，在【结束日期】文本框中输入 2016/6/30。

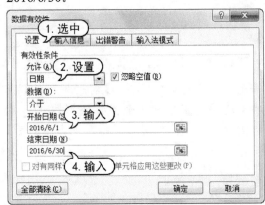

step 7 在【数据验证】对话框中选择【输入信息】选项卡，在【标题】文本框中输入文本【输入提示】，在【输入信息】文本框中输入文本【请输入 2016 年 6 月之内的日期】。

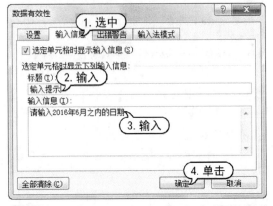

step 8 在【数据验证】对话框中单击【确定】按钮，A4 单元格上将显示如下图所示的提示信息。

step ⑨ 在 A4 单元格中输入一个错误的时间后，Excel 将打开如下图所示的提示框。

step ⑩ 在 A4 单元格中输入 2016/6/1 后，选择【开始】选项，在【剪切板】组中单击【格式刷】按钮，然后单击 A4 单元格，拖动单元格右下角的控制点至 A12 单元格，复制 A4 单元格中设置的格式。

step ⑪ 在 B4:B12 单元格区域中输入文本内容后，选中第 9 行。

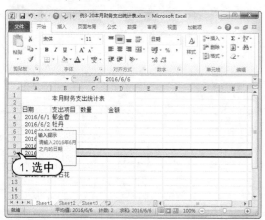

step ⑫ 右击第 9 行，在弹出的菜单中选择【删除】命令。

step ⑬ 在 C4:C11 单元格区域中输入相应的数字后，选中 C3:C11 单元格区域。

step ⑭ 在【开始】选项卡中的【单元格】组中单击【格式】下拉列表按钮，在弹出的下拉列表中选择【自动调整列宽】选项。

step ⑮ 此时，Excel 将自动调整 C 列的列宽，效果如下图所示。

step ⑯ 选中 D8、D9 单元格，然后在【开始】选项卡的【对齐方式】组中单击【合并单元格】按钮，将这两个单元格合并。

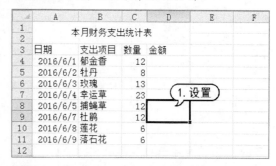

step ⑰ 使用相同的方法，合并 C8、C9 单元格，并在弹出的 Excel 提示框中单击【确定】按钮。

step 18 在 D4:D11 单元格区域中输入相应的金额数据，然后选中 D4 列。

	A	B	C	D	E	F
1		本月财务支出统计表			2.选中	
2						
3	日期	支出项目	数量	金额		
4	2016/6/1	郁金香	12	1799		
5	2016/6/2	牡丹	8	600		
6	2016/6/3	玫瑰	13	760		
7	2016/6/4	幸运草	23	480		
8	2016/6/5	捕蝇草	12	1120		
9	2016/6/7	杜鹃				
10	2016/6/8	莲花	6	260		
11	2016/6/9	落石花	6		1.输入	
12						

step 19 在【开始】选项卡中单击【单元格】组中的【格式】下拉列表按钮，在弹出的下拉列表中选择【隐藏和取消隐藏】|【隐藏列】命令。

step 20 此时，D 列中的数据将被隐藏，效果如下图所示。

	A	B	C	E	F	G
1		本月财务支出统计表				
2						
3	日期	支出项目	数量			
4	2016/6/1	郁金香	12			
5	2016/6/2	牡丹	8			
6	2016/6/3	玫瑰	13			
7	2016/6/4	幸运草	23			
8	2016/6/5	捕蝇草	12			
9	2016/6/7	杜鹃				
10	2016/6/8	莲花	6			
11	2016/6/9	落石花	6			
12						

step 21 当需要显示被隐藏的列时，可以选中工作表中的表格，在【开始】选项卡中单击【单元格】组中的【格式】下拉列表按钮，在弹出的下拉列表中选择【隐藏和取消隐藏】|【取消隐藏列】命令。

【例 3-21】 在 Excel 2010 中制作一个【员工信息表】工作表。

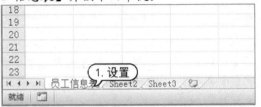
视频+素材 (光盘素材\第 03 章\例 3-21)

step 1 启动 Excel 2010，创建一个空白工作簿，右击 Sheet1 工作表标签，在弹出的菜单中选择【重命名】命令，然后输入文字【员工信息表】并按下回车键。

step 2 选中 A1 单元格，然后输入文本【员工信息表】。

step 3 使用同样的方法，在工作表中输入其他数据，效果如下图所示。

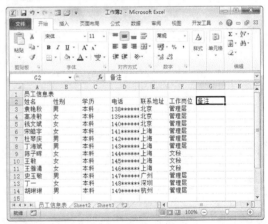

step 4 选中并右击 A2 单元格，在弹出的菜单中选择【插入】命令。

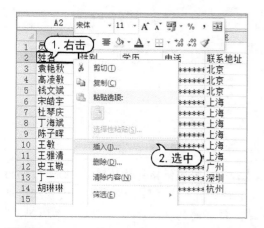

step 5 打开【插入】对话框，选中【整行】单选按钮，然后单击【确定】按钮。

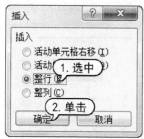

step 6 在工作表中插入一行后，选中 A1：G2 单元格区域，选择【开始】选项卡，在【对齐方式】组中单击【合并后居中】按钮。

step 7 选中合并后的 A1 单元格，在【单元格】组中单击【格式】下拉列表按钮，在弹出的下拉列表中选择【行高】选项，然后在打开的【行高】对话框中输入10，单击【确定】按钮。

step 8 单击 A 列列表，选中 A 列，在【单元格】组中单击【插入】下拉列表按钮，在弹出的下拉列表中选择【插入单元格】选项。

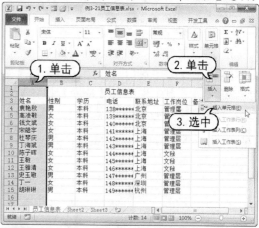

step 9 在 A3 单元格中输入文本【员工编号】，在 A4 单元格中输入 A0001。

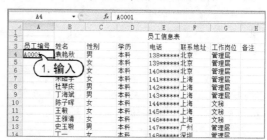

step 10 将鼠标指针放置在 A4 单元格右下角，当指针变为十字形状时，按住左键不放，向下拖动至 A15 单元格。

step 11 将鼠标指针移动到 C 列和 D 列的交界处，当其变成十字形状时，双击鼠标可以自动调整 C 列的列宽。

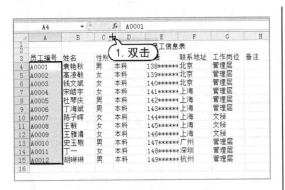

step 12 将鼠标指针插入 D4 单元格中，定位在文本【本科】的前面，选择【插入】选项卡，在【符号】组中单击【符号】按钮。

step 13 打开【符号】对话框，选中☆符号，然后单击【插入】按钮。

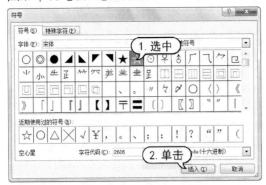

step 14 在单元格中插入☆符号后，将鼠标指针放置在 D4 单元格右下角，当指针变为十字形状时，按住 Ctrl 键的同时，拖动鼠标至 D15 单元格。

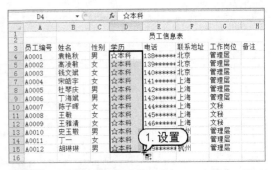

step 15 在将鼠标指针移动到 D 列和 E 列的交界处，当其变成 ✛ 形状时，双击鼠标自动调整 D 列的列宽。

step 16 将鼠标指针移动到 H 列和 I 列的交界处，当其变成 ✛ 形状时，按住鼠标左键不放向右拖动，调整 H 列的宽度。

step 17 选中 B3 单元格，选择【开始】选项卡，在【编辑】组中单击【查找和选择】下拉列表按钮，在弹出的下拉列表中选择【替换】选项。

step 18 打开【查找和替换】对话框，单击【查找内容】文本后的【格式】下拉列表按钮，在弹出的下拉列表中选择【从单元格选择格式】选项。

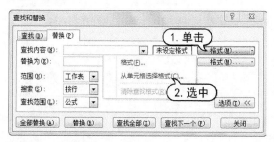

step 19 当鼠标指针变为 状态后，单击 B3 单元格。

step 20 返回【查找和替换】对话框后，单击【替换为】文本框后的【格式】按钮。

step 21 打开【替换格式】对话框，选择【填充】选项卡，在【背景色】列表框中选择一种颜色后，选择【对齐】选项卡。

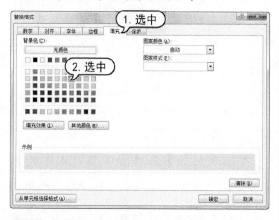

step 22 打开【对齐】选项卡，在【水平对齐】和【垂直对齐】下拉列表中选择【居中】选项后，选择【边框】选项卡。

step 23 打开【边框】选项卡后设置边框的样式和颜色，并单击【外边框】按钮。

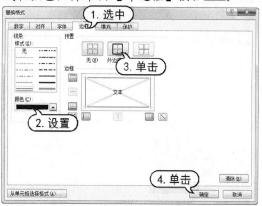

step 24 在【替换格式】对话框中单击【确定】按钮，返回【查找和替换】对话框，单击【全部替换】按钮并在弹出的提示框中单击【确定】按钮，表格的效果将如下图所示。

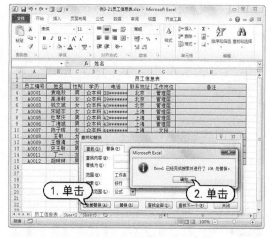

step 25 选中 A1: A2 单元格区域，右击鼠标，在弹出的菜单中选择【删除】命令，打开【删

除】对话框，选中【右侧单元格左移】单选
按钮，并单击【确定】按钮。

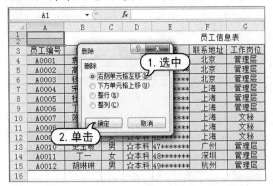

step 26 选中 A1: H2 单元格区域，然后右击
鼠标，在弹出的菜单中选择【设置单元格格
式】命令。

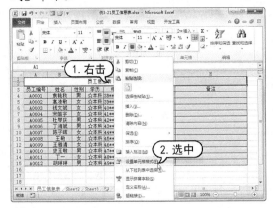

step 27 打开【设置单元格格式】对话框的【对
齐】选项卡，选中【合并单元格】复选框后，
单击【确定】按钮。

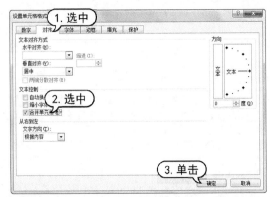

step 28 完成以上设置后，【员工信息表】工
作表的效果如下图所示。

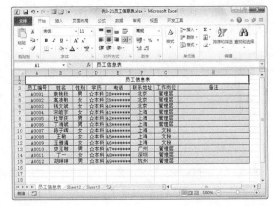

step 28 在快速访问工具栏单击【保存】按钮
，将工作簿保存。

【例 3-22】 在 Excel 2010 中制作一个【区域销售
业绩】工作表。

视频+素材 (光盘素材\第 03 章\例 3-22)

step 1 启动 Excel 2010，创建一个空白工作
簿，右击 Sheet1 工作表标签，在弹出的菜单
中选择【重命名】命令，然后输入文字【区
域销售业绩表】并按下回车键。

step 2 选中 A1 单元格，输入文本【销售业
绩表】，效果如下图所示。

step 3 使用同样的方法，在 A2 单元格中输
入【区域编号】，在 A3 单元格中输入
QY04001，然后选中 A3 单元格，将鼠标移
动至该单元格右下角，当指针变为十字形状
后，按住左键不放拖动至 A18 单元格。

step 4 释放鼠标后，A3: A18 单元格中的数
据填充效果如下图所示。

step 5　在工作表的其他单元格中输入相应的数据，完成后效果如下图所示。

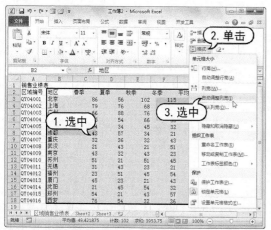

step 6　选中 B2：C18 单元格区域，选择【开始】选项卡，在【单元格】组中单击【格式】下拉列表按钮，在弹出的下拉列表中选择【自动调整列宽】选项。

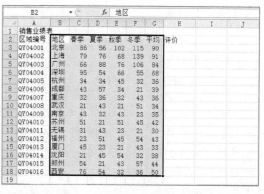

step 7　此时，Excel 将自动调整 B2：C18 单元格区域的单元格列宽，效果如下图所示。

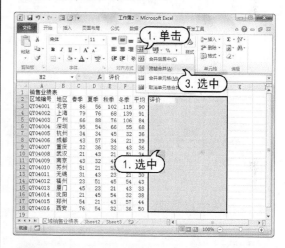

step 8　选中 H2：J18 单元格区域，在【开始】选项卡的【对齐方式】组中单击【合并后居中】下拉列表按钮，在弹出的下拉列表中选择【跨越合并】按钮。

step 9　使用同样的方法，合并 A1：J1 单元格区域，效果如下图所示。

step 10　在【单元格】组中单击【格式】下拉列表按钮，在弹出的下拉列表中选择【行高】选项，打开【行高】对话框。

step 11　在【行高】文本框中输入 30 后，单击【确定】按钮。

step ⑫ 在 A19 单元格中输入文本【全年总销售量】，然后选中 A19：F19 单元格区域，在【对齐方式】组中单击【合并后居中】下拉列表按钮，在弹出的下拉列表中选择【跨越合并】按钮，合并该单元格区域。

step ⑬ 选中 C3：F19 单元格区域，然后右击鼠标，在弹出的菜单中选择【定义名称】命令。

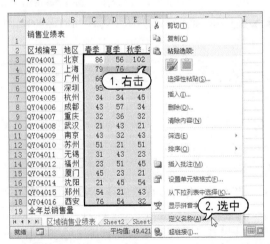

step ⑭ 打开【定义名称】对话框，在【名称】文本框中输入文本【全年总销售量】，单击【范围】下拉列表按钮，在弹出的下拉列表中选择【区域销售业绩表】选项，然后单击【确定】按钮。

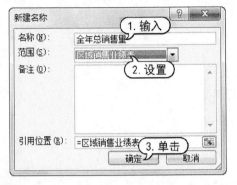

step ⑮ 选中 G20 单元格，在编辑栏中单击【插入函数】按钮 fx。

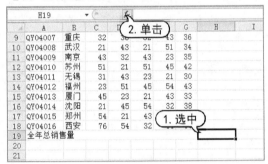

step ⑯ 打开【插入函数】对话框，单击【或选择类别】下拉列表按钮，在弹出的下拉列表中选择【常用函数】选项，在【选择函数】列表中选择 SUM 选项。

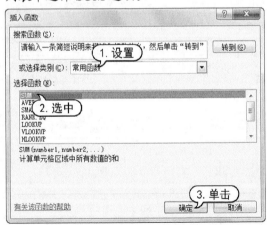

step ⑰ 单击【确定】按钮，打开【函数参数】对话框，在 Number1 文本框中输入文本【全年总销售量】。

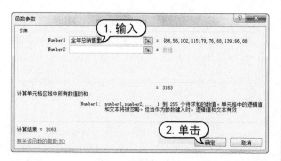

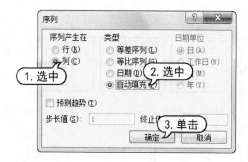

【系列】选项。

step㉓ 打开【序列】对话框，选中【自动填充】和【列】单选按钮，并单击【确定】按钮。

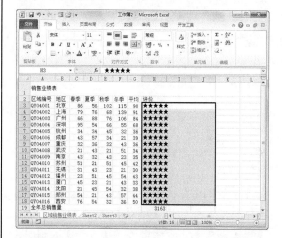

step⑱ 单击【确定】按钮后，可以在 H19 单元格中计算出 C3: F19 单元格区域中数据的总和。

step⑲ 选中 H3 单元格，选择【插入】选项卡，在【符号】组中单击【符号】按钮。

step⑳ 打开【符号】对话框，选中★选项后，单击【插入】按钮。

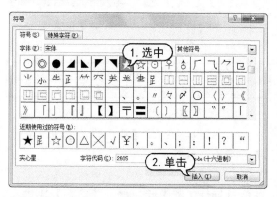

step㉑ 选中单元格中插入的★符号，按下 Ctrl+C 键复制，再按 Ctrl+V 键粘贴 4 个同样的符号。

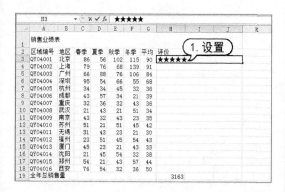

step㉒ 选中 H3: H18 单元格区域，在【开始】选项卡的【编辑】组中单击【填充】下拉列表按钮，在弹出的下拉列表中选择

step㉔ 此时，H3: H18 单元格区域中将自动填充如下图所示的符号。

step㉕ 对 H3: H18 单元格区域中的符号进行调整后，在【编辑】组中单击【查找和替换】下拉列表按钮，在弹出的下拉列表中选择【替换】选项。

step㉖ 打开【查找和替换】对话框，单击【选项】按钮，显示相应的选项区域。

step㉗ 单击【查找内容】文本框后的【格式】按钮，打开【查找格式】对话框。

step㉘ 在【查找格式】对话框中选择【对齐】选项卡，单击【水平对齐】下拉列表按钮，在弹出的下拉列表中选中【常规】选项，单击【垂直对齐】下拉列表按钮，在弹出的下拉列表中选择【居中】选项，然后单击【确定】按钮。

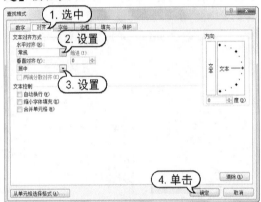

step㉙ 返回【查找和替换】对话框，单击【替换为】文本框后的【格式】按钮，在打开的【替换格式】对话框中选择【对齐】选项卡，将【水平对齐】和【垂直对齐】下拉列表中的选项都设置为【居中】。

step㉚ 单击【确定】按钮，返回【查找和替换】对话框，单击【全部替换】按钮，并在

弹出的提示对话框中单击【确定】按钮。

step㉛ 在【查找和替换】对话框中单击【关闭】按钮，工作表中数据的效果将如下图所示。

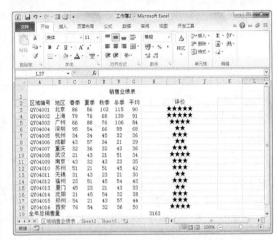

step㉜ 在快速访问工具栏单击【保存】按钮，将工作簿保存。

【例3-23】在 Excel 中制作一个常用办公表格。

🔘 视频+素材 (光盘素材\第 03 章\例 3-23)

step① 启动 Excel 2010，单击【开始】按钮，在弹出的菜单中选择【另存为】选项，打开【另存为】对话框。

step② 在【文件名】文本框中输入文本【员工试用期评定表】后，单击【保存】按钮。

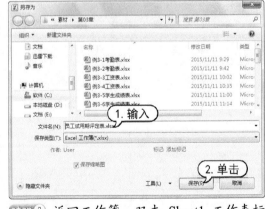

step③ 返回工作簿，双击 Sheet1 工作表标签，将其重命名为【员工试用表】。

step 4　选中 A1 单元格，输入表格的标题为【新员工试用期评定】，然后在 A2: I2 单元格区域分别输入表头文本。

step 5　在 A4 单元格中输入 N101，将鼠标指针移动到单元格右下角，当其变为十字形状时，按住鼠标左键拖动至 A16 单元格。

step 6　在 B4 单元格中输入文本【王燕】，然后按下回车键，自动跳转到 B5 单元格后，输入文本【马琳】。

step 7　使用相同的方法，在 C4: G16 单元格区域中输入数据。

step 8　在 A18 单元格中输入文本【合格】，在 C18 单元格中输入文本【不合格】。

step 9　选中 B18 单元格，选择【插入】选项卡，在【符号】组中单击【符号】按钮。

step 10　打开【符号】对话框，选择√符号后，单击【插入】按钮。

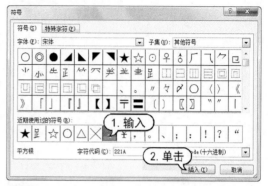

step 11　此时，将在 B18 单元格中插入√符号。选中 D18 单元格，在符号组中再次单击【符号】按钮。

step 12　打开【符号】对话框，选中╳符号后，单击【插入】按钮。

step 13　此时，【员工试用表】工作表的效果如下图所示。

第4章

修饰表格内容

Excel 允许使用者在表格中插入各类对象，例如图片、剪贴画、艺术字、形状等。通过添加这些对象可以帮助用户制作出一份图文并茂的电子表格，并突出电子表格中重要的数据，加强视觉效果。

 **对应光盘视频** -

例 4-1 在工作表中插入图片
例 4-2 在工作表中插入剪贴画
例 4-3 在工作表中插入形状
例 4-4 在工作表中插入艺术字
例 4-5 在工作表中编辑艺术字
例 4-6 在工作表中使用文本框

例 4-7 在工作表中插入 SmartArt 图形
例 4-8 制作婚庆流程图
例 4-9 在工作表中插入音频和 Flash
例 4-10 制作项目实施流程图
例 4-11 制作办公用品领用登记表

4.1 使用图片和形状

在电子表格中插入图片和剪贴画，不仅可以丰富工作表的数据，增强表格的美观性，还能够使表格图文并茂。本节将介绍在表格中插入图片、剪贴画、形状等对象的操作方法。

4.1.1 插入图片和剪贴画

在 Excel 2010 的工作表中，绘制图形只能满足表格的一些初级图形需要，如果要在电子表格中插入更加复杂图形，则可以通过插入图片与剪贴画的方法来实现。

1. 插入图片

Excel 2010 支持目前几乎所有的常用图片格式进行插入，用户可以选择硬盘上的图片插入到表格内并进行设置格式。

【例4-1】在【血压跟踪报告】工作簿中的【血压数据】工作表中插入图片并进行设置。

视频+素材 (光盘素材\第 04 章\例 4-1)

step 1 使用 Excel 2010 打开【血压跟踪报告】工作簿后，选择工作簿中的【血压数据】工作表。

step 2 选中 G1 单元格，选择【插入】选项卡，然后在【插图】组中单击【图片】按钮，打开【插入图片】对话框。

step 3 在【插入图片】对话框中选择一个图片文件后，单击【插入】按钮。

step 4 此时，将在 G1 单元格中插入如下图所示的图片。

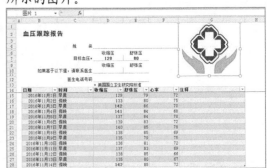

step 5 选择【格式】选项卡，在【大小】组中单击【裁剪】按钮。

step 6 此时，在图片四周会出现 8 个裁剪点，用鼠标拖放裁剪点，然后再次单击【裁剪】按钮即可裁掉图片的边角。

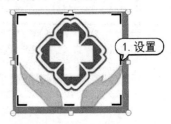

step 7 在【图片样式】组中的列表框中单击【柔滑边缘椭圆】按钮，快速设置图片样式。

step 8 单击【图片效果】按钮，选择【柔化边缘】|【25磅】选项，进一步设置图片效果。

step 9 单击【文件】按钮，在弹出的界面中选择【保存】选项，将编辑后的工作簿保存。

2. 插入剪贴画

Excel 自带很多剪贴画，用户可以在剪贴画库中搜索剪贴画，然后单击要插入的剪贴画即可将其插入表格中，从而轻松达到美化工作表的目的。

【例4-2】在【血压跟踪报告】工作簿中的【血压数据】工作表中插入剪贴画。

🎬视频+素材（光盘素材\第04章\例4-2）

step 1 继续【例4-1】的操作，选择【插入】选项卡，在【插图】组中单击【剪贴画】按钮。

step 2 打开【剪贴画】任务窗格，在【搜索文字】文本框中输入要搜索的剪贴画名称，然后单击【搜索】按钮。

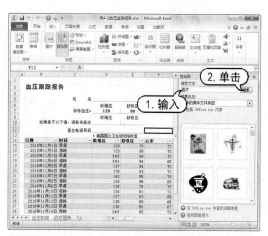

step 3 在任务窗格的列表框中选择一张剪贴画，然后单击其右侧的下拉按钮▾，在弹出的下拉列表中选择【插入】选项，将剪贴画插入到工作表中。

step 4 关闭【剪贴画】任务窗格，将剪贴画调整到合适的大小并拖动至合适的位置即可。

4.1.2　插入形状

在【插入】选项卡的【插图】组中单击【形状】按钮，可以打开【形状】下拉列表。在该下拉列表中包含 9 个分类，分别为：最近使用形状、线条、矩形、基本形状、箭头总汇、公式形状、流程图、星与旗帜以及标注等。

> **【例4-3】**在【销售报表】工作簿中插入形状并添加相应的文本。
>
> 🎬 **视频+素材** (光盘素材\第 04 章\例 4-3)

step 1 打开【销售报表】工作簿后，选择【插入】选项卡，在【插图】组中单击【形状】下拉列表按钮，在弹出的下拉列表中选择【爆炸型 2】选项。

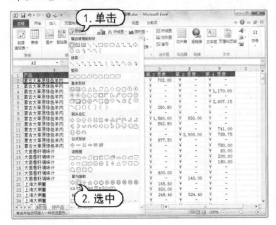

step 2 将鼠标指针移动到工作表区域，当指针变为十字形状时，按住鼠标左键不放，在工作表中绘制形状，完成后释放鼠标，即可添加如下图所示的形状。

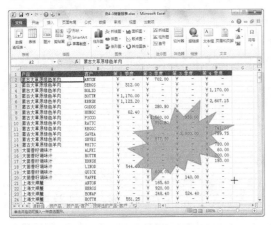

step 3 将鼠标指针移动至绘制的形状上，右击鼠标，在弹出的菜单中选择【编辑文字】命令，在形状中显示文本插入点，切换常用输入法，输入文本【今年总利润超5000 万！】。

step 4 选择输入的文本，在【开始】选项卡中设置文本的字体和文字大小，然后调整形状的大小和位置。

4.1.3 编辑图片或形状

　　在工作表中插入图片、剪贴画和形状后，用户可以对其进行编辑，使其效果更加美观。编辑图片、剪贴画和形状的方法基本相同，下面将以编辑形状为例介绍编辑图片和形状的方法。

1. 旋转

　　在 Excel 2010 中用户可以旋转已经绘制完成的图形，让自绘图形能够满足用户的需要。旋转图形时，只需选中图形上方的圆形控制柄，然后拖动鼠标旋转图形，在拖动到目标角度后释放鼠标即可。

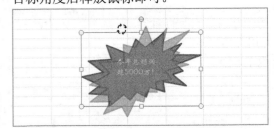

　　如果要精确旋转图形，可以右击图形，在弹出的菜单中选择【大小和属性】命令，打开【设置形状格式】对话框。在该对话框的【大小】选项区域的【旋转】文本框中可以设置图形的精确旋转角度值。

2. 移动

在 Excel 2010 的电子表格中绘制图形后，需要将图形移动到表格中需要的位置。移动图形的方法十分简单，选定图形后按住鼠标左键，然后拖动鼠标移动图形，到目标位置后释放鼠标左键，即可移动图形。

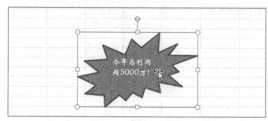

3. 缩放

如果用户需要重新调整图形的大小，可以拖动图形四周的控制柄调整尺寸，或者在【设置形状格式】窗格中精确设置图形缩放大小。

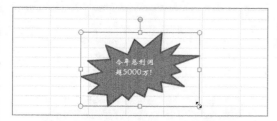

当将光标移动至图形四周的控制柄上时，光标将变为一个双箭头，按住鼠标左键并拖动，将图形修改成目标形状后释放鼠标即可。

若使用鼠标拖动图形边角的控制柄时，同时按住 Shift 键可以使图形的长宽比例保持不

变；如果在改变图形的大小时同时按住 Ctrl 键，将保持图形的中心位置不变。

若需要精确设置图形的大小，可以在选中图形后，选择【格式】选项卡，在【大小】组中的【形状高度】与【形状宽度】文本框中设置图形长宽的具体数值即可。

4.1.4 排列图片或形状

当表格中多个形状（或图片）叠放在一起时，新创建的形状（或图片）会遮住之前创建的形状（或图片），按先后次序叠放形状。

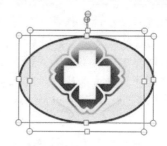

要调整叠放的顺序，只需选中形状后，单击【格式】选项卡中的【上移一层】或【下移一层】按钮，即可将选中形状向上或向下移动。

用户还可以对表格内的多个形状进行对齐和分布功能。例如，按住 Ctrl 键选中表格内的多个形状，选择【格式】选项卡中的【对齐对象】|【水平居中】命令，可以将多个形状排列在同一根垂直线上。

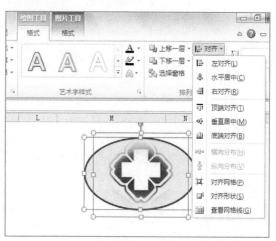

4.2 使用艺术字

在 Excel 表格中不仅可以插入图片、剪贴画和形状等对象，还可以插入艺术字来美化表格内容。下面将分别介绍在表格中插入和编辑艺术字的方法。

4.2.1 插入艺术字

在 Excel 2010 中预设了多种样式的艺术字，使用这些艺术字用户可以快速制作一些具有艺术效果的文本。

【例4-4】在工作表中插入艺术字。 视频

step 1 新建一个空白工作表，选择【插入】选项卡，然后单击【文本】下拉列表按钮，在弹出的列表中单击【艺术字】按钮。

step 2 在弹出菜单中选择一种艺术字样式。

step 3 返回工作表后，将在其中插入选定的艺术字样式。

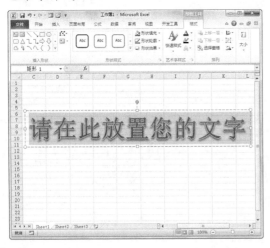

step 4 选定工作表中插入的艺术字，修改其内容为【车辆使用记录】，如下图所示。

4.2.2 编辑艺术字

直接插入的艺术字，其样式、颜色、位置等格式一般都是默认的，若用户需要使艺术字与自己设想的效果一致，还需要对其进行编辑。

【例4-5】在工作表中编辑艺术字。 视频

step 1 继续【例4-4】的操作，选中工作表中插入的艺术字，选择【格式】选项卡，单击【文字效果】按钮，在弹出的下拉菜单中选择【映像】|【半映像，4pt 偏移量】选项。

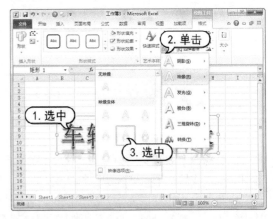

step 2 在【格式】选项卡中单击【文本轮

廓】按钮，在弹出菜单中选择【橙色】
为文字轮廓。

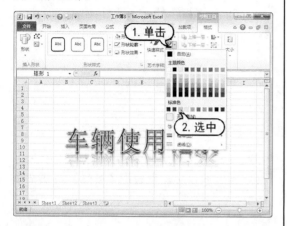

step 3 在【格式】选项卡中单击【文本填充】
按钮，在弹出的下拉菜单中选择【黑色】
为艺术字填充颜色。

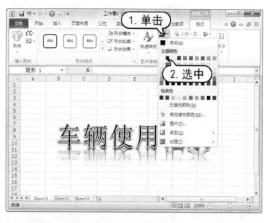

step 4 调整艺术字的位置，使其在工作表中
的效果如下图所示。

4.3 使用文本框

文本框是一个用于输入和存放文本的功能，文本框可以放在表格区域的任何位置，不受其他元素的影响，这就为用户在表格中任意位置插入文本提供了条件。

4.3.1 插入文本框

在表格中插入文本框的方法与插入艺术字的方法类似，具体方法是：选择【插入】选项板，在【文本】组中单击【文本框】下拉列表按钮，在弹出的下拉列表中选择【横排文本框】或【垂直文本框】选项，此时鼠标指针变成↓形状，按住鼠标左键不放，当其变成十字形状时，拖动鼠标绘制任意大小的矩形方框，然后释放鼠标即可插入文本框。

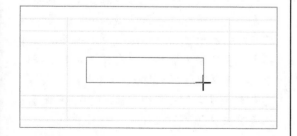

在工作表中插入文本框后，将鼠标指针移动到文本框区域，当其变成I形状时，单击鼠标，在文本框中将出现文本插入点，此时可以直接输入文本。

若需要退出输入文本状态，可以按下ESC键。如需要对文本框进行设置，可以选择要设置字体的文本，右击鼠标，在弹出的菜单中选择【设置文字效果格式】命令，打开【设置文本效果格式】对话框，在该对话框中可以对文本框中文本的填充、边框和轮廓样式等参数进行设置，如下图所示。

4.3.2 编辑文本框

在表格中插入文本框并输入文本后，可以对其进行编辑，使表格的整体效果符合用户的设计要求。

【例 4-6】在工作表中插入文本框，然后在文本框中输入内容并设置其效果。 📀视频

step 1 新建一个空白工作表，选择【插入】选项卡，在【文本】组中单击【文本框】下拉列表按钮 A，在弹出的下拉列表中选择【横排文本框】选项。

step 2 鼠标指针变成↓形状，按住鼠标左键不放，当其变成十字形状时，拖动鼠标绘制任意大小的矩形方框，然后释放鼠标绘制一个横排文本框。

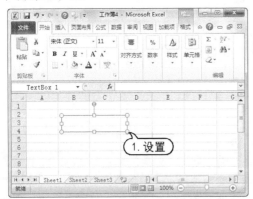

step 3 选择【格式】选项卡，在【形状样式】组中单击样式列表右侧的 ▼ 按钮，在弹出的下拉列表中选择【浅色 1，轮廓】选项。在工作表中为文本框应用样式效果。

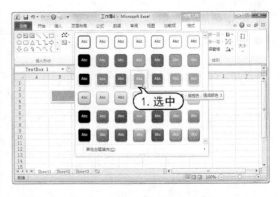

step 4 单击【形状轮廓】下拉列表按钮 ☑，在弹出的下拉列表中选择【虚线】|【圆点】选项。

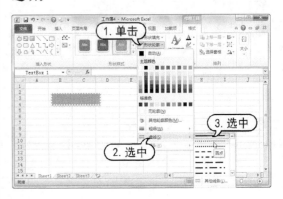

step 5 将鼠标指针移动到文本框区域，当其变成 I 形状时，单击鼠标，在文本框中输入文本【股东】。

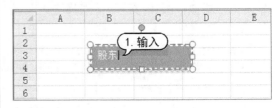

step 6 选中文本并右击鼠标，在弹出的菜单中菜单中选择【设置文字效果格式】命令。

step 7 打开【设置文本效果格式】对话框，在左侧的列表栏中选择【文本框】选项，然后在对话框右侧的选项区域中单击【垂直对齐方式】下拉列表按钮，在弹出的下拉列表中选择【中部居中】选项，在【上】、【下】、【左】和【右】文本框中输入【0.3 厘米】，然后单击【关闭】按钮。

step⑧　使用同样的方法，在工作表中创建多个相同的文本框，并插入形状链接这些文本框，最终效果如下图所示。

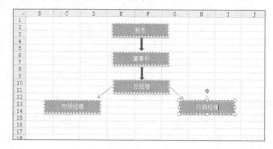

4.4　使用 SmartArt 图形

SmartArt 在早期 Excel 版本中被称为组织结构图。本节将通过实例介绍在 Excel 2010 中插入 SmartArt 图形的具体方法。

4.4.1　插入 SmartArt 图形

在 Excel 2010 中有 8 种类型的 SmartArt 图形，用户可以根据实际需要插入相应类型的 SmartArt 图形。其具体方法是：选择【插入】选项卡，在【插图】组中单击 SmartArt 按钮 🖼 ，在打开的【选择 Smart 图形】对话框中选择需要的 SmartArt 图形，然后单击【确定】按钮即可。

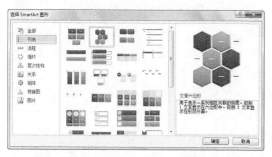

插入到工作区域的 SmartArt 图形，默认是没有文本的，需要用户手动在 SmartArt 图形中输入相应的文本。具体方法是：将鼠标指针移动到相应的 SmartArt 图形上，当鼠标指针变为 I 形状时，单击鼠标，SmartArt 图形中将出现闪烁的文本插入点，然后切换输入法输入相应的文本内容即可。

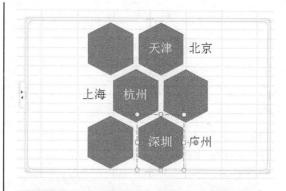

4.4.2　编辑 SmartArt 图形

要让插入工作表的 SmartArt 图形符号满足实际需要，用户可以对其进行编辑操作，例如调整大小、移动位置以及添加或删除 SmartArt 形状等。

【例 4-7】在工作表中插入一个 SmartArt 图形并设置图形效果。 🔘视频

step①　新建一个空白工作表，选择【插入】选项卡，在【插图】组中单击 SmartArt 按钮 🖼 。

step②　打开【选择 SmartArt】对话框，在对话框右侧的列表框中选择【循环】选项，在对话框左侧的列表框中选择【射线循环】选项，然后单击【确定】按钮。

Excel 2010 电子表格案例教程

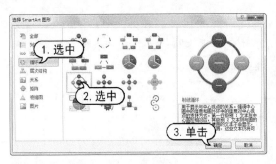

step 3 选择【设计】选项卡，在【SmartArt
样式】组中单击 按钮，在弹出的下拉列表
中选择【中等效果】选项。

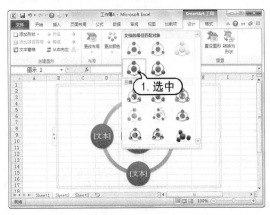

step 4 单击【更改颜色】下拉列表按钮，
在弹出的下拉列表中选择【深色2轮廓】选
项。

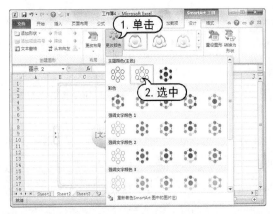

step 5 在【创建图形】组中单击【文本窗格】
按钮，显示【在此处键入文字】窗格。

step 6 在【在此处键入文字】窗格中为
SmartArt 图形中的形状添加相应的文本内
容，效果如下图所示。

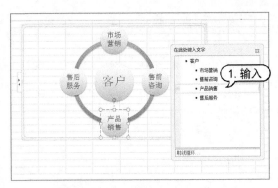

step 7 选择【售后服务】形状，在【设计】
选项卡的【创建图形】组中单击【添加形状】
下拉列表按钮，在弹出的下拉列表中选择
【在后面添加形状】选项，添加一个如下图
所示的 SmartArt 形状。

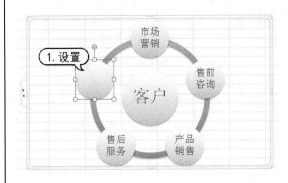

step 8 将鼠标指针移动到增加的 SmartArt
图形上，当鼠标指针变为I形状时，单击鼠
标，在显示的文本插入点中输入文本【市场
机会】。

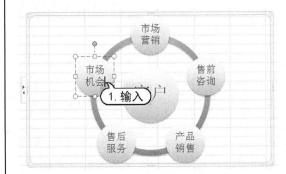

step 9 将鼠标指针移动至SmartArt 图形的4
个边角，当鼠标指针变为形状后，拖动鼠
标调整图形大小。

68

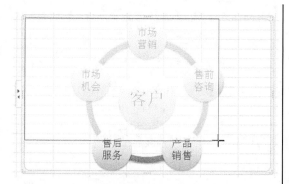

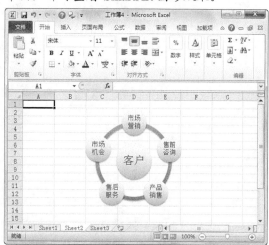

单击，即可查看 SmartArt 图形效果。

step⑩ 将鼠标指针移动至 SmartArt 图形的边缘，鼠标指针变为十字形状后，拖动鼠标调整图形的位置。

step⑪ 完成以上设置后，在工作表任意位置

4.5 案例演练

本章的案例演练包括制作婚庆流程图、项目实施流程图和办公用品领用程序图等多个综合实例操作，用户通过练习从而巩固本章所学知识。

【例4-8】使用 Excel 2010 制作婚庆流程图。
视频+素材（光盘素材\第04章\例4-8）

step① 打开【婚庆流程图】工作簿，选择【插入】选项卡，在【文本】组中单击【艺术字】按钮，在弹出的下拉列表中选择【填充-橙色，强调文字颜色2】选项。

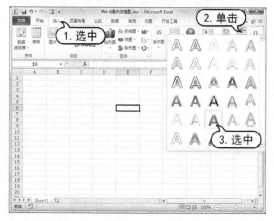

step② 将鼠标指针插入至工作表区域出现的艺术字样式文本框中，直接输入文本【婚庆流程】。

step③ 在艺术字样式文本框以外的任何区域单击鼠标，应用输入的艺术字效果。

step④ 选中艺术字文本框，选择【开始】选项卡，在【字体】组中单击【字号】下拉列表按钮，在弹出的下拉列表中选择【28】选项。

step⑤ 将鼠标指针移动至艺术字的文本框的控制柄上，当其变成十字形状时，按住鼠标左键不放，将艺术字文本框移动至合适的位置上。

出的下拉列表中选择【红色】选项。

step 6 选择【插入】选项卡，在【插图】组中单击【形状】按钮，在弹出的下拉列表中选择【基本形状】栏中的【心形】选项♡。

step 7 当鼠标指针变为十字形状时，按住鼠标左键不放，拖动鼠标绘制形状。

step 8 将心形图形移动到【婚庆流程】艺术字左侧的合适位置，然后将鼠标指针移动到形状的上方圆形控制柄上，按住鼠标左键不放，拖动鼠标旋转图形直到满意后释放鼠标。

step 9 选择【格式】选项卡，在【形状样式】组中单击【形状填充】下拉列表按钮，在弹

step 10 在【形状样式】组中单击【形状轮廓】下拉列表按钮，在弹出的下拉列表中选择【紫色】选项。

step 11 在【形状样式】组中单击【形状效果】下拉列表按钮，在弹出的下拉列表中选择【发光】|【黄色，18pt 强调文字效果 4】选项。

step 12 复制心形图形，将其粘贴到【婚庆流程】艺术字的右侧，然后调整图形的旋转角度。

step 13 选择【插入】选项卡，在【插图】组中单击 SmartArt 按钮，在打开的【选择SmartArt 图形】对话框的左侧列表框中选择【流程】选项，在中间的列表框中选择【步骤下移流程】选项，单击【确定】按钮。

step ⑭ 返回工作表，即可查看插入的 SmartArt 图形效果。

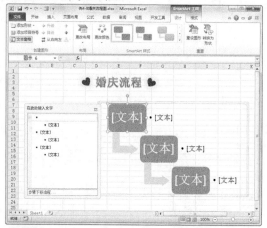

step ⑮ 将 SmartArt 图形移动到合适的位置，并调整其大小。

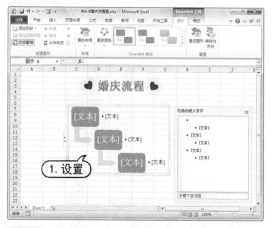

step ⑯ 选择【设计】选项卡，在【SmartArt 样式】组中，单击【更改颜色】下拉列表框按钮，在弹出的下拉列表中选择【颜色范围，强调文字颜色4至5】选项。

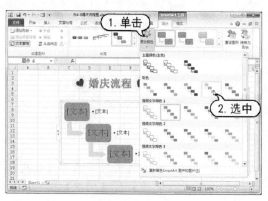

step ⑰ 将鼠标指针插入打开的【在此处键入文字】窗格中，依次输入下图所示的文本。

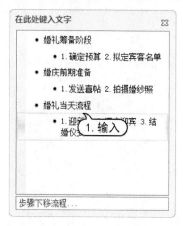

step ⑱ 此时，在 SmartArt 图形中输入的文本效果如下图所示。

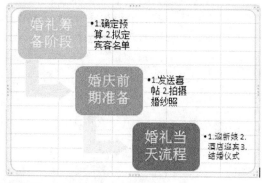

step ⑲ 选择【插入】选项卡，在【插图】组中单击【图片】按钮。

step ⑳ 打开【插入图片】对话框，选中一张图片文件后，单击【插入】按钮。

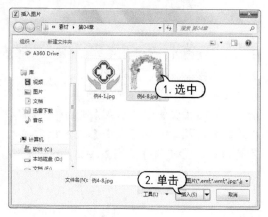

step㉑ 调整工作表中插入图片的位置，使其覆盖 SmartArt 图形和艺术字之上。

step㉒ 在【格式】选项卡的【排列】组中多次单击【下移一层】下拉列表按钮，在弹出的下拉列表中选择【置于底层】选项。

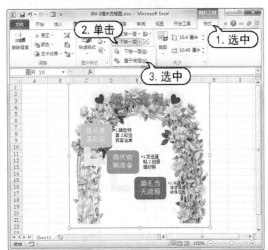

step㉓ 在【图片样式】组中单击【图片效果】下拉列表按钮 ，在弹出的下拉列表中选择【发光】|【发光选项】选项。

step㉔ 打开【设置图片格式】对话框，在【柔化边缘】选项组中的【大小】文本框中输入参数 66，然后单击【关闭】按钮，设置图片边缘柔化大小。

step㉕ 调整图片的大小和位置，然后根据图片的大小调整工作簿中艺术字、图形和 SmartArt 图形的位置，完成【婚庆流程表】工作簿的制作。

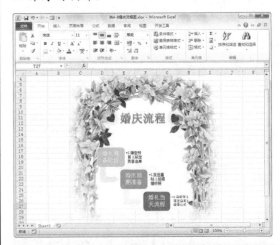

【例4-9】在【例4-8】制作的【婚庆流程表】工作簿中插入音频、Flash 和签名行。

视频+素材 (光盘素材\第 04 章\例4-9)

step① 打开【婚礼流程表】工作簿后，选择【插入】选项卡，在【文本】组中单击【插入对象】按钮 。

step② 打开【对象】对话框，选择【由文件创建】选项卡，然后单击【浏览】按钮。

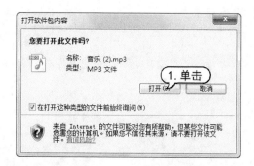

step 3 打开【浏览】对话框，选择一个 MP3 音频文件后，单击【插入】按钮。

step 4 返回【对象】对话框后，在该对话框中单击【确定】按钮，即可在工作表中插入如下图所示的音频文件。

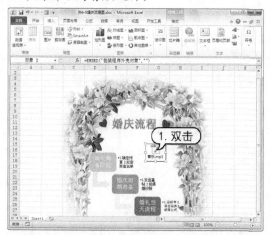

step 5 双击工作表中插入的音频文件，在打开的【打开软件包内容】对话框中单击【打开】按钮。

step 6 此时，Excel 将自动打开音频播放软件，播放工作表中插入的音频。

step 7 单击【文件】按钮，在打开的界面中选择【选项】选项。

step 8 在打开的【Excel 选项】对话框中选择【自定义功能区】选项后，选中【开发工具】复选框，并单击【确定】按钮。

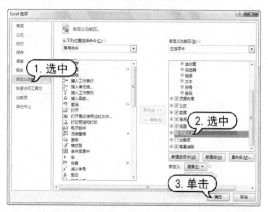

step 9 返回工作表后，选择【开发工具】选项卡，在【控件】组中单击【插入】下拉列表按钮，在弹出的下拉列表中选择【其他控

件】选项。

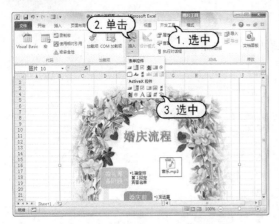

step 10 在打开的【其他控件】对话框中选择 Shockwave Flash Object 选项，然后单击【确定】按钮。

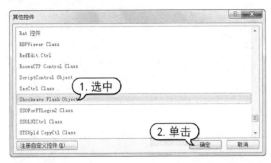

step 11 在工作表中，拖拽鼠标在表格内绘制出控件。

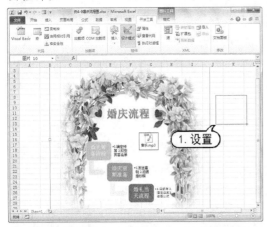

step 12 右击绘制的控件，在弹出的快捷菜单中选择【属性】命令。

step 13 在打开的【属性】对话框中的 Movie 选项后输入 Flash 文件路径。

step 14 在【属性】对话框中设置 EmbedMovie 属性为 True。

step 15 单击【属性】对话框右上方的 ✕ 按钮关闭该对话框后，在【控件】组中单击【设计模式】选项，退出控件的设计模式，完成一个 Flash 文件的插入。

step⑯ 选择【插入】选项卡，在【文本】组中单击【签名行】下拉列表按钮，在弹出的下拉列表中选择【Microsoft Office 签名行】选项。

step⑰ 在打开的【签名设置】对话框的【建议的签名人】文本框中输入姓名【王小燕】，在【建议的签名人职务】文本框中输入签名人的职务信息【经理】，在【建议的签名人电子邮件地址】文本框中输入电子邮件地址 miaofa@sina.com，选中【在签名行中显示签署日期】复选框，然后单击【确定】按钮。

step⑱ 此时，将在工作表中插入一个如下图所示的签名行。

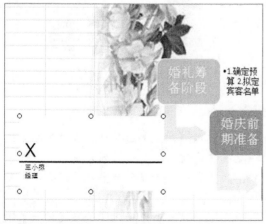

step⑲ 右击表格中的签名行，在弹出的菜单中选择【签署】命令，可以签署命令行，单

击并按住鼠标可以拖拽签名行在表格中的位置。

step⑳ 调整工作簿中音乐、Flash 和签名行的位置和大小，然后单击【保存】按钮，将【婚礼流程表】工作簿保存。

【例4-10】使用 Excel 2010 制作一个项目实施流程图。

📹视频+素材 (光盘素材\第 04 章\例 4-10)

step① 新建一个空白工作簿，并将其命名为【项目实施流程图】。

step② 选择【插入】选项卡，在【插图】组中单击 SmartArt 按钮。

step③ 打开【选择 SmartArt 图形】对话框，在对话框左侧的列表中选中【循环】选项，在中间的列表中选中【基本循环】选项，然后单击【确定】按钮。

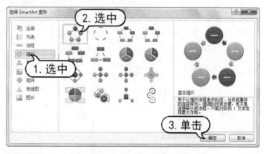

step④ 在工作表中选中插入的 SmartArt 图形，选择【设计】选项卡，在【SmartArt 样式】组中单击【更改颜色】下拉列表按钮，在弹出的下拉列表中选择【彩色-强调文字颜色】选项，更改 SmartArt 图形的样式。

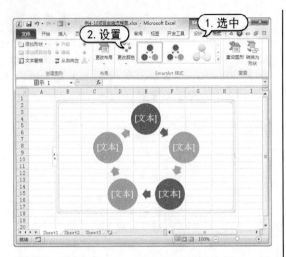

step 5 在【SmartArt 样式】组中单击【其他】按钮，在弹出的下拉列表中选中择【中等效果】选项。

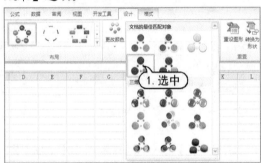

step 6 在【创建图形】组中单击 3 次【添加形状】按钮，在 SmartArt 图形中添加如下所示的图形。

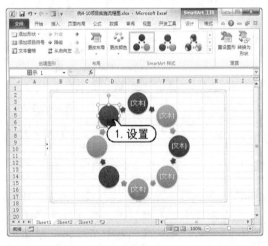

step 7 在【创建图形】组中单击【文本窗格】按钮，然后在打开的窗格中输入如下图所示

的文本内容。

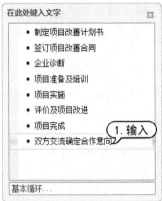

step 8 将鼠标指针移动至 SmartArt 图形的 4 个边角，按住左键不放推动，调整图形的大小。

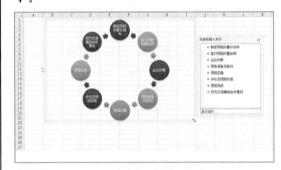

step 9 在 SmartArt 图形中，选择如下图所示箭头图形。

step 10 选择【格式】选项卡，在【形状】组中单击【更改形状】下拉列表按钮，在弹出的下拉列表中选择【加号】符号，更改形状样式。

step 11 选择【设计】选项卡，在【重置】组中单击【转换为形状】按钮。将 SmartArt 图形转换为形状。

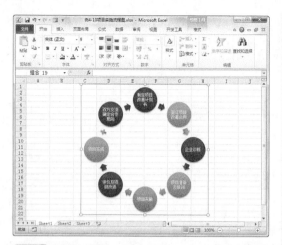

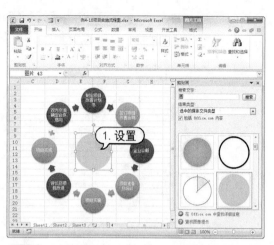

step 12 选择【插入】选项卡，然后在【插图】组中单击【剪贴画】按钮，打开【剪贴画】窗格。

step 13 在【剪贴画】窗格的【搜索文字】文本框中输入【圆】，然后单击【搜索】按钮，通过网络搜索相应的剪贴画。

step 14 单击搜索到的剪贴画，将其插入到表格中。

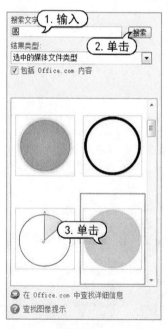

step 15 在工作表中调整插入的剪贴画的大小与位置，使其效果如下图所示。

step 16 选择【格式】选项卡，在【图片样式】组中单击【图片效果】下拉列表按钮，在弹出的下拉列表中选择【发光】|【发光选项】选项，打开【设置图片格式】对话框。

step 17 在【设置图片格式】对话框右侧的列表框中，单击【颜色】下拉列表按钮，在弹出的下拉列表中选择【红色】选项，在【发光】选项组中的【大小】文本框中输入 10，在【透明度】文本框中输入 10%。

step 18 在【设置图片格式】对话框中单击【关闭】按钮。

step 19 选择【插入】选项卡，在【文本】组中单击【文本框】下拉列表按钮，在弹出的下拉列表中选择【横排文本框】选项。

step 20 按住鼠标左键不放，在工作表中绘制如下图所示的横排文本框。

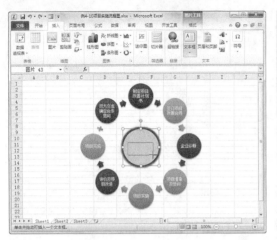

step㉑ 在绘制的文本框中输入 LEAN，然后右击文本框在弹出的菜单中选择【设置形状格式】命令，打开【设置形状格式】对话框。

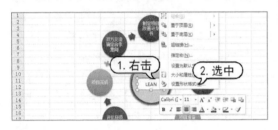

step㉒ 在【设置形状格式】对话框左侧的列表框中选中【文本框】选项，在右侧的列表框中单击【垂直对齐方式】下拉列表按钮，在弹出的下拉列表中选择【中部居中】选项。

step㉓ 在【上】、【下】、【左】和【右】文本框中输入 0。

step㉔ 在【设置形状格式】对话框左侧的列表框中选择【填充】选项，在右侧的列表框

中选中【无填充】单选按钮。

step㉕ 在【设置形状格式】对话框左侧的列表框中选择【线条颜色】选项，在右侧的列表框中选中【无填充】单选按钮。

step㉖ 在【设置形状格式】对话框中单击【关闭】按钮，文本框的效果如下图所示。

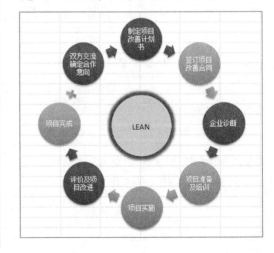

step 27　选中图形中的横排文本框，在【开始】选项卡的【字体】组中单击【字号】下拉列表按钮，在弹出的下拉列表中选中 20 选项，单击【字体颜色】下拉列表按钮 A▼，在弹出的下拉列表中选择【红色】选项。

step 28　选择【插入】选项卡，在【文本】组中单击【艺术字】下拉列表按钮，在弹出的下拉列表中选择【渐变填充-黑色】选项，在工作表中插入如下图所示的艺术字。

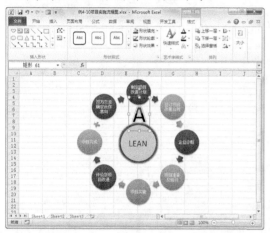

step 29　在【开始】选项卡的【字体】组中单击【字号】下拉列表按钮，在弹出的下拉列表中选择 28 选项。

step 30　将工作表中的艺术字复制多份，调整其位置，并输入不同的文字内容，完成后效果如下图所示。

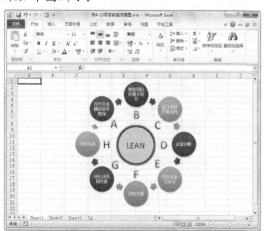

step 31　单击【保存】按钮 🖫，将【项目实施流程图】工作簿保存。

【例 4-11】在【办公用品领用登记表】工作簿中插入一个办公用品领用流程图。

▶ 视频+素材 (光盘素材\第 04 章\例 4-11)

step 1　打开【办公用品领用登记表】工作簿后，选择【插入】选项卡，在【插图】组中单击【形状】下拉列表按钮，在弹出的下拉列表中选择【流程图：过程】选项。

step 2　在表格中按住鼠标左键不放，绘制如下图所示的形状。

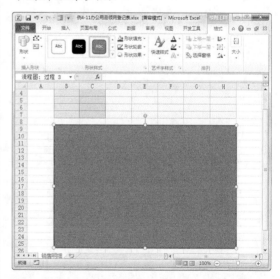

step 3　右击绘制的形状，在弹出的菜单中选中【设置形状格式】命令，打开【设置形状格式】对话框，并在左侧的列表框中选择【填充】选项。

step 4　在对话框右侧的列表框中选中【渐变填充】单选按钮，然后拖动【渐变光圈】滑块，调整渐变光圈参数。

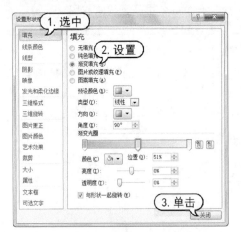

step 5 单击【确定】按钮，关闭【设置形状格式】对话框。选择【插入】选项卡，在【文本】组中单击【艺术字】下拉列表按钮，在弹出的下拉列表中选择【填充-红色，强调文字颜色2】选项，插入艺术字。

step 6 在插入的艺术字文本框中输入【办公用品领用程序图】，选择【开始】选项卡，在【字号】下拉列表中设置艺术字的大小为28，并调整其位置，效果如下图所示。

step 7 选择【插入】选项卡，在【插图】组中单击 SmartArt 按钮。

step 8 打开【选择 SmartArt 图形】对话框，在对话框左侧的列表中选择【流程】选项，在右侧的列表中选择【分段流程】选项，然

后单击【确定】按钮。

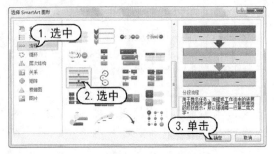

step 9 调整工作表中插入的 SmartArt 图形的大小和位置，使其效果如下图所示。

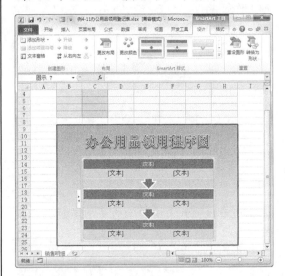

step 10 将鼠标指针插入 SmartArt 图形中，输入相应的文本。

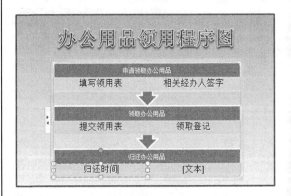

step 11 选择 SmartArt 图形右下角的文本框，按下 Delete 键，将其删除。

step ⑫　选择【插入】选项卡，在【文本】组中单击【文本框】下拉列表按钮，在弹出的下拉列表中选择【横排文本框】选项。

step ⑬　在工作表内图形下方绘制如下图所示的文本框。

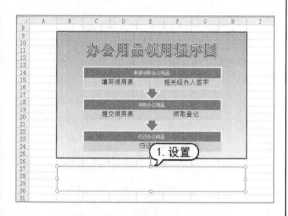

step ⑭　在文本框中输入办公用品领用的相关注意事项文本，如下图所示。

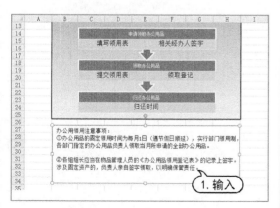

step ⑮　选中文本框，选择【开始】选项卡，在【字体】组中单击【字号】下拉列表按钮，

在弹出的下拉列表中选中 8 选项。

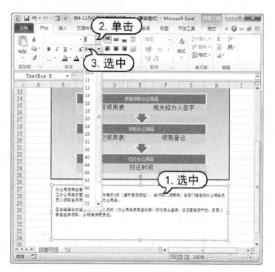

step ⑯　单击【字体颜色】下拉列表按钮 ，在弹出的下拉列表中选择【深蓝】选项。

step ⑰　右击文本框，在弹出的菜单中选中【设置形状格式】命令，打开【设置形状格式】对话框。

step ⑱　在【设置形状格式】对话框左侧的列表中选择【线型】选项，在右侧的列表框中单击【短划线类型】下拉列表按钮，在弹出的下拉列表中选择【短划线】选项。

step ⑲　在【设置形状格式】对话框左侧的列表中选择【线条颜色】选项，在右侧的列表中单击【颜色】下拉列表按钮，在弹出的下拉列表中选择【深蓝】选项。

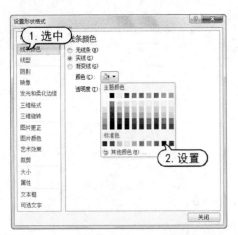

step 20 在【设置形状格式】对话框左侧的列表中选择【填充】选项，在右侧的列表中选中【图案填充】单选按钮。

step 21 单击【前景色】下拉列表按钮，在弹出的下拉列表中选择【白色】选项。

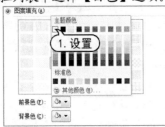

step 22 单击【背景色】下拉列表按钮，在弹出的下拉列表中选择【蓝色，强调文字颜色1】选项。

step 23 在【图案填充】列表框中选择【深色上对角线】选项，然后单击【关闭】按钮。

step 24 此时，工作表中的文本框效果如下图所示。

step 25 调整工作表中形状、SmartArt 图形和文本框的大小和位置。

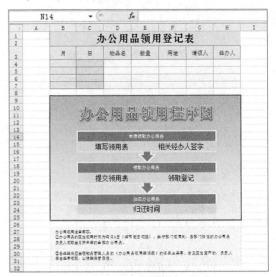

step 26 单击【保存】按钮 ，将【办公用品领用登记表】工作簿保存。

第 5 章

设置表格格式

在 Excel 中插入的表格，其格式一般是默认的。为了使其更加美观和个性化，在实际工作中经常需要对表格的格式进行设置，例如设置数据类型、添加表格边框、套用表格样式以及应用单元格样式等。

 **对应光盘视频**

5.1 设置数据样式

在 Excel 中数据类型多种多样，不同的表格对数据类型的要求也不一样，用户可以根据需要对数据类型进行设置。设置数据类型可以通过单击功能面板中相应的数据类型按钮和通过对话框两种方法来实现。

5.1.1 设置数据类型

在 Excel 中常见的数据类型有文本、数字、日期以及百分比等，它们各自应用的表格类型都不一样，例如财务表格中常常把数据类型设置为货币样式。在 Excel 2010 中设置数据类型的方法主要有以下两种。

1. 使用【数字】面板

在 Excel 2010 中选择【开始】选项卡，然后在【数字】组中根据需要单击相应的按钮，即可设置表格数据的类型。

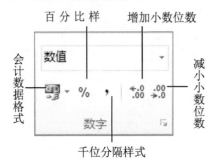

【例 5-1】将数据类型设置为百分比类型。

📀 视频+素材 (光盘素材\第 05 章\例 5-1)

step 1 打开【销售统计】工作表后，选中 D4:D8 单元格区域。

	A	B	C	D	E
	F11		fx		
1		销售统计			
2					
3	姓名	性别	销售额	销售比例	
4	李亮辉	男	9602	0.17	1. 选中
5	林雨馨	女	9202	0.16	
6	莫静静	女	3491	0.08	
7	刘乐乐	女	24614	0.4	
8	杨晓亮	男	11282	0.19	
9					

step 2 选择【开始】选项卡，在【数字】组中，单击【百分比样式】按钮%，即可将选

中单元格区域中的数据类型设置为百分比类型。

	A	B	C	D	E
	D4		fx	17%	
1		销售统计			
2					
3	姓名	性别	销售额	销售比例	
4	李亮辉	男	9602	17%	
5	林雨馨	女	9202	16%	
6	莫静静	女	3491	8%	
7	刘乐乐	女	24614	40%	
8	杨晓亮	男	11282	19%	
9					

2. 使用【数字】选项卡

在 Excel 表格中选中数据后，选择【开始】选项卡，然后单击【数字】组右下角的【数字格式】按钮，在打开的【设置单元格格式】对话框的【数字】选项卡中，也可以设置表格数据的类型。

5.1.2 设置对齐方式

在 Excel 表格中，不同类型的数据其默认的对齐方式也不同，如数字默认为右对齐，文本默认为左对齐等。在制作电子表格的过程中，用户可以根据实际需求，参考以下两种方法设置数据的对齐方式。

1. 使用【对齐方式】面板

在 Excel 中选中需要设置对齐方式的单元格或单元格区域后，选择【开始】选项卡，在【对齐方式】组中，单击所需的按钮即可为数据设置对齐方式。

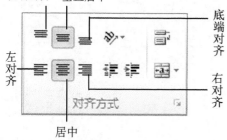

【例 5-2】在工作表中设置数据的对齐方式。
视频+素材 (光盘素材\第 05 章\例 5-2)

step 1 打开【销售统计】工作表后，选中 A1 单元格。

	A	B	C	D	E
	A1	fx	销售统计		
1	销售统计				
2					
3	姓名	性别	销售额	销售比例	
4	李亮辉	男	9602	17%	
5	林雨馨	女	9202	16%	
6	莫静静	女	3491	8%	
7	刘乐乐	女	24614	40%	
8	杨晓亮	男	11282	19%	
9					

step 2 选择【开始】选项卡，在【对齐方式】组中单击【垂直居中】按钮。

step 3 在【对齐方式】组中单击【居中】按钮，A1 单元格中文本的效果如下图所示。

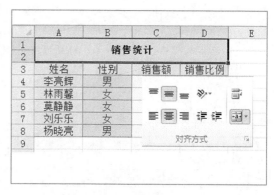

2. 使用【对齐】选项卡

在 Excel 中选中需要设置对齐方式的单元格或单元格区域后，单击【对齐方式】组中的【对齐设置】按钮，在打开的【设置单元格格式】对话框的【对齐】选项卡中，也可以设置数据的对齐方式。

5.1.3 设置字体格式

在 Excel 2010 中，除了可以设置数据的类型和对齐方式以外，还可以对数据的字体、字号、颜色、下划线、加粗以及倾斜等格式进行设置。在需要设置表格数据字体格式时，用户可以参考以下两种方法。

1. 使用【字体】面板

在 Excel 中选中需要设置字体格式的单元格或单元格区域后，选择【开始】选项卡，在【字体】组中单击所需的按钮即可为数据设置对齐方式。

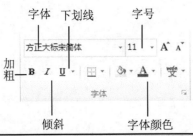

【例 5-3】 在工作表中将数据的字体格式设置为黑体、16号、红色。

视频+素材 (光盘素材\第 05 章\例 5-3)

step① 继续【例 5-2】的操作，选中 A1 单元格，在【开始】选项卡的【字体】组中单击【字体】下拉列表按钮，在弹出的下拉列表中选择【黑体】选项。

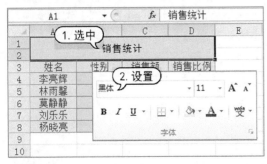

step② 在【字体】组中单击【字号】下拉列表按钮，在弹出的下拉列表中选择20选项。

step③ 在【字体】组中单击【字体颜色】按

钮，在弹出的对话框中选择【红色】选项。此时，A1 单元格的效果如下图所示。

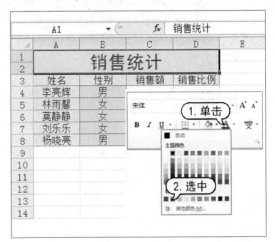

2. 使用【字体】选项卡

在 Excel 中选中需要设置字体格式的单元格或单元格区域后，单击【字体】组中的【字体设置】按钮，在打开的【设置单元格格式】对话框的【字体】选项卡中，也可以设置数据的字体格式。

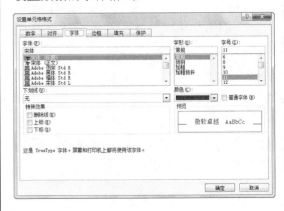

5.2 设置表格样式

设置电子表格样式的目的是为了进一步对表格进行美化。在 Excel 2010 中，设置表格的样式有两种方法，一种是通过功能面板设置，另一种是通过对话框设置。下面将通过实例，分别介绍使用这两种方法为表格设置边框、设置背景图像、添加底纹、套用格式、应用单元格样式、突出显示数据以及在单元格中添加图形辅助显示数据的方法。

5.2.1 设置边框与底纹

　　默认情况下，Excel 并不为单元格设置边框，工作表中的框线在打印时并不显示出来。但在一般情况下，用户在打印工作表或突出显示某些单元格时，都需要添加一些边框以使工作表更美观和容易阅读。设置底纹和设置边框一样，都是为了对工作表进行形象设计。

　　在【设置单元格格式】对话框的【边框】与【填充】选项卡中，可以分别设置工作表的边框与底纹，具体操作方法如下。

【例5-4】在 Excel 2010 中为表格设置边框和底纹。
视频+素材 (光盘素材\第 05 章\例5-4)

step 1 继续【例 5-3】的操作，选中 A1:D8 单元格区域。

step 2 选择【开始】选项卡，在【字体】组中单击【下框线】下拉列表按钮，在弹出的下拉列表中选择【其他边框】选项。

step 3 在打开的【设置单元格格式】对话框的【边框】选项卡中，单击选定【样式】列表框中的粗线线条样式，然后单击【外边框】按钮设置所选单元格区域边框的线条。

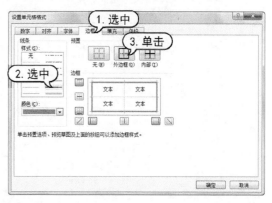

step 4 在【样式】列表框中单击选定细线线条样式，然后单击【内部】按钮，设置所选单元格区域内部的线条。

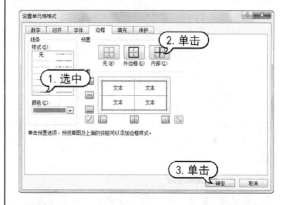

step 5 完成以上设置后，在【设置单元格格式】对话框中单击【确定】按钮，设置的表格边框效果如下图所示。

A	B	C	D	E
销售统计				
姓名	性别	销售额	销售比例	
李亮辉	男	9602	17%	
林雨馨	女	9202	16%	
莫静静	女	3491	8%	
刘乐乐	女	24614	40%	
杨晓亮	男	11282	19%	

step 6 选中 A1 单元格，然后在【字体】组中单击【填充颜色】下拉列表按钮，在弹出的下拉列表中选择【橄榄色】选项，为表格设置底纹。

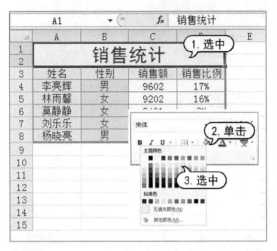

step 7 使用同样的方法，设置表格其他单元格的底纹颜色。

step 2 在打开的【工作表背景】对话框中选择一个图片文件后，单击【插入】按钮。

step 3 此时，Excel 将使用选定的图片作为当前工作表的背景图案。

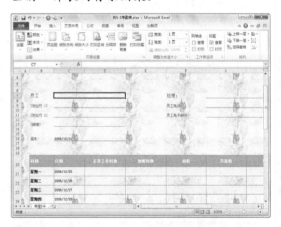

5.2.2 设置表格背景

在 Excel 2010 中，除了可以为选定的单元格区域设置底纹样式或填充颜色之外，还可以为整个工作表添加背景图片，如剪贴画或者其他图片，以达到美化工作表的目的，使工作表看起来不再单调。

Excel 支持多种格式的图片作为背景图案，比较常用的有 JPEG、GIF、PNG 等格式。工作表的背景图案一般为颜色比较淡的图片，避免遮挡工作表中的文字。

【例 5-5】在 Excel 中为表格设置背景图案。
视频+素材 (光盘素材\第 05 章\例 5-5)

step 1 打开【考勤表】工作表，选择【页面布局】选项卡，然后在【页面设置】组中单击【背景】选项。

5.2.3 套用表格样式

在 Excel 2010 中，预设了一些工作表样式，套用这些工作表样式可以大大节省格式化表格的时间。

【例5-6】在 Excel 2010 中，快速应用表格预设样式。

视频+素材 (光盘素材\第 05 章\例 5-6)

step① 打开【销售统计】工作表，选中 A3:D8 单元格区域。

step② 选择【开始】选项卡，在【样式】组中单击【套用表格格式】选项，在弹出的列表中选择一种表格样式。

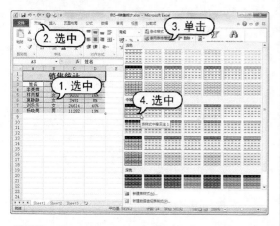

step③ 在打开的【套用格式】对话框中单击【确定】按钮。

step④ 此时，表格将自动套用用户所选样式，Excel 会自动打开【设计】选项卡，在其中可以进一步选择表样式以及相关选项。

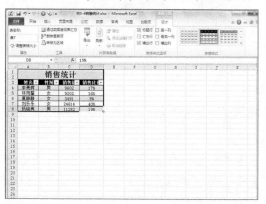

5.2.4　应用单元格样式

用户如果要使用 Excel 2010 的内置单元格样式，可以先选中需要设置样式的单元格或单元格区域，然后再对其应用内置的样式。

【例5-7】在 Excel 2010 中，为选中的单元格应用软件内置的样式。

视频+素材 (光盘素材\第 05 章\例 5-7)

step① 打开【销售统计】工作表，选中 A1 单元格，然后在【开始】选项卡的【样式】组中单击【单元格式样】下拉列表按钮，并在弹出的下拉列表中选择一种样式。

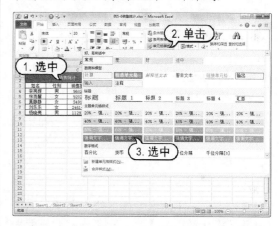

step② 此时，被选中的单元格将自动套用用户选中的样式。

	A	B	C	D
1				
2		销售统计		
3	姓名	性别	销售额	销售比例
4	李亮辉	男	9602	17%
5	林雨馨	女	9202	16%
6	莫静静	女	3491	8%
7	刘乐乐	女	24614	40%
8	杨晓亮	男	11282	19%
9				

5.2.5　突出显示数据

在 Excel 中，条件格式功能提供了【数据条】、【色阶】、【图标集】等 3 种内置的单元格图形效果样式。其中数据条效果可以直观地显示数值大小对比程度，使得数据效果更为直观。

【例5-8】在 Excel 2010 中，设置突出显示重要的数据。

视频+素材 (光盘素材\第 05 章\例5-8)

step① 打开【销售统计】工作表，选中 C4:C8 单元格区域。

step② 选择【开始】选项卡，在【样式】组中单击【条件格式】按钮，在弹出的下拉列表中选择【数据条】选项，在弹出的下拉列表中选择【渐变填充】列表里的【紫的色数据条】选项。

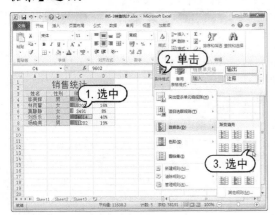

step③ 此时，工作表中选中的单元格区域中的数据将自动添加【紫色渐变填充】的数据条效果。

step④ 用户还可以通过设置将单元格数据隐藏起来，只保留数据条效果显示。先选中单元格区域 C4:C8 里的任意单元格，再单击【条件格式】按钮，在弹出的下拉列表中选择【管理规则】选项。

step⑤ 在打开的【条件格式规则管理器】对话框中选择【数据条】选项，单击【编辑规则】按钮。

step⑥ 在打开的【编辑格式规则】对话框中的【编辑规则说明】区域里选中【仅显示数据条】复选框，然后单击【确定】按钮。

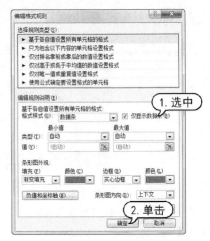

step⑦ 返回【条件格式规则管理器】对话框，单击【确定】按钮即可完成设置。此时单元格区域只有数据条的显示，没有具体数值。

	A	B	C	D	E
1	销售统计				
2					
3	姓名	性别	销售额	销售比例	
4	李亮辉	男		17%	
5	林雨馨	女		16%	
6	莫静静	女		8%	
7	刘乐乐	女		40%	
8	杨晓亮	男		19%	
9					

5.3 设置表格主题

对表格的主题进行设置，不仅可以让表格主旨明了、脉络清晰、方向明确，而且能够起到美化工作表的作用。

5.3.1 应用表格主题

设置表格主题也是格式化表格的一种，

若想快速格式化标题主题，可以在【页面布局】选项卡的【主题】组中直接应用 Excel 自带的主题样式。

【例5-9】在【学生成绩表】工作表中应用Excel
自带的表格主题、颜色、字体。
🔘 视频+素材 (光盘素材\第 05 章\例 5-9)

step ① 在 Excel 2010 中打开【学生成绩表】
工作簿。

step ② 选择【页面布局】选项卡，在【主题】
组中单击【主题】下拉列表按钮，在弹出的
下拉列表中选择一种主题样式。

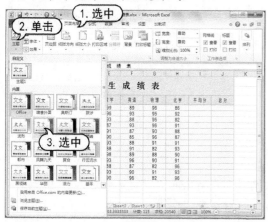

step ③ 在【主题】组中单击【颜色】下拉列
表按钮🔲，在弹出的下拉列表中设置表格主
题中的颜色。

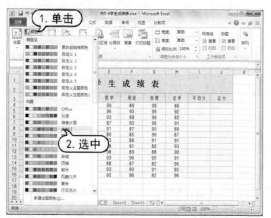

step ④ 在【主题】组中单击【字体】下拉列
表按钮🗴，在弹出的下拉列表中设置表格主

题中的字体。

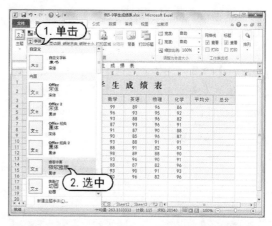

5.3.2　自定义主题样式

系统中自带的主题样式有限，可能不能
完全满足制作表格的需求，这时用户可以根
据实际的需求自定义设置主题样式。

【例 5-10】在 Excel 2010 中自定义设置主题样式
并将其保存。
🔘 视频+素材 (光盘素材\第 05 章\例 5-10)

step ① 打开【学生成绩表】工作簿后，选择
【页面布局】选项，在【主题】组中单击【颜
色】按钮🔲，在弹出的下拉列表中选择【新
建主题颜色】选项。

step ② 打开【新建主题颜色】对话框，设置
主题中各个项目的颜色，在【名称】文本框
中输入【自定义颜色 A】，单击【保存】按
钮。

step ③ 在【主题】组中单击【字体】下拉列表按钮，在弹出的下拉列表中选择【新建主题字体】选项。

step ④ 打开【新建主题字体】对话框，设置主题中各个项目的字体，在【名称】文本框中输入【自定义字体A】，并单击【保存】按钮。

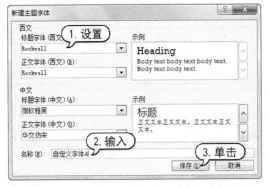

step ⑤ 在【主题】组中单击【颜色】下拉列表按钮，在弹出的下拉列表中选择【自定义颜色A】选项。

step ⑥ 在【主题】组中单击【字体】下拉列

表按钮，在弹出的下拉列表中选择【自定义字体A】选项。

step ⑦ 在【主题】组中单击【主题】下拉列表按钮，在弹出的下拉列表中选择【保存当前主题】选项。

step ⑧ 在打开的【保存当前主题】对话框的【文件名】文本框中输入【自定义主题A】后，单击【保存】按钮即可。

5.4 设置表格页面

对表格页面进行设置后，在电子表格中不太明显。表格页面的设置主要是为打印表格做准备。设置表格页面包括添加页面页脚、设置页面、设置页边距等。

5.4.1 为表格添加页眉页脚

在 Excel 中，为表格添加页眉页脚可直接调用软件自带的页眉页脚样式，能够满足一般表格设计的需求。其方法是，选择【页面布局】选项卡，在【页面设置】组中单击按钮，打开【页面设置】对话框，选择【页眉/页脚】选项，分别在【页眉】和【页脚】下拉列表中选择所需的选项，最后单击【确定】按钮。

【例5-11】在【学生成绩表】工作表中设置页眉和页脚。

📀视频+素材 (光盘素材\第 05 章\例 5-11)

step ① 打开【学生成绩表】工作表，选择【页面布局】选项卡，在【页面设置】组中单击按钮。

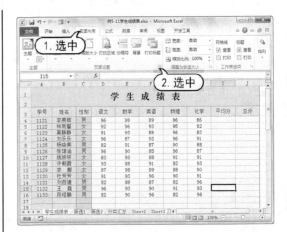

step ② 打开【页面设置】对话框，选择【页眉/页脚】选项卡，然后分别单击【页眉】和【页脚】下拉列表按钮，在弹出的下拉列表中设置表格的页眉和页脚，单击【确定】按钮。

step 3 单击【文件】按钮，在弹出的菜单中选择【打印】选项，在显示的打印预览区域中可以查看添加的页眉和页脚效果。

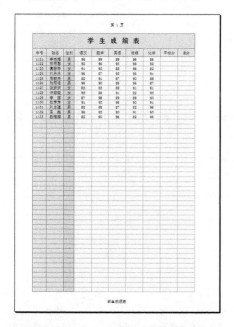

5.4.2　自定义页眉页脚

Excel 自带的页眉页脚样式十分有限，用户可以根据实际需要对页眉页脚进行自定义设置，如插入标志图片。

【例5-12】在表格的页眉和页脚中自定义添加图片和文字。

视频+素材 (光盘素材\第 05 章\例 5-12)

step 1 打开【学生成绩表】工作表，选择【页面布局】选项卡，在【页面设置】组中单击

按钮，打开【页面设置】对话框。

step 2 在【页面设置】对话框中选择【页眉/页脚】选项卡，然后单击【自定义页眉】按钮。

step 3 打开【页面】对话框，将鼠标指针定位到【左】文本框中，然后单击【插入图片】按钮。

step 4 打开【插入图片】对话框，在地址栏中选择图片的位置，在列表框中选择一个图片文件，然后单击【插入】按钮。

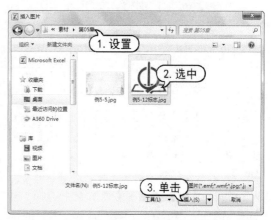

step 5 返回【页眉】对话框，在【左】文本

框中可以看到【&[图片]】文本内容，单击【设置图片格式】按钮。

step 6 打开【设置图片格式】对话框，选择【大小】选项卡，选中【锁定纵横比】复选框，将【高度】比例设置为 5%，然后单击【确定】按钮。

step 7 返回【页眉】对话框，将鼠标指针定位到【中】文本框中，输入文本【励学中学】，然后单击【确定】按钮。

step 8 返回【页眉设置】对话框，单击【页脚】下拉列表按钮，在弹出的下拉列表中选择【第 1 页，共？页】选项。

step 9 单击【自定义页脚】对话框，打开【页脚】对话框，然后在【中】文本框中选择【第 &[页码] 页，共 &[总页数] 页】文本，并单击【格式文本】按钮。

step 10 打开【字体】对话框，在该对话框中设置页面文本的字体格式，然后单击【确定】按钮。

step 11 返回【页脚】对话框，单击【确定】按钮。

step 12 返回【页面设置】对话框，单击【确定】按钮。单击【开始】按钮，在弹出的菜单中选择【打印】选项，在显示的打印预览区域中可以查看自定义的页眉和页脚效果。

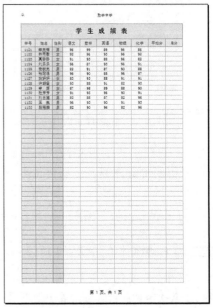

5.4.3　页面设置

为了让表格打印出的效果更符合设计需求，也可以对打印表格整体页面进行设置，例如打印方向、缩放比例、纸张大小、打印质量和起始页码等内容。

【例5-13】在【学生成绩表】工作表中设置表格页面的样式。

视频+素材（光盘素材\第 05 章\例 5-13）

step 1　打开【学生成绩表】工作表后，选择【页面布局】选项卡，在【页面设置】组中单击 按钮。

step 2　打开【页面设置】对话框，选择【页面】选项卡，在【方向】栏中选中【横向】单选按钮，在【纸张大小】下拉列表框中选中 A5 选项，在【起始页码】文本框中输入 2，然后单击【确定】按钮。

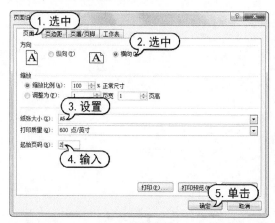

step 3　单击【开始】按钮，在弹出的菜单中选择【打印】选项，在显示的打印预览区域

中可以查看页面的设置效果。

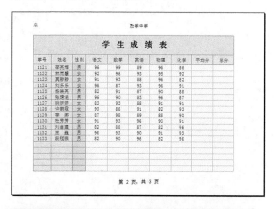

5.4.4　页边距设置

在 Excel 中设置表格的页边距可以增强其打印效果的美观性。具体方法是，选择【页面布局】选项卡，在【页面设置】组中单击 按钮，在打开的【页面设置】对话框中选择【页边距】选项卡，在该选项卡的【上】、【下】、【左】和【右】文本框中输入具体的参数，并单击【确定】按钮即可。

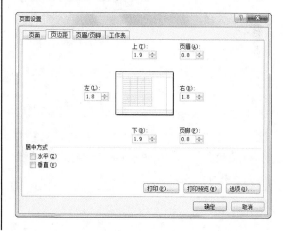

5.5　案例演练

本章的案例演练部分包括设置【教学实验仪器统计表】、【旅游线路报价表】和【户型销售管理表】等多个综合实例操作，用户通过练习从而巩固本章所学知识。

【例5-14】在 Excel 2010 中设置美化【教学实验仪器统计表】。

视频+素材（光盘素材\第 05 章\例 5-14）

step 1　打开【教学实验仪器统计表】工作簿

后，选中 Sheet1 工作簿，选中 A1：H1 单元格区域，选择【开始】选项卡，在【对齐方式】组中单击【合并后居中】按钮。

Excel 2010 电子表格案例教程

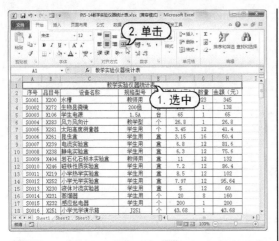

step2 在【字体】组中单击 按钮，打开【设置单元格格式】对话框，在【字体】下拉列表中选择【黑体】选项，在【字号】下拉列表中选择 20 选项，在【字形】下拉列表中选择【加粗】选项，然后单击【确定】按钮。

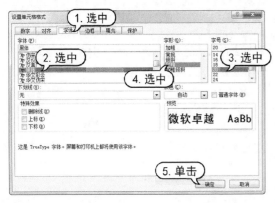

step3 在【字体】组中单击【填充颜色】下拉列表按钮 ，在弹出的下拉列表中选择【蓝色强调文字颜色 1】选项。

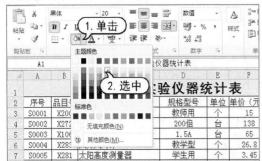

step4 选择 A2:H2 单元格区域，右击鼠标，在弹出的菜单中选择【设置单元格格式】命令，打开【设置单元格格式】对话框。

step5 选择【对齐】选项卡，在【水平对齐】和【垂直对齐】下拉列表中选择【居中】选项。

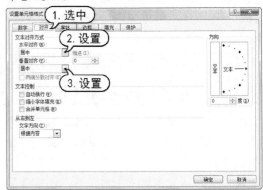

step6 选择【字体】选项卡，在【字号】下拉列表框中选择 9 选项，单击【颜色】下拉列表按钮，在弹出的下拉列表中选择【绿色】选项。

step7 选择【填充】选项卡，然后单击【其他颜色】按钮。

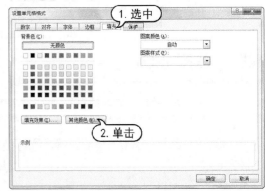

step 8 打开【颜色】对话框，选择【自定义】选项卡，单击【颜色模式】下拉列表按钮，在弹出的下拉列表中选中 RGB 选项，在【红色】文本框中输入 198，在【绿色】文本框中输入 239，在【蓝色】文本框中输入 206，然后单击【确定】按钮。

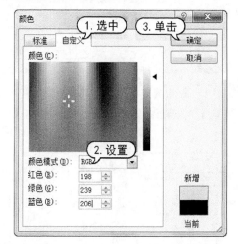

step 9 返回【设置单元格格式】对话框，单击【确定】按钮，A2:H2 单元格区域的效果如下图所示。

step 10 在【剪贴板】组中单击【格式刷】按钮 📋，然后选择 A3: B42 单元格区域，设置的格式效果复制到该区域中。

step 11 使用同样的方法，设置表格中其他单元格区域的单元格样式，完成后表格的效果如下图所示。

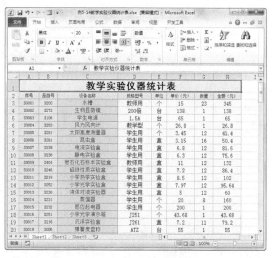

step 12 选中 H3: H43 单元格区域，按下 Ctrl+1 组合键，打开【设置单元格格式】对话框，选择【数字】选项卡，在【分类】列表框中选择【货币】选项，在【小数位数】文本框中输入 1，在【货币符号】下拉列表中选择¥选项，然后单击【确定】按钮。

step 13 此时，H3: H43 单元格区域中数据的效果将如下图所示。

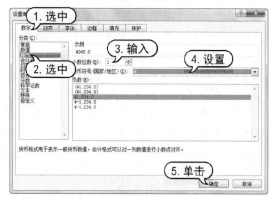

step 14 使用同样的方法，设置 F3: F42 单元格区域中单元格的格式，然后按住 Ctrl 键拖动鼠标，同时选择 C3: C42、F3: F42 和 H3: H43 单元格区域。

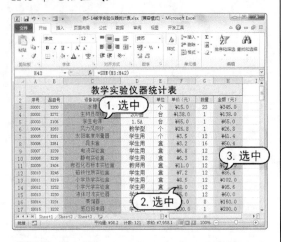

step 15 在【对齐方式】组中单击【文本左对齐】按钮 ≡。

step 16 选中 A1: H43 单元格区域，在【字体】组中单击【边框】下拉列表按钮，在弹出的下拉列表中选择【其他边框】选项。

step 17 打开【设置单元格格式】对话框的【边框】选项卡，在【样式】列表框中选择粗线样式，单击【颜色】下拉列表按钮，在弹出的下拉列表中选择【深蓝 文字 2】选项，然后单击【外边框】按钮。

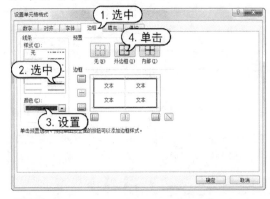

step 18 在【样式】列表框中选择细线样式，然后单击【内部】按钮，设置表格的内边框效果。

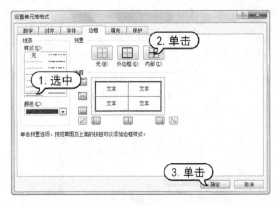

step 19 单击【确定】按钮，关闭【设置单元格格式】对话框。此时，表格效果如下图所示。

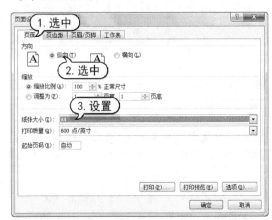

step 20 选择【页面布局】选项卡，在【页面设置】组中单击 按钮，打开【页面设置】对话框，选择【页面】选项卡。

step 21 选中【纵向】单选按钮，单击【纸张大小】下拉列表按钮，在弹出的下拉列表中选择 A4 选项。

step 22 选择【页边距】选项卡，然后在【上】、【下】、【左】和【右】文本框总分别输入页边距参数。

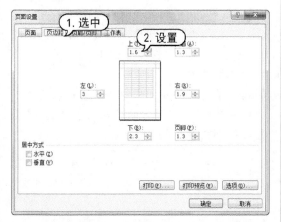

step 23 选择【页眉/页脚】选项卡，在【页眉】和【页脚】下拉列表中设置表格的页眉和页脚。

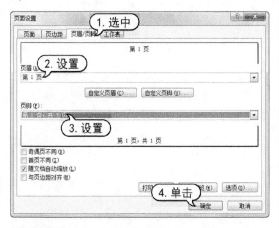

step 24 单击【确定】按钮，关闭【页面设置】对话框。单击【文件】按钮，在弹出的菜单中选择【打印】选项，可以在打印预览区域中查看表格的效果，如下图所示。

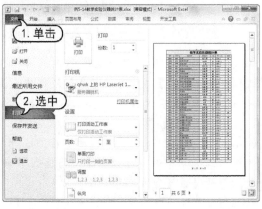

【例5-15】使用 Excel 2010 制作一个【旅游路线报价表】工作簿。

🎬 视频+素材 (光盘素材\第 05 章\例 5-15)

step 1 在 Excel 2010 中打开【旅游路线报价表】工作簿。

step 2 在【出境游】工作表中输入如下图所示的数据。

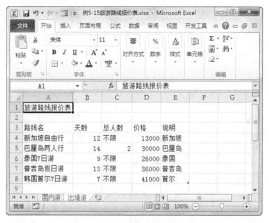

step 3 选中表格标题所在的 A1:E2 单元格区域，然后在【开始】选项卡的【对齐方式】组中单击【垂直居中】和【居中】选项。

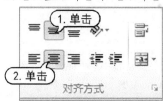

step 4 在【对齐方式】组中单击 ⌐ 按钮，打开【设置单元格格式】对话框，选中【合并单元格】复选框，然后单击【确定】按钮。

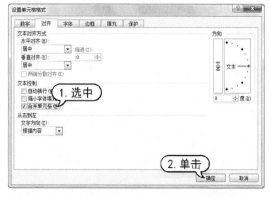

step 5 返回工作表后，单元格合并效果如下

图所示。

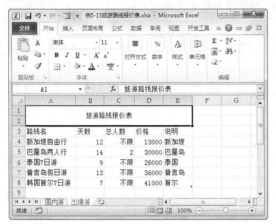

step 6 选中 A1：E8 单元格区域，在【单元格】组中单击【格式】下拉列表按钮，在弹出的下拉列表中选择【自动调整列宽】选项。

step 7 在【开始】选项卡的【对齐方式】组中单击【居中】选项 ≡。

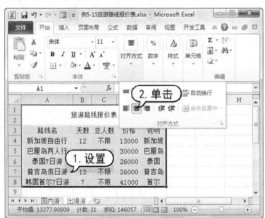

step 8 选中 A1 单元格，然后在【开始】选项卡的【字体】组中单击【字体】下拉列表按钮，在弹出的下拉列表中选择【黑体】选项。

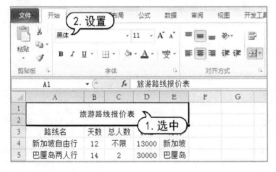

step 9 在【字体】组中单击【字号】下拉列表按钮，在弹出的下拉列表中选择 16 选项。

step 10 在【字体】组中单击【字体颜色】下拉列表按钮 ▲・，在弹出的下拉列表中选择【紫色】选项。

step 11 在【字体】组中单击【填充颜色】下拉列表按钮 ◇，在弹出的下拉列表中选择【蓝紫，强调文字颜色 1】选项。

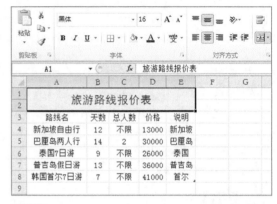

step 12 选中 A3:E3 单元格区域，然后在【开始】选项卡的【样式】组中的【单元格样式】列表框中选择【强调文字颜色 3】选项。

step 13 选择 A4:E8 单元格区域后，在【开始】选项卡的【样式】组中单击【套用表格样式】下拉列表按钮，在弹出的下拉列表中选择【表样式浅色 16】选项。

step 14 选中 A1：E8 单元格区域，右击鼠标，在弹出的菜单中选择【设置单元格格式】命令，打开【设置单元格格式】对话框。

step ⑮ 在【设置单元格格式】对话框中选择【边框】选项卡，在【线条】列表框中选择粗线样式，单击【颜色】下拉列表按钮，在弹出的下拉列表中选择【淡紫 强调文字颜色2】选项，然后单击【外边框】按钮⊞和【确定】按钮。

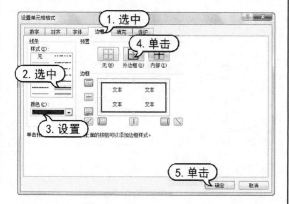

step ⑯ 在【设置单元格格式】对话框中单击【确定】按钮，应用表格边框，表格的效果将如下图所示。

step ⑰ 选中 A1 单元格，在【样式】组中单击【单元格样式】下拉列表按钮，在弹出的下拉列表中选择【新建单元格样式】选项。

step ⑱ 打开【样式】对话框，选中【数字】、【对齐】、【字体】、【边框】和【填充】复选框，在【样式名】文本框中输入【样式A】，并单击【确定】按钮。

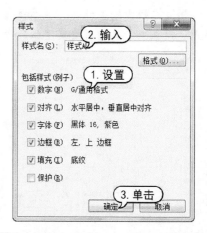

step ⑲ 选择【国内游】工作表，选择 A1：E3 单元格区域，在【对齐方式】组中单击【合并后居中】按钮⊞。

step ⑳ 选中 A1 单元格，在【样式】组中单击【单元格样式】下拉列表按钮，在弹出的下拉列表中选择【样式 A】选项，应用该样式。

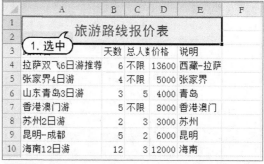

step ㉑ 选择 A3：E10 单元格区域，在【开始】选项卡的【单元格】组中单击【格式】下拉

列表按钮，在弹出的下拉列表中选择【自动调整列宽】选项，自动调整单元格列宽。

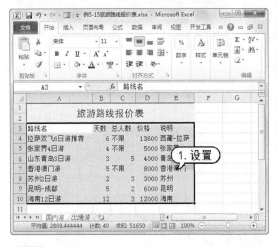

step 22 在【样式】组中单击【套用表格格式】下拉列表按钮，在弹出的下拉列表中选择【表样式中等深浅4】选项。

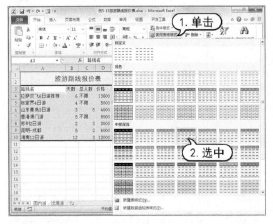

step 23 打开【套用表格式】对话框，选中【表包含标题】复选框，然后单击【确定】按钮。

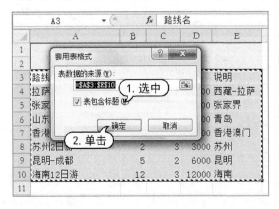

step 24 选择【数学】选项卡，在【排序和筛选】组中取消【筛选】按钮的选中状态，此时工作表效果如下图所示。

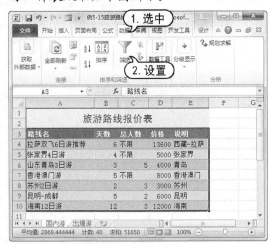

step 25 选中 A3：E10 单元格区域，右击鼠标，在弹出的菜单中选择【设置单元格格式】命令。

step 26 打开【设置单元格格式】对话框，选择【对齐】选项卡，单击【水平对齐】下拉列表按钮，在弹出的下拉列表中选择【居中】选项。

step 27 在【设置单元格格式】对话框中单击【确定】按钮，表格效果如下所示。

	A	B	C	D	E	F
1		旅游路线报价表				
2						
3	路线名	天数	总人数	价格	说明	
4	拉萨双飞6日游推荐	6	不限	13600	西藏-拉萨	
5	张家界4日游	4	不限	5000	张家界	
6	山东青岛3日游	3	5	4000	青岛	
7	香港澳门游	5	不限	8000	香港澳门	
8	苏州2日游	2	3	3000	苏州	
9	昆明-成都	5	2	6000	昆明	
10	海南12日游	12	3	12000	海南	
11						

step㉘ 选择 A1: E10 单元格区域, 在【开始】选项卡的【字体】组中单击【边框】下拉列表按钮田▼, 在弹出的下拉列表中选择【线条颜色】|【淡紫 强调文字颜色 1】选项。

step㉙ 再次单击【边框】下拉列表按钮田▼, 在弹出的下拉列表中选择【粗匣框线】选项口, 设置表格的边框。

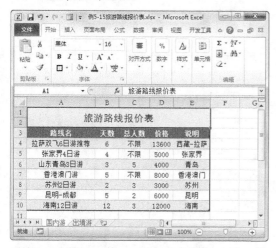

step㉚ 单击【文件】按钮, 在弹出的菜单中选择【保存】按钮, 将工作簿保存。

【例 5-16】使用 Excel 2010 设置【户型销售管理表】工作表的格式。

视频+素材 (光盘素材\第 05 章\例 5-16)

step① 打开【户型销售管理表】工作表, 选中 A1:A8 单元格区域。

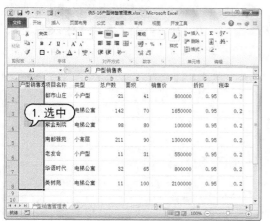

step② 在【开始】选项卡的【对齐方式】组中单击 按钮。

step③ 打开【设置单元格格式】对话框, 选

择【对齐】选项卡, 在【水平对齐】和【垂直对齐】下拉列表中选择【居中】选项, 选中【合并单元格】复选框。

step④ 在【方向】选项区域中单击【文本】按钮, 然后单击【确定】按钮。

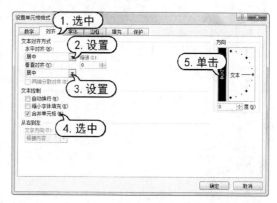

step⑤ 此时, 工作表中的单元格的效果将如下图所示。

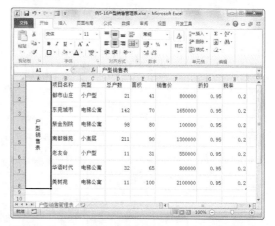

step⑥ 在【开始】选项卡的【样式】组中单击【单元格格式】下拉列表按钮, 在弹出的下拉列表中选择【强调文字颜色 1】选项。

step⑦ 在【开始】选项卡的【字体】组中单击【字号】下拉列表按钮，在弹出的下拉列表中选中 16 选项，单击【字体】下拉列表按钮，在弹出的下拉列表中选择【黑体】选项。

step⑧ 选中 B1:H8 单元格区域，然后在【开始】选项卡的【样式】组中单击【套用表格格式】下拉列表按，在弹出的下拉列表中选择【表样式浅色 11】选项。

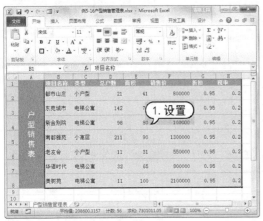

step⑨ 选中 F2:F8 单元格区域，然后选择【开始】选项卡，在【数字】组中单击 ⌐ 按钮。

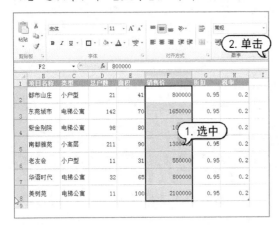

step⑩ 打开【设置单元格格式】对话框，选择【数字】选项卡。

step⑪ 在【分类】列表框中选中【货币】选项，在【小数位】文本框中输入 0，单击【货币符号】下拉列表按钮，在弹出的下拉列表中选中¥选项，在【负数】列表框中选择¥1.234选项，然后单击【确定】按钮。

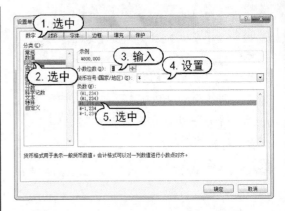

step⑫ 此时，F2:F8 单元格区域中数字的效果如下图所示。

step⑬ 选中 G2:G8 单元格区域，右击鼠标，在弹出的菜单中选择【设置单元格格式】命令，打开【设置单元格格式】对话框的【数字】选项卡。

step⑭ 在【分类】列表框中选中【百分比】选项，在【小数位数】文本框中输入参数 0，然后单击【确定】按钮。

step⑮ 选中 H2:H8 单元格区域，然后按下 Ctrl+Shift+%组合键。

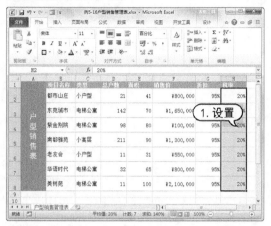

step⑯ 选中 B2:H8 单元格区域，在【开始】选项卡的【单元格】选项区域中单击【格式】下拉列表按钮，在弹出的下拉列表中选择【行高】选项。

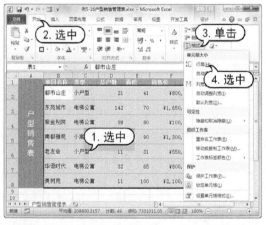

step⑰ 打开【行高】对话框，在【行高】文本框中输入参数 20，然后单击【确定】按钮。

step⑱ 在【开始】选项卡的【字体】组中单击⬛按钮，打开【设置单元格格式】对话框中的【字体】选项卡。

step⑲ 在【字号】列表框中选中 9 选项，单击【颜色】下拉列表按钮，在弹出的下拉列表中选择【绿色 强调文字颜色 6】选项。

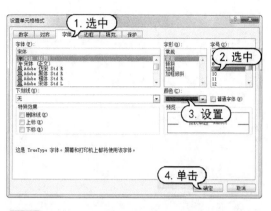

step⑳ 在【设置单元格格式】对话框中单击【确定】按钮，单元格区域中字体的效果将如下图所示。

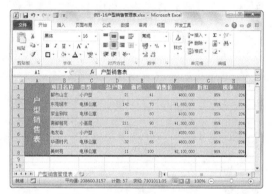

step㉑ 选择 A1:H8 单元格区域，右击鼠标，在弹出的菜单中选择【设置单元格格式】命令。

step㉒ 打开【设置单元格格式】对话框，选中【边框】选项卡，单击【颜色】下拉列表按钮，在弹出的下拉列表中选择【深蓝】选项，然后单击【外边框】和【内部】按钮。

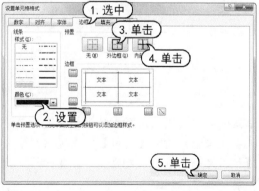

step㉓ 在【设置单元格格式】对话框中单击

【确定】按钮后，选择 E2:E8 单元格区域。

step ㉔ 在【开始】选项卡的【样式】组中单击【条件格式】下拉列表按钮，在弹出的下拉列表中选择【数据条】|【绿色数据条】选项。

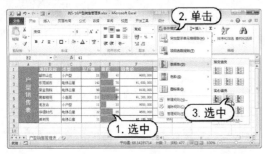

step ㉕ 使用同样的方法，选中 D2:D8 单元格区域并设置显示蓝色数据条。

step ㉖ 选择 B1: H1 单元格区域，在【对齐方式】组中单击【居中】按钮 ≡。

step ㉗ 选择【页面布局】选项卡，在【页面设置】组中单击 ⌐ 按钮，打开【页面设置】对话框。

step ㉘ 打开【页面设置】对话框，选择【页面】选项卡，选中【横向】单选按钮，单击【纸张大小】下拉列表按钮，在弹出的下拉列表中选中 A5 选项。

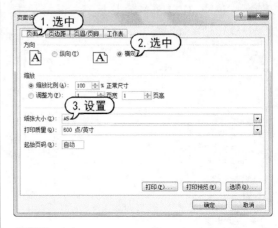

step ㉙ 选择【页边距】选项卡，在【左】文本框中输入 2.8。

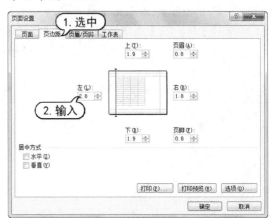

step ㉚ 选择【页眉/页脚】选项卡，单击【自定义页眉】按钮。

step ㉛ 打开【页眉】对话框，将鼠标指针插入【中】列表框中，单击【插入图片】按钮 🖻。

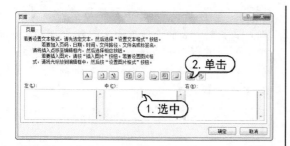

step 32 打开【插入图片】对话框，选择一个图片文件后，单击【插入】按钮。

step 33 返回【页眉】对话框，单击【设置图片格式】按钮 。

step 34 打开【设置图片格式】对话框，在【高度】和【宽度】文本框中输入30%，然后单击【确定】按钮。

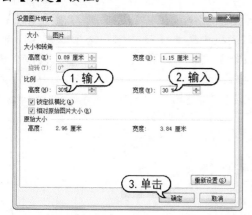

step 35 返回【页眉】对话框，单击【确定】按钮，返回【页眉设置】对话框，单击【页脚】下拉列表按钮，在弹出的下拉列表中选择【户型销售管理表】选项。

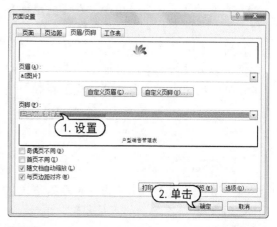

step 36 在【页眉设置】对话框中单击【确定】按钮，单击【开始】按钮，在弹出的菜单中选择【打印】选项，预览工作表的打印效果。

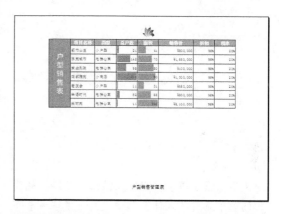

【例5-17】使用 Excel 2010 设置【不良品统计表】工作表的格式。

视频+素材 (光盘素材\第 05 章\例 5-17)

step 1 打开【不良品统计表】工作表，选择 A1 单元格。

Excel 2010 电子表格案例教程

step② 选择【开始】选项卡，在【单元格】组中单击【格式】下拉列表按钮，在弹出的下拉列表中选择【行高】选项。

step③ 打开【行高】对话框，在【行高】文本框中输入 50，然后单击【确定】按钮。

step④ 在【样式】组中单击【单元格格式】下拉列表按钮，在弹出的下拉列表中选择【标题 1】选项。

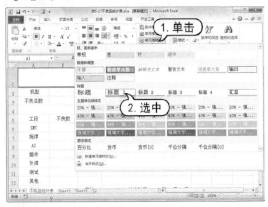

step⑤ 选中 A2: H13 单元格区域，在【字体】组中单击【字体】下拉列表按钮，在弹出的下拉列表中选择【宋体】选项，单击【字号】下拉列表按钮，在弹出的下拉列表中选择 11 选项，单击【字体颜色】下拉列表按钮，在弹出的下拉列表中选择【深红】选项。

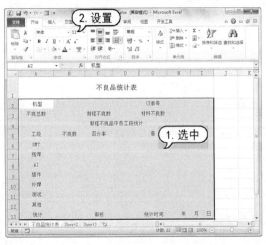

step⑥ 选择 B6: B12 单元格区域，在【样式】组中单击【条件格式】下拉列表按钮，在弹出的下拉列表中选择【新建规则】选项。

step⑦ 打开【新建格式规则】对话框，单击【格式样式】下拉列表按钮，在弹出的下拉列表中选择【双色刻度】选项，单击【最小值】下拉列表按钮，在弹出的下拉列表中选择【最低值】选项，单击【最大值】下拉列表按钮，在弹出的下拉列表中选择【最高值】选项，然后单击【确定】按钮。

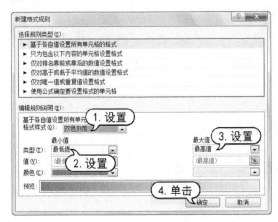

step⑧ 选择 C6: C12 单元格区域，右击鼠标，在弹出的菜单中选择【设置单元格格式】命令，打开【设置单元格格式】对话框。

step⑨ 选中【数字】选项卡，在【分类】列表框中选中【百分比】选项，在【小数位数】文本框中输入 1，然后单击【确定】按钮。

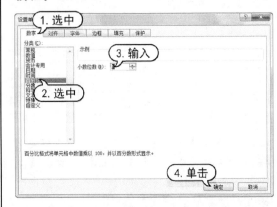

step⑩ 在【字体】组中单击【边框】下拉列

表按钮 ，在弹出的下拉列表中选择【绘图边框网络】选项。

step ⑪　当鼠标指针变为 状态后，在工作表中合适的位置拖动鼠标，绘制如下图所示的边框。

step ⑫　选中 A1 单元格，在【字体】组中单击【边框】下拉列表按钮 ，在弹出的下拉列表中选择【其他边框】选项。

step ⑬　打开【设置单元格格式】对话框的【边框】选项卡，在【样式】列表框中选择【双线】样式，然后在【边框】选项区域中单击【下边框】按钮 。

step ⑭　选择 A1：H3 单元格区域，在【字体】组中单击【填充颜色】下拉列表按钮 ，在弹出的下拉列表中选择【橙色 强调文字颜色 6】选项。

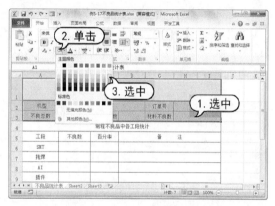

step ⑮　选中 A4 单元格，单击【填充颜色】下拉列表按钮 ，在弹出的下拉列表中选择【黄色】选项。

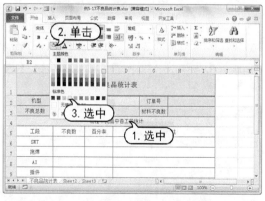

step ⑯　按住 Ctrl 键，同时选中工作表中如下图所示的单元格。

Excel 2010 电子表格案例教程

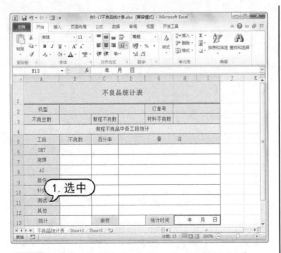

step 17 单击【填充颜色】下拉列表按钮 ，在弹出的下拉列表中选择【橄榄色，强调文字颜色 3】选项。

step 18 选择【页面布局】选项卡，在【页面设置】组中单击【纸张大小】下拉列表按钮，在弹出的下拉列表中选择 A5 选项。

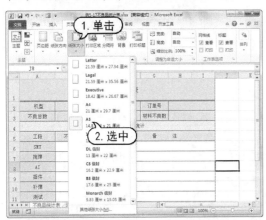

step 19 在【页面设置】组中单击【纸张方向】下拉列表按钮，在弹出的下拉列表中选择【横向】选项。

step 20 在【页面设置】组中单击【页边距】下拉列表按钮，在弹出的下拉列表中选择【自

定义边距】选项，在打开的【页面设置】对话框中参考下图所示，设置表格的页边距。设置完成后单击【确定】按钮。

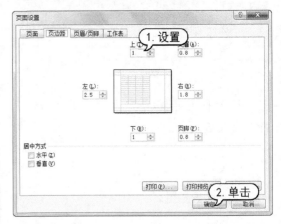

step 21 单击【文件】按钮，在弹出的菜单中选择【打印】选项，在显示的打印预览区域中可以预览表格的打印效果。

第 6 章

计算表格中的数据

　　Excel 软件具有强大的计算功能，可以用于解决非常复杂的手工计算，甚至解决无法通过手工完成的计算。但是，在使用 Excel 软件进行计算之前，用户应首先掌握正确、完整地输入公式的方法，以及相应的基础操作。

 对应光盘视频

6.1 使用公式

在 Excel 中用户可以运用公式对表格中的数值进行各种运算，让工作变得更加轻松、省心。在灵活使用公式之前，首先要认识公式并掌握输入公式与编辑公式的方法。

6.1.1 认识公式

在 Excel 中，公式是对工作表中的数据进行计算和操作的等式。

1. 公式的基本元素

在输入公式之前，用户应了解公式的组成和意义，公式的特定语法或次序为最前面是等号=，然后是公式的表达式，公式中包含运算符、数值或任意字符串、函数及其参数和单元格引用等元素。

单元格引用　　　　运算符

=D3-SUM(D2:F6)+0.5*5

函数　　　　　常量数值

▶ 运算符：运算符用于对公式中的元素进行特定的运算，或者用来连接需要运算的数据对象，并说明进行了哪种公式运算，如加+、减-、乘*、除/等。

▶ 常量数值：常量数值用于输入公式中的值、文本。

▶ 单元格引用：利用公式引用功能对所需的单元格中的数据进行引用。

▶ 函数：Excel 提供的函数或参数，可返回相应的函数值。

实用技巧

Excel 提供的函数实质上就是一些预定义的公式，它们利用参数按特定的顺序或结构进行计算。用户可以直接利用函数对某一数值或单元格区域中的数据进行计算，函数将返回最终的计算结果。

2. 公式运算符的类型

运算符对公式中的元素进行特定类型的运算。Excel 中包含了 4 种运算符类型：算术运算符、比较运算符、文本连接运算符与引用运算符。

▶ 算数运算符：如果要完成基本的数学运算，如加法、减法和乘法，连接数据和计算数据结果等，可以使用如下表所示的算术运算符。

运 算 符	含 义	示 范
+(加号)	加法运算	2+2
-(减号)	减法运算或负数	2-1 或 -1
*(星号)	乘法运算	2*2
/(正斜线)	除法运算	2/2

▶ 比较运算符：使用下表所示的比较运算符可以比较两个值的大小。当用运算符比较两个值时，结果为逻辑值，比较成立则为 TRUE，反之则为 FALSE。

运 算 符	含 义	示 范
=(等号)	等于	A1=B1
>(大于号)	大于	A1>B1
<(小于号)	小于	A1<B1
>=(大于等于号)	大于或等于	A1>=B1
<=(小于等于号)	小于或等于	A1<=B1

▶ 文本连接运算符：在 Excel 公式中，使用和号(&)可加入或连接一个或更多文本字符串以产生一串新的文本，如下表所示。

运 算 符	含 义	示 范
&(和号)	将两个文本值连接或串连起来以产生一个连续的文本值	spuer &man

下面通过一个简单的实例，介绍文本连接运算符的使用方法。

【例 6-1】使用文本连接运算符连接，A1、A2 和 A3 单元格中的文本。🔲视频

step 1 新建一个工作簿，然后选择 Sheet1 工作表，在 A1 单元格中输入文本【常青藤

有限责任公司】，在 A2 单元格中输入文本【季度销售额】，在 A3 单元格中输入文本【统计表】。

step 2　选中 A4 单元格，然后在该单元格中输入公式：

=A1&A2&A3

step 3　按下 Enter 键，即可得到公式的值为【常青藤有限责任公司季度销售额统计表】。

▶ 引用运算符：单元格引用是用于表示单元格在工作表上所处位置的坐标集。例如，显示在第 B 列和第 3 行交叉处的单元格，其引用形式为 B3。使用如下表所示的引用运算符，可以将单元格区域合并计算。

运 算 符	含　　义	示　　范
:(冒号)	区域运算符，产生对包括在两个引用之间的所有单元格的引用	(A5:A15)
,(逗号)	联合运算符，将多个引用合并为一个引用	SUM(A5:A15, C5:C15)
(空格)	交叉运算符，产生对两个引用共有的单元格的引用	(B7:D7 6:C8)

例如，对于 A1=B1+C1+D1+E1+F1 公式，如果使用引用运算符，就可以把这一公式写为：

A1=SUM(B1:F1)。

3. 运算符的优先级

如果公式中同时用到多个运算符，Excel 2010 将会依照运算符的优先级来依次完成运算。如果公式中包含相同优先级的运算符，例如公式中同时包含乘法和除法运算符，则 Excel 将从左到右的顺序进行计算。如下表所示的是 Excel 2010 中的运算符优先级。其中，运算符优先级从上到下依次降低。

运 算 符	含　　义
:(冒号) (单个空格) ,(逗号)	引用运算符
–	负号
%	百分比
^	乘幂
* 和 /	乘和除
+ 和 –	加和减
&	连接两个文本字符串
= < > <= >= <>	比较运算符

如果要更改求值的顺序，可以将公式中需要先计算的部分用括号括起来。例如，公式=8+2*4 的值是 16，因为 Excel 2010 按先乘除后加减的顺序进行运算，即先将 2 与 4 相乘，然后再加上 8，得到结果 16。若在该公式上添加括号，=(8+2)*4，则 Excel 2010 先用 8 加上 2，再用和乘以 4，得到结果 40。

6.1.2 输入公式

在 Excel 中通过输入公式进行数据的计算可以避免繁琐的人工计算，提高用户的工作效率。输入公式的方法有手动键盘输入和鼠标单击输入两种。

1. 使用键盘输入公式

使用键盘输入公式与在 Excel 中输入数据的方法一样，用户在输入公式之前，提前输入一个等号，然后直接输入公式内容即可。

【例6-2】通过键盘输入公式，计算【学生成绩表】中D4：H4单元格区域中的数值总和。
视频+素材 (光盘素材\第 06 章\例6-2)

step 1 打开【学生成绩表】工作表，选择J4单元格区域，然后在单元格或编辑栏中输入以下公式：

=D4+E4+F4+G4+H4

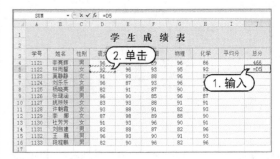

step 2 完成公式输入后，按下回车键即可在单元格中显示公式计算的结果。

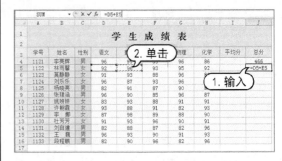

实用技巧

在单元格中输入公式后，按Tab键可以在计算出公式结果的同时选中同行的下一个单元格；按下Ctrl+Enter键则可以在计算出公式的结果后，保持当前单元格的选中状态。另外，在输入公式时，用户可以不区分单元格地址的字母大小写。

2. 使用鼠标输入公式

当公式中需要引用一些单元格地址时，通过鼠标单击输入的方式可以有效地提高用户的工作效率，并且能够避免手动键盘输入可能出现的错误。

【例 6-3】通过使用鼠标输入公式，计算【学生成绩表】中D5：H5单元格区域中的数值总和。
视频+素材 (光盘素材\第 06 章\例6-3)

step 1 打开【学生成绩表】工作表，并在该工作表中的J5中输入等号=。

step 2 单击D5单元格，即可看到J5单元格中显示为=D5。

step 3 在 J5 单元格中输入+，然后单击 E5 单元格，即可在该单元格中显示=D5+E5。

step 4 参考以上操作方法继续输入，即可完成公式的输入，若公式太长可能会使单元格显示变大，挡住某些单元格，但这只是显示效果，用户不必在意。

6.1.3　编辑公式

在 Excel 中，用户有时需要对输入的公式进行编辑，编辑公式主要包括修改公式、删除公式和复制公式等操作。

1. 修改公式

修改公式是最基本的编辑公式操作之一，用户可以在公式所在单元格或编辑栏中对公式进行修改，具体如下。

➤ 在单元格中修改公式：双击需要修改公式所在的单元格，选中出错公式后再重新输入新的公式即可。

➤ 在编辑栏中修改公式：选中需要修改公式所在的单元格，然后移动鼠标至编辑栏处并单击，即可在编辑栏中对公式内容进行修改。

2. 删除公式

在 Excel 中，当使用公式计算出结果后，可以删除表格中的数据，并保留公式计算结果。

【例6-4】在【学生成绩表】工作表中，将 J4 单元格中的公式删除。

视频+素材（光盘素材\第 06 章\例 6-4）

step1 打开【学生成绩表】工作标，然后右击 J4 单元格，在弹出的菜单中选择【复制】命令，复制单元格中内容。

step2 选择【开始】选项卡，在【剪贴板】组中单击【粘贴】下三角按钮，从弹出的菜单中选择【选择性粘贴】命令。

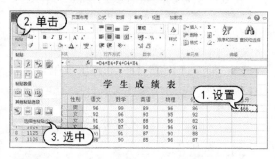

step3 在打开的【选择性粘贴】对话框的【粘贴】选项区域中，选中【数值】单选按钮，然后单击【确定】按钮。

step4 返回工作表窗口后，即可发现 J4 单元格中的公式已经被删除，但是公式计算结果仍然保存在 J4 单元格中。

3. 复制公式

通过复制公式操作，可以快速地在其他单元格中输入公式。复制公式的方法与复制数据的方法相似，但在 Excel 中，复制公式往往与公式的相对引用结合使用，以提高输入公式的效率。

【例6-5】在【学生成绩表】工作表中，将 J4 单元格中的公式复制到【分类汇总】工作表中的 J4 单元格中。

视频+素材（光盘素材\第 06 章\例 6-5）

step1 打开【学生成绩表】工作表，然后选择 J4 单元格，按 Ctrl+C 快捷键复制单元格中的公式。

step2 选择【分类汇总】工作表，然后选择该工作表中的 J4 单元格，按 Ctrl+V 快捷键，快速实现公式的复制操作，并在单元格中显示计算结果。

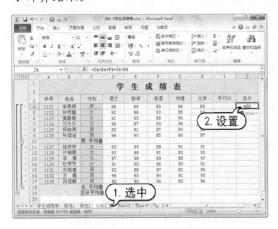

4. 显示公式

在默认设置下，单元格中只显示公式计算

的结果，而公式本身则只显示在编辑栏中。为了方便用户检查公式的正确性，可以设置在单元格中显示公式。方法是：打开【公式】选项卡，在【公式审核】组中单击【显示公式】按钮，即可设置在单元格中显示公式。

6.2 使用函数

Excel 中的函数与公式一样，都可以快速计算数据。公式是由用户自行设计的对单元格进行计算和处理的表达式，而函数则是在 Excel 中已经被软件定义好的公式。用户在 Excel 中输入和编辑函数之前，首先应掌握函数的基本知识。

6.2.1 认识函数

Excel 中的函数实际上是一些预定义的公式，函数是运用一些称为参数的特定数据值按特定的顺序或者结构进行计算的公式。

1. 函数的结构

Excel 提供了大量的内置函数，这些函数可以有一个或多个参数，并能够返回一个计算结果，函数中的参数可以是数字、文本、逻辑值、表达式、引用或其他函数。函数一般包含等号、函数名和参数等 3 个部分：

=函数名(参数 1,参数 2,参数 3,....)

其中，函数名为需要执行运算的函数的名称。参数为函数使用的单元格或数值。例如=SUM(A1:F10)，表示对 A1:F10 单元格区域内所有数据求和。

实用技巧

函数中还可以包括其他的函数，即函数的嵌套使用。不同的函数需要的参数个数也是不同的，没有参数的函数则为无参函数，无参函数的形式为：函数名()。

2. 函数的参数

Excel 函数的参数可以是常量、逻辑值、数组、错误值、单元格引用或嵌套函数等（其指定的参数都必须为有效参数值），其各自的含义如下。

➤ 常量：不进行计算且不会发生改变的值，如数字 100 与文本【家庭日常支出情况】都是常量。

➤ 逻辑值：逻辑值即 TRUE（真值）或 FALSE（假值）。

➤ 数组：用于建立可生成多个结果或可对在行和列中排列的一组参数进行计算的单个公式。

➤ 错误值：即#N/A、【空值】或 _ 等值。

➤ 单元格引用：用于表示单元格在工作表中所处位置的坐标集。

➤ 嵌套函数：嵌套函数就是将某个函数或公式作为另一个函数的参数使用。

3．函数的分类

Excel 函数包括【自动求和】、【最近使用的函数】、【财务】、【逻辑】、【文本】、【日期和时间】、【查找与引用】、【数学和三角函数】以及【其他函数】这 9 大类的上百个具体函数，每个函数的应用各不相同。常用函数包括 SUM(求和)、AVERAGE(计算算术平均数)、ISPMT、IF、HYPERLINK、COUNT、MAX、SIN、SUMIF、PMT，它们的语法和作用如下表所示。

语　法	说　明
SUM(number1, number2，…)	返回单元格区域中所有数值的和
ISPMT(Rate, Per，Nper，Pv)	返回普通(无提保)的利息偿还
AVERAGE(number1, number2，…)	计算参数的算术平均数；参数可以是数值或包含数值的名称、数组或引用
IF(Logical_test, Value_if_true, Value_if_false)	执行真假值判断，根据对指定条件进行逻辑评价的真假而返回不同的结果
HYPERLINK(Link_lo cation, Friendly_name)	创建快捷方式，以便打开文档或网络驱动器或连接INTERNET
COUNT(value1, value2，…)	计算数字参数和包含数字的单元格的个数
MAX(number1, number2，…)	返回一组数值中的最大值
SIN(number)	返回角度的正弦值
SUMIF(Range, Criteria, Sum_range)	根据指定条件对若干单元格求和
PMT(Rate, Nper，Pv，Fv，Type)	返回在固定利率下，投资或贷款的等额分期偿还额

在常用函数中使用频率最高的是 SUM 函数，其作用是返回某一单元格区域中所有数字之和，例如=SUM(A1:G10)，表示对

A1:G10 单元格区域内所有数据求和。SUM 函数的语法是：

SUM(number1,number2, ...)

其中，number1, number2, ...为 1 到 30 个需要求和的参数。说明如下：

➤ 直接输入到参数表中的数字、逻辑值及数字的文本表达式将被计算。

➤ 如果参数为数组或引用，只有其中的数字将被计算。数组或引用中的空白单元格、逻辑值、文本或错误值将被忽略。

➤ 如果参数为错误值或为不能转换成数字的文本，将会导致错误。

6.2.2　输入函数

在 Excel 2010 中，所有函数操作都是在【公式】选项卡的【函数库】选项组中完成的。

插入函数的方法十分简单，在【函数库】组中选择要插入的函数，然后设置函数参数的引用单元格即可。

【例 6-6】在【学生成绩表】工作表内的 I4 单元格中插入求平均值函数。

📹视频+素材 (光盘素材\第 06 章\例 6-6)

step 1 打开【学生成绩表】工作表，然后选定 I4 单元格。

step 2 选择【公式】选项卡在【函数库】选项组中单击【其他函数】按钮📙，在弹出的菜单中选择【统计】| AVERAGE 命令。

step 3 在打开的【函数参数】对话框中，在 AVERAGE 选项区域的 Number1 文本框中输入计算平均值的范围，这里输入 D4：H4。

step④ 单击【确定】按钮，此时即可在 I4 单元格中显示计算结果。

	学 生 成 绩 表								
学号	姓名	性别	语文	数学	英语	物理	化学	平均分	总分
1121	李亮辉	男	96	99	89	96	86	93.2	466
1122	林雨馨	女	92	96	93	95	92		
1123	莫静静	女	91	93	88	96	82		
1124	刘乐乐	女	96	87	93	96	91		
1125	杨硕亮	男	82	91	87	90	88		
1126	张瑾沛	男	96	90	85	96	87		
1127	炼妍妍	女	83	93	88	91	91		
1128	乔畅嘉	女	83	88	91	82	93		
1129	李 娜	女	87	98	89	88	90		
1130	杜芳芳	女	91	93	96	90	91		
1131	刘自建	男	82	88	87	82	96		
1132	王 巍	男	96	90	93	91	93		
1133	段程鹏	男	82	90	96	82	96		

当插入函数后，还可以将某个公式或函数的返回值作为另一个函数的参数来使用，这就是函数的嵌套使用。使用该功能的方法为：首先插入 Excel 2010 自带的一种函数，然后通过修改函数的参数来实现函数的嵌套使用，例如公式：

=SUM(I3:I17)/15/3

6.2.3 编辑函数

用户在运用函数进行计算时，有时会需要对函数进行编辑，编辑函数的方法很简单，下面将通过一个实例详细介绍。

6.3 引用单元格

用户在 Excel 中使用公式和函数时经常需要引用单元格来进行计算数据。Excel 中引用单元格包括绝对引用、相对引用、混合引用和三维引用等几种类型，下面将分别介绍这几种引用单元格的具体方法。

6.3.1 相对引用

相对引用是通过当前单元格与目标单元格的相对位置来定位引用单元格的。

相对引用包含了当前单元格与公式所在单元格的相对位置。默认设置下，Excel 2010 使用的都是相对引用，当改变公式所在单元格的位置时，引用也会随之改变。

【例 6-8】在电子表格中通过相对引用将工作表 J4 单元格中的公式复制到 J5:J16 单元格区域中。

视频+素材 (光盘素材\第 06 章\例 6-8)

step① 打开【学生成绩表】工作表，然后选

【例 6-7】在【学生成绩表】工作表中修改 I4 单元格中的函数。

视频+素材 (光盘素材\第 06 章\例 6-7)

step① 打开【学生成绩表】工作表，然后选择需要编辑函数的 I4 单元格，单击【插入函数】按钮 f_x。

step② 在打开的【函数参数】对话框中将 Number1 文本框中的单元格地址更改为 D4:G4。

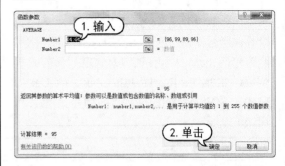

step③ 在【函数参数】对话框中单击【确定】按钮后即可在工作表中的 I4 单元格内看到编辑后的结果。用户在熟悉了使用函数的情况下，也可以直接选择需要编辑的单元格，在编辑栏中对函数编辑。

择 I4 单元格，并输入公式：

=D4+E4+F4+G4+H4

计算总分值。

step② 将鼠标光标移至单元格 J4 右下角的控制点■，当鼠标指针呈十字状态后，按住左键并拖动选定 J5:J16 区域。

	学 生 成 绩 表							
学号	姓名	性别	语文	数学	英语	物理		分
1121	李亮辉	男	96	99	89	96	86	466
1122	林雨馨	女	92	96	93	95	92	
1123	莫静静	女	91	93	88	96	82	
1124	刘乐乐	女	96	87	93	96	91	
1125	杨硕亮	男	82	91	87	90	88	
1126	张瑾沛	男	96	90	85	96	87	
1127	炼妍妍	女	83	93	88	91	91	
1128	乔畅嘉	女	83	88	91	82	93	
1129	李 娜	女	87	98	89	88	90	
1130	杜芳芳	女	91	93	96	90	91	
1131	刘自建	男	82	88	87	82	96	
1132	王 巍	男	96	90	93	91	93	
1133	段程鹏	男	82	90	96	82	96	

step ③　释放鼠标，即可将 J4 单元格中的公式复制到 J5:J16 单元格区域中。

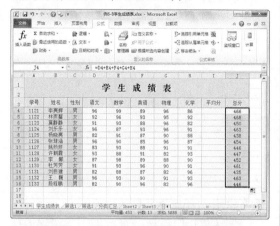

6.3.2　绝对引用

绝对引用就是公式中单元格的精确地址，与包含公式的单元格的位置无关。绝对引用与相对引用的区别在于：复制公式时使用绝对引用，则单元格引用不会发生变化。绝对引用的方法是，在列标和行号前分别加上美元符号$。例如，$B$2 表示单元格 B2 的绝对引用，而$B$2:$E$5 表示单元格区域B2:E5的绝对引用。

【例6-9】在工作表中通过相对引用将工作表 J4 单元格中的公式复制到 J5:J16 单元格区域中。

视频+素材 (光盘素材\第 06 章\例 6-9)

step ①　打开【学生成绩表】工作表，选择 J4 单元格，并输入绝对引用公式：

$$=$D$4+$E$4+$F$4+$G$4+H4$$

计算总分值。

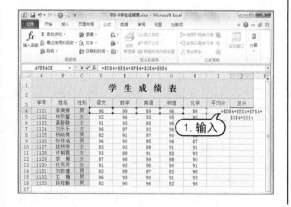

step ②　将鼠标光标移至单元格 F2 右下角的控制点■，当鼠标指针呈十字状态后，按住左键并拖动选定 J5:J16 区域。释放鼠标，将会发现在 J5:J16 区域中显示的引用结果与 F2 单元格中的结果相同。

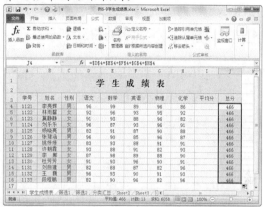

6.3.3　混合引用

混合引用指的是在一个单元格引用中，既有绝对引用，同时也包含有相对引用，即混合引用具有绝对列和相对行，或具有绝对行和相对列。绝对引用列采用 $A1、$B1 的形式，绝对引用行采用 A$1、B$1 的形式。如果公式所在单元格的位置改变，则相对引用改变，而绝对引用不变。如果多行或多列地复制公式，相对引用自动调整，而绝对引用不作调整。

【例 6-10】将工作表中 J4 单元格中的公式混合引用到 J5:J16 单元格区域中。

视频+素材 (光盘素材\第 06 章\例 6-10)

step ①　打开【学生成绩表】工作表，然后选中 J4 单元格，并输入混合引用公式：

$$=$D4+$E4+F$4+G$4+H$4$$

其中，$D4、$E4 是绝对列和相对行形式，F$4、G$4 和 H$4 是绝对行和相对列形式，按下回车键后即可得到合计数值。

step 2 将鼠标光标移至单元格 J4 右下角的控制点■，当鼠标指针呈十字状态后，按住左键并拖动选定 J5:J16 区域。释放鼠标，混合引用填充公式，此时相对引用地址改变，而绝对引用地址不变。例如，将 J4 单元格中的公式填充到 J5 单元格中，公式将调整为：

$$=\$D5+\$E5+F\$4+G\$4+H\$4$$

6.4 审核公式与函数

Excel 2010 中有几种不同的工具，可以帮助用户查找和更正公式与函数，也可以方便用户对公式与函数进行审核。

6.4.1 公式与函数的错误值

若公式与函数不能正确计算出结果，Excel 则会显示一个错误值，如#REF!、#N/A 等。公式与函数出错的原因不同，其解决方法也不同，具体如下。

➤ ####!错误：表示公式计算的结果太长，列宽不足以显示单元格中的内容。这时需要增加列宽或缩小字体来解决该问题。

➤ #NUM!错误：说明公式或函数中使用了无效的数值，即在需要数字参数函数中使用了不能接受的参数，或公式计算结果的数字太大或太小，Excel 无法表示。这时需要修改公式的数字或函数的参数来解决此类问题。

➤ #NAME?错误：表示删除了公式中的使用的名称，或使用了不存在的名称，或单元格名称拼写错误。这时需要检查公式，确保公式的使用名称确实存在，保证引用单元格名称拼写正确。

➤ #REF!错误：删除了由其他公式或函数引用的单元格，或将移动单元格粘贴到其他公式引用的单元格中。这时，需要更改公式，或撤销删除或粘贴的单元格，使其恢复单元格数据。

➤ #N/A!错误：说明公式中无可用的数值或缺少函数参数。这时需要更改或添加的函数参数来解决。

➤ #VALL!错误：表示公式或函数中使用的参数或操作数的类型不正确。这时需要检查是否把数字或逻辑值输入为文本，输入

或编辑数组公式时必须确保数组常量不是单元格引用、公式或函数。

➤ #NULL!错误：表示使用了错误的区域运算或错误的单元格引用。这时通过引用单元格运算符来解决这个问题。

➤ #DIV/O!错误：说明进行了除法计算，且数据除以零(0)时，返回的错误值。这时需要将除数更改为非零值。

实用技巧

选择【公式】选项卡，在【公式审核】组中单击【显示公式】按钮，即可查看工作表中的所有公式和函数。

6.4.2 使用监视窗口

在工作表中可以通过监视窗口查看几个单元格中公式或数值的变化，使数据在监视窗口中显示。打开【公式】选项卡，在【公式审核】组中单击【监视窗口】按钮，打开【监视窗口】任务窗格。

在【监视窗口】任务窗格中可以跟踪单元

格的如下属性：工作簿、工作表、名称、单元格以及公式等。

【例6-11】在【学生成绩表】工作簿中，添加监视单元格。

🖲视频+素材 (光盘素材\第 06 章\例6-11)

step 1 打开【学生成绩表】工作表，然后打开【公式】选项卡，在【公式审核】组中单击【监视窗口】按钮，打开【监视窗口】对话框。

step 2 在【监视窗口】对话框中单击【添加监视】按钮，打开【添加监视】对话框。

step 3 在【添加监视】对话框中单击 🔢 按钮，选取单元格区域 D4：J16。

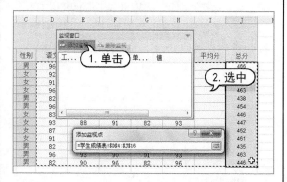

step 4 按下回车键，然后在【添加监视】对话框中单击【添加】按钮。

step 5 此时，完成监视单元格的添加，在【监视窗口】对话框中将显示跟踪单元格，双击某个监视条目，即可快速定位到该条目引用的单元格。

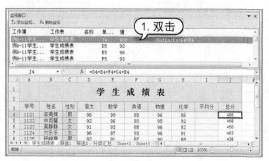

6.4.3　追踪引用与从属单元格

使用【公式审核】功能，可以用蓝色箭头图形化显示或追踪单元格与公式之间的关系。包括追踪引用单元格(为指定单元格提供数据的单元格)和追踪从属单元格(依赖于指定单元格中的数值的单元格)。下面以具体实例来讲解追踪引用和从属单元格的方法。

【例6-12】在【学生成绩表】工作表中，追踪引用与从属单元格。

🖲视频+素材 (光盘素材\第 06 章\例6-12)

step 1 打开【学生成绩表】工作表，然后在 I17 单元格中使用公式计算学生各科分数平均值，并选择 I17 单元格。

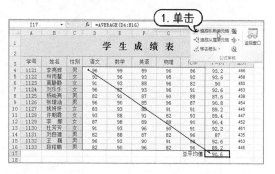

step 2 打开【公式】选项卡，然后在【公式审核】组中单击【追踪引用单元格】按钮，此时，为其提供数据的单元格区域 D4：H16 将会显示蓝色边框，并引出引用追踪箭头。

step 3 选择 J5 和 I5 单元格，在这两个单元格中使用公式计算 D5：H5 单元格区域中数字的总和和平均值。

step 4 选择 F5 单元格，在【公式审核】组中单击【追踪从属单元格】选项。

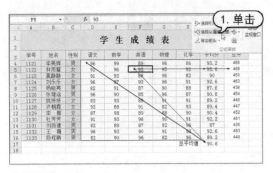

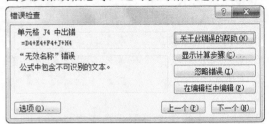

打开【公式】选项卡，在【公式审核】组中单击【错误检查】按钮，打开【错误检查】对话框，在该对话框中显示出现错误的原因以及帮助信息等，还可以对错误进行更改。

step 5 此时，将显示所有引用单元格 F5 公式的单元格的蓝色追踪箭头。

step 6 完成以上操作后，在【公式审核】组中单击【移去箭头】按钮，即可取消所有追踪箭头。

6.4.4 公式与函数的错误检查

使用公式和函数时，难免会出现错误，Excel 可以用一定的规则检查出错。这些规则不能完全保证电子表格不出现问题，但对找出常见的错误会有帮助。错误检查的方法有如下两种：

▶ 当发现错误时，立即显示在操作的工作表中，并在单元格左上角显示绿色三角形。单击该三角形，会在单元格附近自动出现提示按钮，单击该按钮，即可弹出一个菜单，显示错误的种类。

【错误检查】对话框中各功能选项的含义如下。

▶ 【关于此错误的帮助】按钮：单击该按钮，打开帮助文件，显示此错误的帮助信息。

▶ 【显示计算步骤】按钮：单击该按钮，打开【公式求值】对话框，计算单元格中的数值。

▶ 【忽略错误】按钮：保留现有内容不变，并且不再提示该单元格存在错误。

▶ 【在编辑栏中编辑】按钮：激活编辑栏，对当前错误单元格内容进行编辑修改。

▶ 【上一个】按钮：单击该按钮，检查上一个错误。

▶ 【下一个】按钮：单击该按钮，检查下一个错误。

▶ 【选项】按钮：单击该按钮，打开【Excel 选项】对话框，可以重新选择错误规则，是否允许后台检查错误和制定错误提示器的颜色。

6.5 定义与使用名称

名称是工作簿中某些项目或数据的标识符。在公式或函数中使用名称代替数据区域进行计算，可以使公式更为简洁，从而避免输入出错。

6.5.1　定义名称

为了方便处理数据，可以将一些常用的单元格区域定义为特定的名称。下面将通过一个简单的实例，介绍如何定义名称。

【例6-13】在【学生成绩表】工作表中，定义单元格区域的名称。

视频+素材 (光盘素材\第 06 章\例 6-13)

step 1　打开【学生成绩表】工作表，选定D4：H16单元格区域，并打开【公式】选项卡，在【定义的名称】组中单击【定义名称】按钮。

step 2　在打开的【新建名称】对话框中的【名称】文本框中输入单元格的新名称，单击【范围】下拉列表按钮，在弹出的下拉列表中选择【学生成绩表】选项，然后单击【确定】按钮。

step 3　完成以上设置后，选择 D4：H16 单元格区域，名称框中将显示定义的名称。

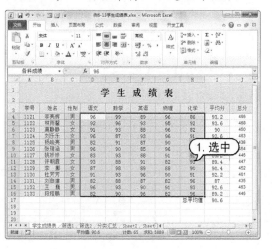

实用技巧

定义单元格或单元格区域名称时要注意如下几点：名称的最大长度为 255 个字符，不区分大小写；名称必须以字母、文字或者下划线开始，名称的其余部分可以使用数字或符号，但不可以出现空格；定义的名称不能使用运算符和函数名。

6.5.2　使用名称

为了定义了单元格名称后，可以使用名称来代替单元格的区域进行计算，以便用户输入。

【例6-14】使用定义的单元格区域名称计算学生各科成绩总平均值。

视频+素材 (光盘素材\第 06 章\例 6-14)

step 1　继续【例6-13】的操作，选择 I17 单元格，然后单击编辑栏上的【插入函数】按钮，打开【插入函数】对话框。

step 2　在打开的【插入函数】对话框中的【选择函数】列表中选择 AVERAGE 函数，然后单击【确定】按钮。

step ③ 在打开的【函数参数】对话框中对函数的参数进行设置，此时公式为：

=AVERAGE (各科成绩)

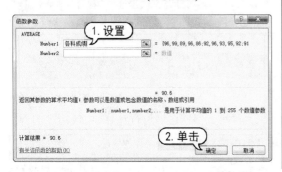

6.6 案例演练

本章的案例演练部分包括在【盒装牙膏价格】工作簿、【工资预算表】和【公司年度考核】等多个工作簿中使用公式与函数计算数据，用户通过练习从而巩固本章所学知识。

【例6-15】在【盒装牙膏价格】工作簿中的 F 列计算产品价格，要求【单价】、【每盒数量】、【购买盒数】列中都输入数据后才显示结果，否则将返回空文本。

视频+素材 (光盘素材\第 06 章\例 6-15)

step ① 创建【盒装牙膏价格】工作簿，并在 Sheet1 工作表中输入数据。

step ② 选择 G3 单元格，输入公式：

=IF(COUNT(D3:F3)<3,"",D3*E3*F3

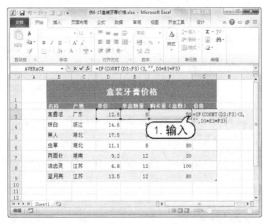

step ③ 选择【公式】选项卡，在【公式审核】组中单击【公式求值】按钮。

step ④ 在打开的【公式求值】对话框中，单击【求值】按钮。

step ④ 单击【确定】按钮，即可在 I17 单元格中显示函数的运算结果。

step ⑤ 此时，将依次出现分步求值的计算结果，比如单击一次【求值】按钮将如下图所示。

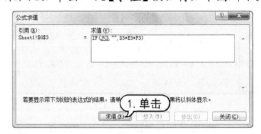

step ⑥ 在【公式求值】对话框中单击两次【求值】按钮后将如下图所示。

step 7 依次单击到第 8 次【求值】按钮后将显示 F2 单元格的价格数据为 5120，此时可以单击【关闭】按钮。

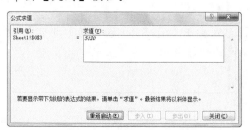

step 8 使用同样的方法来进行其他产品的求值计算。

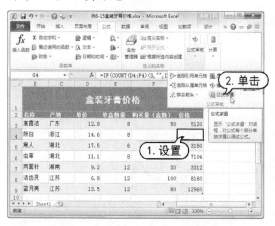

step 9 将 F4 和 G4 单元格数据清空，并在清空后的 G4 单元格中输入公式：

=IF(COUNT(D4:F4)<3,"",D4*E4*F4)

并单击【公式求值】按钮。

step 10 此时，连续单击【求值】按钮后，由于没有 F4 单元格中的数据，得出的是空值。

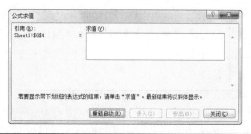

【例 6-16】在【工资预算表】工作簿中分别使用公式和函数进行计算和智能判断。

视频+素材 (光盘素材\第 06 章\例 6-16)

step 1 创建【工资预算表】工作簿，并在 Sheet1 工作表中输入数据。

step 2 选择 G3 单元格，将鼠标指针定位至编辑栏中输入=。

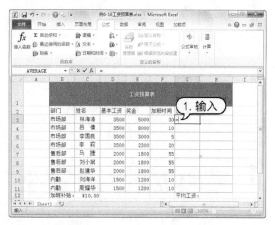

step 3 单击 F3 单元格，输入*。

step 4 单击 C12 单元格，然后按下 F4 键。

step 5 按下 Enter 键，即可在 G3 单元格中计算出员工【林海涛】的加班补贴。

step 6 选择 G3 单元格后，按下 Ctrl+C 组合键复制公式。

step 7 选择 G4:G11 单元格区域，然后按下 Ctrl+V 组合键粘贴公式，系统将自动计算结果如下。

step 8 选择 H3 单元格，输入公式：

=D3+E3+G3

step 9 按下回车键，即可在 H3 单元格中计算出员工【林海涛】的总工资。

step 10 将鼠标指针移动至 H3 单元格右下角，当其变为加号状态时，按住鼠标左键拖动至H11单元格，计算出所有员工的总收入。

step 11 选择 H12 单元格，然后选择【公式】选项卡，在【函数库】组中单击【自动求和】下拉列表按钮，在弹出的下拉列表中选择【平均值】选项。

step 12 按下 Ctrl+Enter 组合键，即可在 H12 单元格中计算出所有员工的平均工资。

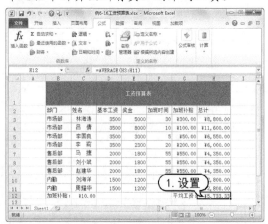

step 13 完成以上操作后，单击【保存】按钮，将【工资预算表】工作簿保存。

【例6-17】在【公司年度考核】工作簿中分别使用公式和函数进行计算和智能判断。
视频+素材 (光盘素材\第 06 章\例 6-17)

step 1 创建【公司年度考核】工作簿，并在 Sheet1 工作表中输入数据。

step 2 选择 D12 单元格，选择【公式】选项卡，在【函数库】组中单击【插入函数】按钮。

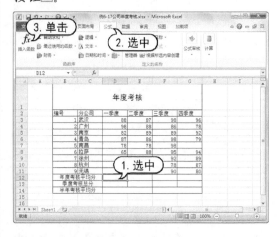

step 3 在打开的【插入函数】对话框的【选

择函数】列表框中选择 AVERAGE 选项，然后单击【确定】按钮。

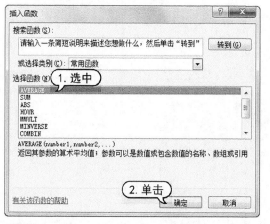

step ④ 在打开的【函数参数】对话框的 Number1 文本框中输入 D3:D11 后，单击【确定】按钮。

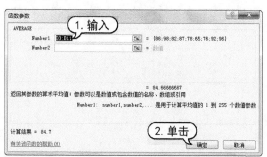

step ⑤ 此时，Excel 将在 D12 单元格中计算出一季度的考核平均分。

step ⑥ 将鼠标指针移动至 D12 单元格右下角，当其变为十字状态时，单击并按住鼠标左键拖拽至 G12 单元格。

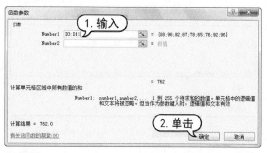

step ⑦ 选择 D13 单元格，然后单击【公式】选项卡【函数库】组中的【插入函数】按钮。

step ⑧ 在【插入函数】对话框中选择 SUM 选项后，单击【确定】按钮。

step ⑨ 在打开的【函数参数】对话框的 Number1 文本框中输入 D3:D11 后，单击【确定】按钮。

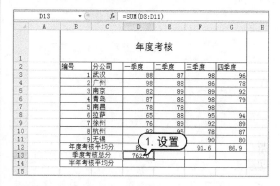

step ⑩ 此时，Excel 将在 D13 单元格中计算出一季度的考核总分。

step ⑪ 将鼠标指针移动至 D13 单元格右下角，当其变为十字状态时，单击并按住鼠标左键拖拽至 G13 单元格。

step ⑫ 选择 D14 单元格，然后单击【公式】选项卡【函数库】组中的【插入函数】按钮，在打开的【插入函数】对话框的【选择函数】列表框中选择 AVERAGE 选项。

step ⑬ 在【插入函数】对话框中单击【确定】
按钮后，在打开的【函数参数】对话框的
Number1 文本框中输入 D3:E11 后，单击【确
定】按钮。

step ⑭ Excel 将在 D14 单元格中计算出半年
考核的总分。

step ⑮ 将鼠标指针移动至 D14 单元格右下
角，当其变为十字状态时，单击并按住鼠标
左键拖拽至 F14 单元格。

step ⑯ 完成以上操作后，单击【保存】按钮，
将【公司年度考核】工作簿保存。

【例6-18】在【员工工资表】工作簿中创建员工
资明细查询系统。

视频+素材 (光盘素材\第 06 章\例 6-18)

step ① 打开【员工工资表】工作簿，选择【工

资明细查询】工作表，

step ② 选择 C19 单元格，打开【数据】选项
卡，在【数据工具】组中单击【数据有效性】
按钮，打开【数据有效性】对话框。

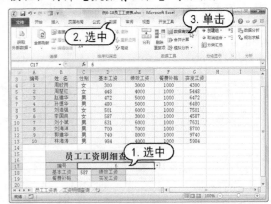

step ③ 选择【设置】选项卡，单击【允许】
下拉按钮，从弹出的列表框中选择【序列】
选项，选中右侧所有的复选框，并在【来源】
选项区域中单击按钮。

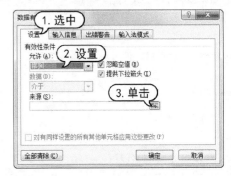

step ④ 切换到【员工工资表】工作表，选择
A3:A13 单元格区域，按下回车键，完成设置。

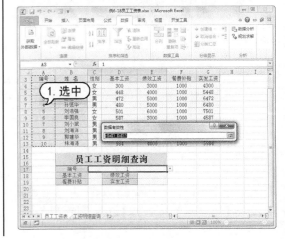

step 5 返回【数据有效性】对话框后，单击
【确定】按钮。

step 6 此时，在C17单元格右侧显示下拉按
钮，单击该下拉按钮，从弹出的下拉菜单中
选择编号1。

step 7 选择C18单元格，打开【公式】选项
卡，在【函数库】组中单击【查找和引用函
数】按钮，从弹出的菜单中选择 LOOKUP
选项。

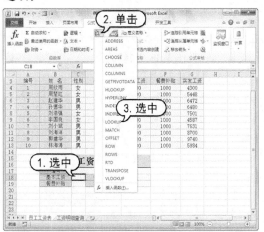

step 8 在打开的【选定参数】对话框中，选
择一种向量型函数，单击【确定】按钮，打
开【函数参数】对话框。

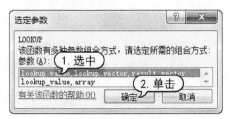

step 9 在【函数参数】对话框中单击

lookup_value 文本框后的按钮。

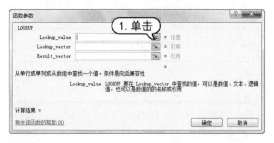

step 10 在工作表中选择C17单元格区域后，
按下回车键。

step 11 返回【函数参数】对话框，在
lookup_vector 文本框后单击按钮。

step 12 选择 A3：A13 单元格区域后，按下
回车键。

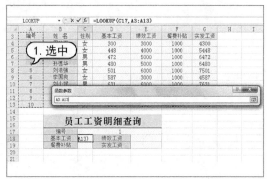

step 13 返回【函数参数】对话框，在
Result_vector 文本框后单击按钮。

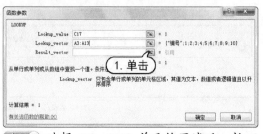

step 14 选择 D3: D13 单元格区域后，按下回车键。

step 15 返回【函数参数】对话框，单击【确定】按钮。此时，在 C18 单元格中将显示编号 1 员工【周欣雨】的基本工资。

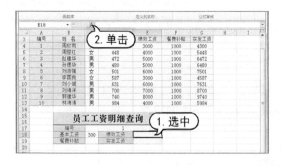

step 16 选择 E18 单元格，然后在编辑栏中单击【插入函数】按钮 fx。

step 17 打开【插入函数】对话框，单击【或选择类别】下拉列表按钮，在弹出的下拉列表中选择【查找与引用】选项，在【选择函数】列表框中选择 LOOKUP 选项，然后单击【确定】按钮。

step 18 在打开的【选定参数】对话框中单击【确定】按钮，打开【函数参数】对话框。

step 19 单击【lookup_value】文本框后的按钮，选择 C17 单元格后按下回车键。

step 20 返回【函数参数】对话框，单击 lookup_vector 文本框后的按钮。

step 21 在工作表中选择 A3: A13 单元格区域后，按下回车键。

step 22 返回【函数参数】对话框，单击 Result_vector 文本框后的按钮。

step 23 选择 E3: E13 单元格区域后，按下回车键。返回【函数参数】对话框，单击【确定】按钮。

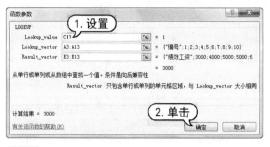

step 24 此时，E18 单元格中将显示编号 1 员工【周欣雨】的绩效工资。

员工工资明细查询			
编号		1	
基本工资	300	绩效工资	3000
餐费补贴		实发工资	

step 25 在编辑栏中复制 E18 单元格中的公式，将其粘贴至 C20 单元格中，并将公式修改为：

=LOOKUP(C17,A3:A13,F3:F13)

step 26 按下回车键，C20 单元格中将显示编号 1 员工【周欣雨】的餐费补贴。

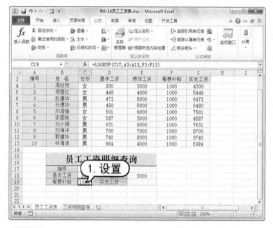

step 27 选择 E19 单元格，在编辑栏中输入以下公式。

=LOOKUP(C17,A3:A13,G3:G13)

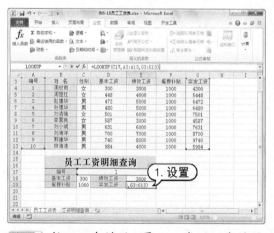

step 28 按下回车键后，员工工资明细查询的效果如下图所示。

员工工资明细查询			
编号		1	
基本工资	300	绩效工资	3000
餐费补贴	1000	实发工资	4300

step 29 在【编号】栏输入任意员工编号，即可查询该员工的工资明细。

【例 6-19】创建【学生成绩统计表】工作簿，使用统计函数统计学生成绩信息。

视频+素材 (光盘素材\第 06 章\例 6-19)

step 1 打开【学生成绩统计表】工作簿，在【成绩】工作表中选择 G3 单元格。

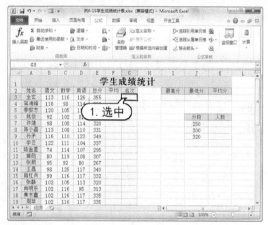

step 2 打开【公式】选项卡，在【函数库】组中单击【其他函数】按钮，从弹出的快捷菜单中选择【统计】| RANK.EQ 选项。

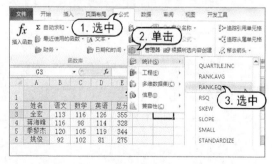

step 3 打开【函数参数】对话框，单击

Number 文本框后的 按钮。

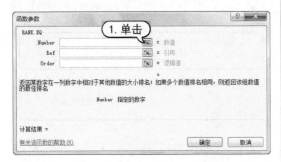

step ④ 选择 E3 单元格后，按下回车键。

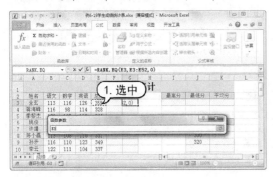

step ⑤ 返回【函数参数】对话框，在 Ref 文本框中输入 E3:E52，在 Order 文本框中输入 0，然后单击【确定】按钮。

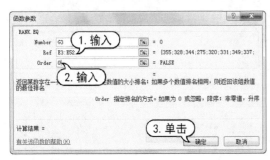

step ⑥ 此时，将在 G3 单元格中显示学生【全玄】的总分排名。

	A	B	C	D	E	F	G	H
							学生成绩统计	
1								
2	姓名	语文	数学	英语	总分	平均	名次	
3	全玄	113	116	126	355		1	
4	蒋海峰	116	98	114	328			
5	季黎杰	120	105	119	344			
6	姚俊	92	102	81	275			
7	许靖	98	108	114	320			
8	陈小磊	113	108	110	331			
9	孙予	116	110	123	349			

G3 编辑栏：=RANK.EQ(E3,E3:E52,0)

step ⑦ 在编辑栏中修改公式为：

$$=RANK.EQ(E3,(\$E\$3:\$E\$52),0)$$

按 Enter 键，依然显示【全玄】的名次。接下来，复制公式到单元格区域 G3：G52，按顺序统计出培训班中所有学生的名次(即排名)。

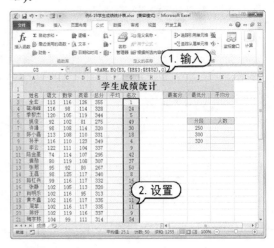

step ⑧ 选取 K7:K10 单元格区域，在编辑栏中输入公式：

$$=FREQUENCY((E3:E52),J7:J10)$$

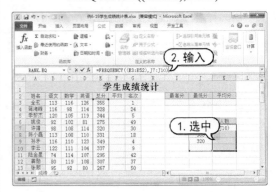

step ⑨ 按 Ctrl+Shift+Enter 组合键，即可统计出大于 250 分的人数，250~300 分之间的人数，300~320 分之间的人数和 320 分以上的人数。

	A	B	C	D	E	F	G	H	I	J	K	L
1							**学生成绩统计**					
2	姓名	语文	数学	英语	总分	平均	名次		最高分	最低分	平均分	
3	全玄	113	116	126	355							
4	蒋海峰	116	98	114	328		24					
5	季黎杰	120	105	119	344		5					
6	姚俊	92	102	81	275		49			分段	人数	
7	许靖	98	108	114	320		30			250	0	
8	陈小磊	113	108	110	331		18			300	11	
9	孙予	116	110	123	349		4			320	10	
10	李云	122	111	104	337		9				29	
11	陆金星	74	114	107	295		42					
12	龚勋	80	119	108	307		37					
13	张熙	95	92	80	267		50					

step⑩ 选择 J3 单元格，然后在编辑栏中单击【插入函数】按钮 fx。

step⑪ 打开【插入函数】对话框，单击【或选择类别】下拉列表按钮，在弹出的下拉列表中选择【统计】选项，在【选择函数】列表框中选择 SMALL 选项，并单击【确定】按钮。

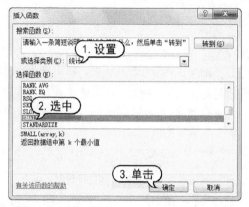

step⑫ 打开【函数参数】对话框，在 Array 单元格中输入 E3:E52，在 K 单元格中输入 1，然后单击【确定】按钮。

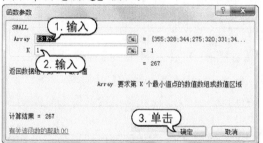

step⑬ 此时，在 J2 单元格中将统计出所有学生中考试成绩的最低分。

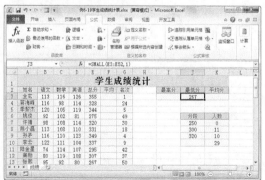

step⑭ 选择 I3 单元格，然后在编辑栏中输入以下公式：

=MAX(E3:E52)

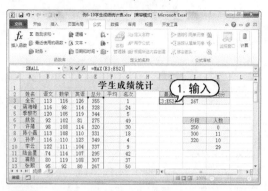

step⑮ 按下 Ctrl+Enter 键后，即可统计出所有学生中考试成绩的最高分。

=MAX(E3:E52)

E	F	G	H	I	J	K
学生成绩统计						
总分	平均	名次		最高分	最低分	平均分
355		1		355	267	
328		24				
344		5				
275		49			分段	人数
320		30			250	0
331		18			300	11
349		4			320	10
337		9				29
295		42				

step⑯ 选择 K3 单元格，然后在编辑栏中输入以下公式：

=AVERAGE(E3:E52)

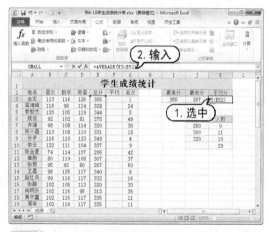

step⑰ 按 Ctrl+Enter 组合键，即可统计出所有学生考试成绩的总体平均分。

```
fx  {=AVERAGE(E3:E52)}
```

英语	总分	平均	名次		最高分	最低分	平均分
		学生成绩统计					
126	355		1		355	267	320.48
114	328		24				
119	344		5				
81	275		49		分段	人数	
114	320		30		250	0	
110	331		18		300	11	
123	349		4		320	10	
104	337		9			29	
107	295		42				

step ⑱ 完成以上操作后，单击【保存】按钮，将【学生成绩统计表】工作簿保存。

【例6-20创建【家电购买和使用登记】工作簿，使用日期函数计算各列对应的日期数值。

视频+素材 (光盘素材\第06章\例6-20)

step ① 新建一个名为【家电购买和使用登记】的工作簿，然后在 Sheet1 工作表中创建数据，并设置表格边框和底纹。

step ② 选择 C3 单元格，在编辑栏输入公式：

=DATE(MID(B3,1,4),MID(B3,5,2),MID(B3,7,2))

step ③ 按 Ctrl+Enter 组合键，即可得到空调的购买标准日期。

step ④ 将光标定位在 C3 单元格右下角，当光标变成实心十字形状时，按住鼠标左键向下拖动到 C12 单元格，进行公式填充，返回结果。

step ⑤ 在 D3 单元格中输入公式：

=DATEVALUE("2016/1/2")

按 Enter 键，即可计算出购买空调日期的序列号。

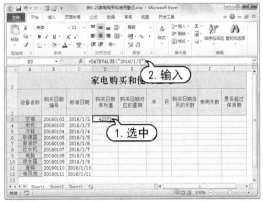

step ⑥ 使用同样的方法，计算出其他家电的购买日期的序列号。

step ⑦ 在 E3 单元格中输入公式：

=WEEKDAY(C3,1)

按 Ctrl+Enter 组合键，即可得到空调的购买日期对应的星期数。

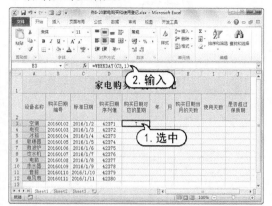

step 8 使用相对引用方式，将公式填充到 E4:E12 单元格区域，计算出其他家电购买日期对应的星期数。

step 9 在 F3 单元格中输入公式：

=YEAR(C3)

按 Ctrl+Enter 组合键，即可得到空调的购买年份。

step 10 使用相对引用方式，将公式填充到 F4: F12 单元格区域，计算出其他家电的购买年份。

step 11 在 G3 单元格中输入公式：

=MONTH(C3)

按 Ctrl+Enter 组合键，即可得到空调购买日期对应的月份。

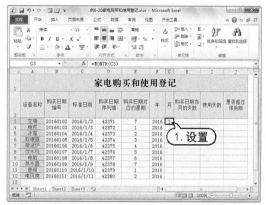

step 12 使用相对引用方式，将公式填充到 G4: G12 单元格区域，计算出其他家电购买日期对应的月份。

step 13 选择合并后的 G16 单元格，按 Ctrl+; 组合键，输入当前日期。

step 14 在 H3 单元格中输入公式：

=DAY(C3)

按 Ctrl+Enter 组合键，即可得到空调购买日期对应的天数。

step ⑮ 使用相对引用方式，将公式填充到 H4：H12 单元格区域，计算出其他家电购买日期对应的天数。接下来，选择 I3 单元格，在编辑栏中输入公式：

=DAYS360($C3,$H$16)

按 Ctrl+Enter 组合键，即可得到电视机购买后的使用天数。

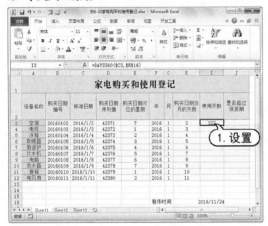

step ⑯ 使用相对引用方式，将公式填充到 I4：I12 单元格区域，计算出其他家电购买后的使用天数。

step ⑰ 选择 J3 单元格，在其中输入公式：

=IF(DATEDIF(C3,$H$16,"M")>24,"过期","在保期")

按 Ctrl+Enter 组合键，即可判断电视机的使用期是否超过保修期。

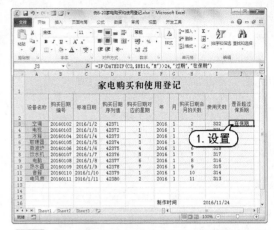

step ⑱ 使用相对引用方式，将公式填充到 J4：J12 单元格区域，判断其他家电的使用期是否超过保修期。

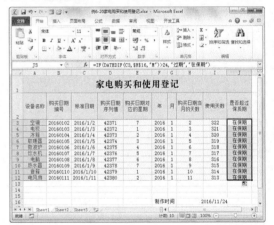

第7章

使用图表分析数据

在 Excel 电子表格中，通过插入图表可以更直观地表现表格中数据的发展趋势或分布状况，用户可以创建、编辑和修改各种图表来分析表格内的数据。本章主要介绍制作和编辑图表的操作技巧。

 **对应光盘视频**

7.1 认识图表

为了能更加直观地表达电子表格中的数据，用户可将数据以图表的形式来表示，因此图表在制作电子表格时同样具有极其重要的作用。本节将介绍 Excel 图表的一些基础知识，帮助用户更全面地认识图表。

7.1.1 图表的组成

在 Excel 电子表格中，图表通常有两种存在形式：一种是嵌入式图表；另一种是图表工作表。其中，嵌入式图表就是将图表看作是一个图形对象，并作为工作表的一部分进行保存；图表工作表是工作簿中具有特定工作表名称的独立工作表。在需要独立于工作表数据查看、编辑庞大而复杂的图表或需要节省工作表上的屏幕空间时，就可以使用图表工作表。无论是建立哪一种图表，创建图表的依据都是工作表中的数据。当工作表中的数据发生变化时，图表便会随之更新。

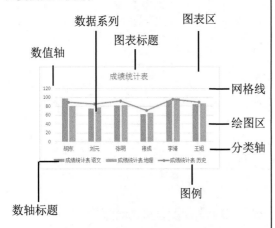

图表各组成部分的介绍如下。

▶ 图表区：在 Excel 2010 中，图表区指的是包含绘制的整张图表及图表中元素的区域。如果要复制或移动图表，必须先选定图表区。

▶ 绘图区：图表中的整个绘制区域。二维图表和三维图表的绘图区有所区别。在二维图表中，绘图区是以坐标轴为界并包括全部数据系列的区域；而在三维图表中，绘图区是以坐标轴为界并包含数据系列、分类名称、刻度线和坐标轴标题的区域。

▶ 图表标题：图表标题在图表中起到说明的作用，是图表性质的大致概括和内容总结，它相当于一篇文章的标题并可用来定义图表的名称。它可以自动地与坐标轴对齐或居中排列于图表坐标轴的外侧。

▶ 数据系列：在 Excel 中数据系列又称为分类，它指的是图表上的一组相关数据点。在 Excel 2010 图表中，每个数据系列都用不同的颜色和图案加以区别。每一个数据系列分别来自于工作表的某一行或某一列。在同一张图表中(除了饼图外)可以绘制多个数据系列。

▶ 网格线：和坐标纸类似，网格线是图表中从坐标轴刻度线延伸并贯穿整个绘图区的可选线条系列。网格线的形式有水平的、垂直的、主要的、次要的等，还可以对它们进行组合。网格线使得对图表中的数据进行观察和估计更为准确和方便。

▶ 图例：在图表中，图例是包围图例项和图例项标示的方框，每个图例项左边的图例项标示和图表中相应数据系列的颜色与图案相一致。

▶ 数轴标题：用于标记分类轴和数值轴的名称，在 Excel 2010 默认设置下其位于图表的下面和左面。

▶ 图表标签：用于在工作簿中切换图表工作表与其他工作表，可以根据需要修改图表标签的名称。

7.1.2 图表的类型

Excel 2010 提供了多种图表，如柱形图、折线图、饼图、条形图、面积图和散点图等，各种图表各有优点，适用于不同的场合。

1. 柱形图

柱形图可以直观地对数据进行对比分析以

得出结果。在 Excel 中，柱形图又可细分为二维柱形图、三维柱形图、圆柱图、圆锥图以及棱锥图。

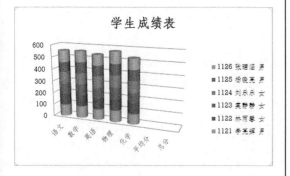

2．折线图

折线图可直观地显示数据的走势情况。在 Excel 2010 中，折线图又分为二维折线图与三维折线图。

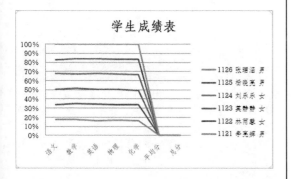

3．饼图

饼图能直观地显示数据占有比例，而且比较美观。在 Excel 中，饼图又可分为二维饼图、三维饼图、复合饼图等多种形式。

4．条形图

条形图就是横向的柱形图，其作用也与柱形图相同，可直观地对数据进行对比分析。在 Excel 中，条形图又可分为簇状条形图、堆积条形图等。

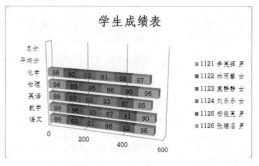

5．面积图

面积图能直观地显示数据的大小与走势范围，在 Excel 2010 中，面积图又可分为二维面积图与三维面积图。

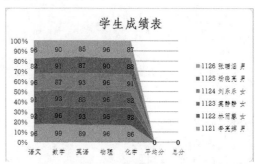

除了上面介绍的图表外，Excel 2010 还包括散点图、股价图、曲面图、组合图以及雷达图等类型图表。

Excel 2010 电子表格案例教程

7.2 插入图表

在 Excel 2010 中，创建图表的方法有使用快捷键创建、使用功能区创建和使用图表向导创建 3 种方法，本节主要介绍使用图表向导来插入图表。此外还可以创建组合图表以及添加图表中的注释。

7.2.1 创建图表

使用 Excel 2010 提供的图表向导，可以方便、快速地建立一个标准类型或自定义类型的图表。在图表创建完成后，仍然可以修改其各种属性，以使整个图表更趋于完善与美观。

【例 7-1】在【学生成绩表】工作表中，使用图表向导创建图表。

📀 视频+素材 (光盘素材\第 07 章\例 7-1)

step 1 打开【学生成绩表】工作表，然后选择 A1:G6 单元格区域。

	A	B	C	D	E	F	G
1	学号	姓名	性别	语文	数学	英语	总分
2	1121	李亮辉	男	96	99	89	284
3	1122	林雨馨	女	92	96	93	281
4	1123	莫静静	女	91	93	88	272
5	1124	刘乐乐	女	96			276
6	1125	杨晓亮	男	82			260
7							
8							

1. 选中

step 2 选择【插入】选项卡，在【图表】组中单击【查看所有图表】按钮，打开【插入图表】向导对话框。

step 3 在【插入图表】对话框左侧的导航窗格中选择图表类型，在右侧的列表框中选择一种图表样式，并单击【确定】按钮。

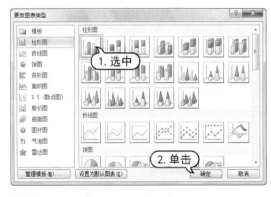

更改图表类型

1. 选中

2. 单击

step 4 此时，在工作表中创建如下图所示的

图表，Excel 软件将自动打开【图表工具】的【图表工具】选项卡。

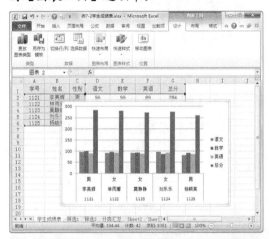

实用技巧

在 Excel 2010 中，按 Alt+F1 组合键或者按 F11 键可以快速创建图表。使用 Alt+F1 快捷键创建的是嵌入式图表，而使用 F11 快捷键创建的是图表工作表。在 Excel 2010 功能区中，打开【插入】选项卡，使用【图表】组中的图表按钮可以方便地创建各种图表。

7.2.2 创建组合图表

有时在同一个图表中需要同时使用两种图表类型，即为组合图表，比如由柱状图和折线图组成的线柱组合图表。

【例 7-2】在【学生成绩表】工作表中，创建线柱组合图表。

📀 视频+素材 (光盘素材\第 07 章\例 7-2)

step 1 继续【例 7-1】的操作，单击图表中表示【语文】的任意一个橙色柱体，则会选中所有有关【语文】的数据柱体，被选中的数据柱体 4 个角上显示小圆圈符号。

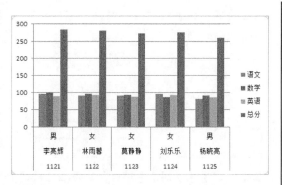

step 2 在【设计】选项卡的【类型】组中单击【更改图表类型】按钮。

step 3 打开【更改图表类型】对话框，选择【折线图】列表框中【带数据标记的折线图】选项，然后单击【确定】按钮。

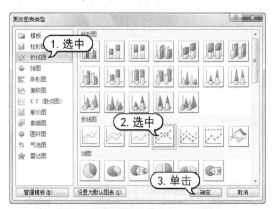

step 4 此时，原来【语文】柱体变为折线，完成线柱组合图表。

7.3 编辑图表

7.2.3 添加图表注释

在创建图表时，为了更加方便理解，有时需要添加注释解释图表内容。图表的注释就是一种浮动的文字，可以使用【文本框】功能来添加。

用户可以先选择图表，然后在【插入】选项卡里，选择【文本】组中的【文本框】|【横排文本框】命令。

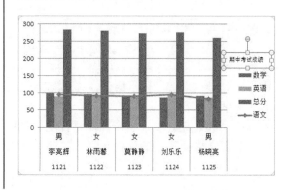

创建完成图表后，为了使图表更加美观，需要对图表进行后期的编辑与美化设置。下面将通过实例介绍在 Excel 2010 中编辑图表的方法。

7.3.1 调整图表

在 Excel 2010 中，创建完图表后，可以调整图表的位置和大小。

1. 调整图表大小

选中图表后，在【格式】选项卡中的【大小】组中可以精确设置图表的大小。

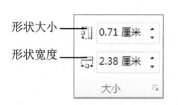

另外，还可以通过鼠标拖动的方法来设置图表的大小。将光标移动至图表的右下角，当光标变成双向箭头形状时，按住鼠标左键，

向左上角拖动表示缩小图表，向左下角拖动表示放大图表。

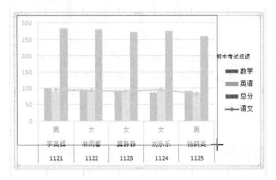

2. 调整图表位置

要移动图表，选中图表后，将光标移动至图表区，当光标变成十字箭头形状时，按住鼠标左键，拖动到目标位置后释放鼠标，即可将图表移动至该位置。

另外，用户还可以将已经创建的图表移动到其他工作表中，具体方法如下。

【例 7-3】将【学生成绩表】工作表内创建的图表移动至 Sheet1 工作表中。

🎬 视频+素材 (光盘素材\第 07 章\例 7-3)

step ① 继续【例 7-2】的操作，选中 Sheet1 工作表中的图表。

step ② 打开【设计】选项卡，在【位置】组中，单击【移动图表】按钮 。

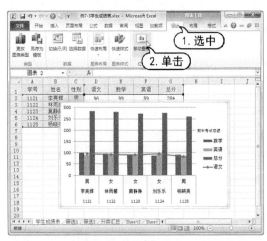

step ③ 在打开的【移动图表】对话框中选中【对象位于】单选按钮，然后单击该单选按

钮后的下拉列表按钮，在弹出的下拉列表中选择 Sheet2 选项。

step ④ 在【移动图表】对话框中单击【确定】按钮后，【学生成绩表】工作表中的图表将被移动至 Sheet1 工作表中。

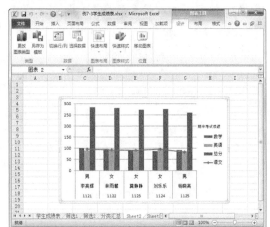

7.3.2 更改图表布局和样式

为了使图表更加美观，可以在【设计】选项卡的【图表布局】组中，套用预设的布局样式和图表样式。

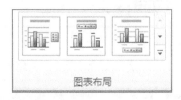

图表布局

下面通过具体实例，介绍快速更改图表布局的操作方法。

【例7-4】在【学生成绩表】工作表中更改图表的布局、样式和标题文本。

🎬 视频+素材 (光盘素材\第 07 章\例 7-4)

step ① 打开【学生成绩表】工作表，在【设计】选项卡的【图表布局】组中单击【快速

布局】下拉列表按钮，在弹出的下拉列表中
选择【布局 5】选项。

step ② 此时，工作表中的图表将自动套用
【布局 5】样式。

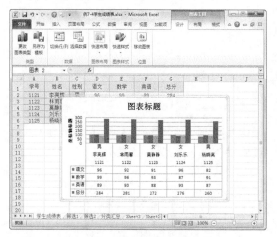

step ③ 在【设计】选项卡中单击【图表样式】
组中的【其他】按钮 。

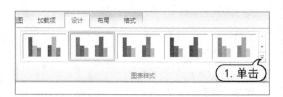

step ④ 在弹出的列表框中选择【样式 36】选
项，图表将自动套用【样式 36】样式。

step ⑤ 选择【图表标题】占位符，在其中输
入图表标题文本【学生成绩表】。

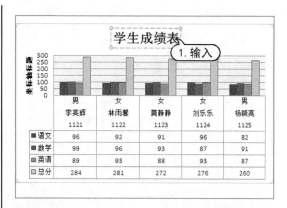

7.3.3　设置图表背景

在 Excel 2010 中，用户可以为图表设置
背景，对于一些三维立体图表还可以设置图
表背景墙与基底背景。

1. 设置绘图区背景

在【格式】选项卡的【当前所选内容】
组中选择图表的绘图区后，打开【格式】选
项卡，在【形状样式】组中单击【其他】按
钮 ，在弹出的列表框中可以设置绘图区的
背景颜色。

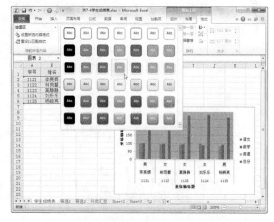

另外，在【格式】选项卡中单击【形状
样式】组中的【设置形状格式】按钮 ，然
后在打开的【设置绘图区格式】对话框中单
击【填充】选项，在打开的选项区域中可以
设置绘图区背景颜色为无填充、纯色填充、
渐变填充、图片或纹理填充、图案填充或自
动填充。

2. 设置三维图表背景

三维图表与二维图表相比多了一个面，因此在设置图表背景的时候需要分别设置图表的背景墙与基底背景。

【例7-5】在【学生成绩表】工作表中，为图表设置图表与基底背景。

视频+素材 (光盘素材\第 07 章\例 7-5)

step① 打开【学生成绩表】工作表，选中工作表中的图表，打开【设计】选项卡，单击【更改图表类型】按钮。

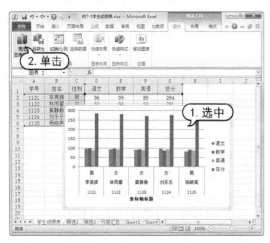

step② 在打开的【更改图表类型】对话框中选择【柱形图】选项，然后在对话框右侧的列表框中选择【三维圆柱图】选项，并单击【确定】按钮。

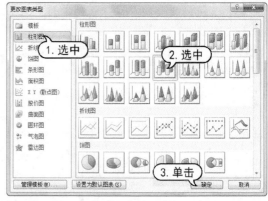

step③ 此时，原先的柱形图将更改为【三维簇状柱形图】类型，效果如下。

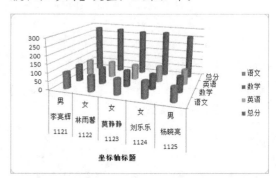

step④ 选择【格式】选项卡，在【形状样式】组中单击【设置形状格式】按钮 ，在打开的对话框中选中【渐变填充】单选按钮。

step⑤ 单击【预设渐变】按钮，在弹出的列表框中选择【羊皮纸】选项，设置表格的背景颜色，然后单击【关闭】按钮。

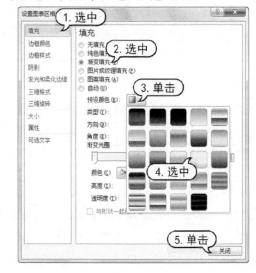

step 6 在【格式】选项卡的【当前所选内容】组中单击【图表元素】下拉列表按钮，在弹出的下拉列表中选择【基底】选项。

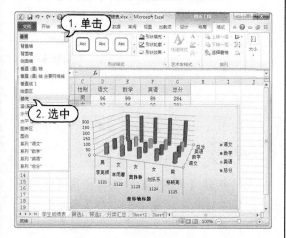

step 7 在【形状样式】组中单击【形状填充】下拉列表按钮，在弹出的下拉列表中选择【红色】选项。

step 8 完成以上设置后，工作表中图表的效果如下所示。

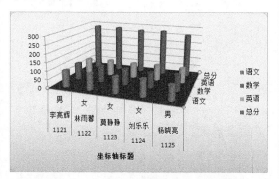

7.3.4 更改图表类型

如果用户对插入图表的类型不满意，觉得无法确切地表现所需要的内容，则可以更改图表的类型。

首先选中图表，然后打开【图表工具】的【设计】选项卡，在【类型】组中单击【更改图表类型】按钮，打开【更改图表类型】对话框，选择其他类型的图表选项，然后单击【确定】按钮，即可更改成该图表类型。

【例7-6】在【学生成绩表】工作表中，将图表的类型更改为【三维簇状条形图】。
视频+素材 (光盘素材\第 07 章\例 7-6)

step 1 继续【例 7-6】的操作，选中工作表中的图表后，在【设计】选项卡的【类型】组中单击【更改图表类型】按钮。

step 2 在打开的【更改图表类型】对话框中选择【三维簇状条形图】选项，然后单击【确定】按钮。

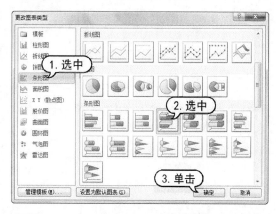

step 3 此时，工作表中图表的效果将如下图所示。

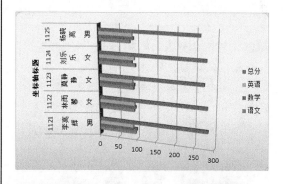

7.3.5 更改图表数据源

在 Excel 2010 图表中，用户可以通过增加或减少图表数据系列，来控制图表中显示数据的内容。

【例7-7】在【学生成绩表】工作表中，更改图表数据源。
视频+素材 (光盘素材\第 07 章\例 7-7)

step 1 在【学生成绩表】工作表中选中图表，

在【设计】选项卡的【数据】组中单击【选择数据】按钮。

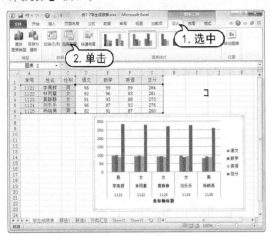

step 2 打开【选择数据源】对话框，单击【图表数据区域】后的按钮。

step 3 返回工作表，选择A1:F6单元格区域，然后按下回车键。

step 4 返回【选择数据源】对话框，单击【确定】按钮。此时，数据源发生变化，图表也随之发生变化。

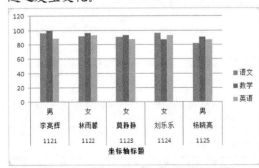

7.3.6 设置图表标签

打开【图表工具】的【布局】选项卡，在【标签】组中可以设置图表布局的相关属

性，包括设置图表标题、坐标轴标题、图例位置、数据标签显示位置以及是否显示数据表等。

1. 设置图表标题

在【布局】选项卡的【标签】组中，单击【图表标题】按钮，可以打开【图表标题】下拉列表。在列表中可以选择图表标题的显示位置与是否显示图表标题。

【例7-8】在【学生成绩表】工作表中，为图表设置标题。

视频+素材 (光盘素材\第07章\例7-8)

step 1 继续【例7-7】的操作，在【学生成绩表】工作表中选中图表，在【布局】选项卡的【标签】组中单击【图表标题】下拉列表按钮，在弹出的下拉列表中选择【图表上方】选项。

step 2 此时，在工作表中图表的上方将显示图表标题。

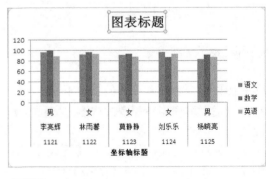

step 3 将鼠标指针插入图表标题中，输入文本【学生成绩表】。

2. 设置图表坐标轴标题

在【布局】选项卡的【标签】组中，单

击【坐标轴标题】按钮，可以打开【坐标轴标题】下拉列表。在该列表中可以分别设置横坐标轴标题与纵坐标轴标题。

【例7-9】在【学生成绩表】工作表中，为图表设置主要坐标轴标题。

视频+素材 (光盘素材\第 07 章\例 7-9)

step 1　在【学生成绩表】工作表中选中图表，在【布局】选项卡的【标签】组中单击【坐标轴标题】下拉列表按钮，在弹出的下拉列表中选择【主要横坐标轴标题】|【坐标轴下方标题】选项。

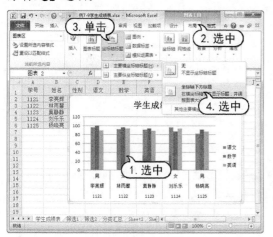

step 2　此时，在图表的主要坐标轴下方将显示如下图所示的标题。

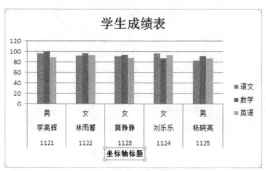

step 3　将鼠标指针插入图表标题中，输入文本【学号、姓名和性别】。

3. 设置图表的图例位置

在【布局】选项卡的【标签】组中，单击【图例】按钮，可以打开【图例】下拉列

表。在该列表中可以设置图表图例的显示位置以及是否显示图例。

【例7-10】在【学生成绩表】工作表中设置图表的图例位置。

视频+素材 (光盘素材\第 07 章\例 7-10)

step 1　继续【例 7-9】的操作，在【学生成绩表】工作表中选中图表，在【布局】选项卡的【标签】组中单击【图例】下拉列表按钮，在弹出的下拉列表中选择【在底部显示图例】选项。

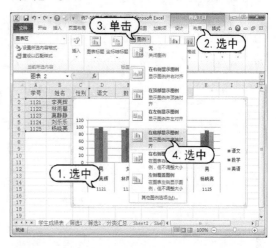

step 2　此时，在图表中图例的位置将显示在图表的底部，效果如下图所示。

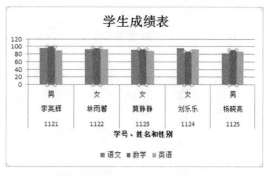

4. 设置数据标签的显示位置

一些用户常常觉得通过图表中的形状无法精确了解其所代表的数据，Excel 2010提供的数据标签功能帮助用户解决这个问题。数据标签可以用精确数值显示其对应形状所代表的数据。在【布局】选项卡的【标签】组中，单击【数据标签】下拉列

表按钮，可以打开【数据标签】下拉列表。
在该下拉列表中可以设置数据标签在图表
中的显示位置。

【例7-11】 在【学生成绩表】工作表中，设置
图表数据标签的显示位置。
视频+素材 (光盘素材\第07章\例7-11)

step 1 在【学生成绩表】工作表中选中图表，
在【布局】选项卡的【标签】组中单击【数
据标签】下拉列表按钮，在弹出的下拉列表
中选择【数据标签内】选项。

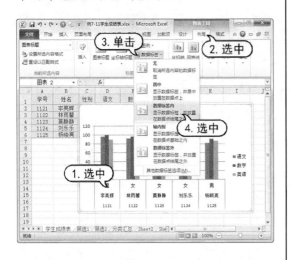

step 2 此时，将在图表中显示如下图所示的
数据标签效果。

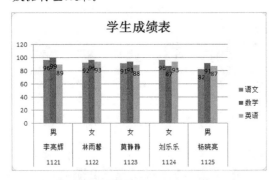

5. 设置模拟运算表

根据图表数据，用户还可以创建对应的
模拟运算表。在【布局】选项卡的【标签】
组中，单击【模拟运算表】按钮，可以打开
【模拟运算表】下拉列表。在该列表中可以
设置是否显示对应的模拟运算表。

【例 7-12】 在【学生成绩表】工作表中设置
在图表中显示模拟运算表。
视频+素材 (光盘素材\第07章\例7-12)

step 1 在【学生成绩表】工作表中选中图表，
在【布局】选项卡的【标签】组中单击【模
拟运算表】下拉列表按钮，在弹出的下拉列
表中选择【显示模拟运算表】选项。

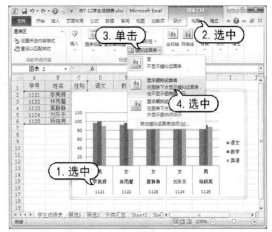

step 2 此时，将在图表中显示如下图所示的
模拟运算表。

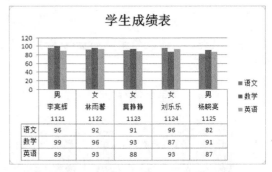

7.3.7 设置图表坐标轴

坐标轴用于显示图表的数据刻度或项目
分类，而网格线可以帮助用户更清晰地了解
图表中的数值。在【布局】选项卡的【坐标
轴】组中，用户可以根据需要详细设置图表
坐标轴与网格线等属性。

1. 设置坐标轴

在【布局】选项卡的【坐标轴】组中，
单击【坐标轴】按钮，可以打开【坐标轴】

下拉列表。在该列表中可以分别设置横坐标轴与纵坐标轴的格式与分布。

【例 7-13】在【学生成绩表】工作表中修改图表中坐标轴的显示位置。

视频+素材 (光盘素材\第 07 章\例 7-13)

step 1 在【学生成绩表】工作表中选中图表，在【布局】选项卡的【坐标轴】组中单击【坐标轴】下拉列表按钮，在弹出的下拉列表中选择【主要横坐标轴】|【显示从右向左坐标轴】选项。

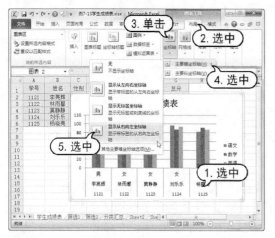

step 2 此时，图表中横坐标轴的效果将如下图所示。

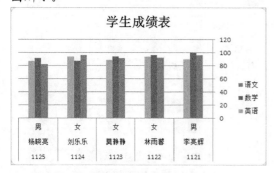

step 3 在【布局】选项卡的【坐标轴】组中单击【坐标轴】下拉列表按钮，在弹出的下拉列表中选择【主要纵坐标轴】|【其他主要纵坐标轴选项】选项。

step 4 打开【设置坐标轴格式】对话框，在【最大值】选项组中选中【固定】单选按钮，并在其后的文本框中输入 100；在【最小值】选项组中选中【固定】单选按钮，并在其后

的文本框中输入 0；在【主要刻度单位】选项组中选中【固定】单选按钮，并在其后的文本框中输入 10。

step 5 单击【关闭】按钮，图表中纵坐标轴的效果将如下图所示。

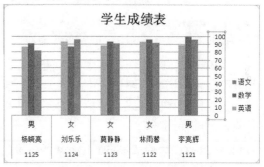

2. 设置网格线

在【布局】选项卡的【坐标轴】组中，单击【网格线】按钮，可以打开【网格线】下拉列表。在该列表中可以设置启用或关闭网格线。

【例 7-14】在【学生成绩表】工作表中设置图表中的网格线。

视频+素材 (光盘素材\第 07 章\例 7-14)

step 1 在【学生成绩表】工作表中选中图表，在【布局】选项卡的【坐标轴】组中单击【网格线】下拉列表按钮，在弹出的下拉列表中选择【主要横网格线】|【主要网格线】选项，在图表中显示主要横网格线。

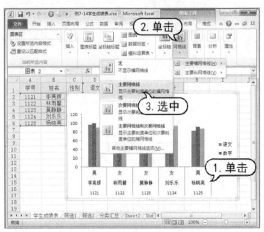

step 2 单击【网格线】下拉列表按钮，在弹出的下拉列表中选择【主要纵网格线】|【主要网格线】选项，在图表中显示主要

纵网格线。

step 3 此时，工作表中图表的效果将如下图所示。

7.4 设置图表格式

插入图表后，用户还可以根据需要自定义设置图表的相关格式，包括图表形状的样式、图表文本样式等，让图表变得更加美观。

7.4.1 设置图表元素样式

在 Excel 2010 电子表格中插入图表后，用户可以根据需要调整图表中任意元素的样式，例如图表区的样式、绘图区的样式以及数据系列的样式等。

【例 7-15】在【学生成绩表】工作表中，设置图表中各元素的样式。
🎬视频+素材 (光盘素材\第 07 章\例 7-15)

step 1 在【学生成绩表】工作表中选中图表，打开【格式】选项卡，在【形状样式】组中单击【其他】按钮。

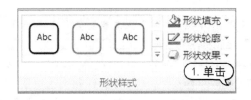

step 2 在弹出的下拉列表中选择一种预设样式，即可将选中的样式应用在图表中，返回工作表即可查看新设置的图表区样式。

step 3 选定图表中的【语文】数据系列，在【格式】选项卡的【形状样式】组中，单击【形状填充】按钮，在弹出的菜单中选择紫色。

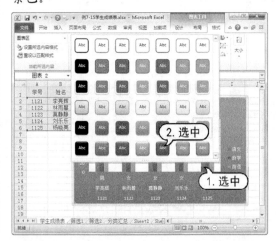

step 4 返回工作簿窗口，此时鼠标数据系列的形状颜色更改为紫色。

step 5 使用同样的方法，将【数学】数据系列设置为【黄色】，将【英语】数据系列设置为【绿色】，效果如下图所示。

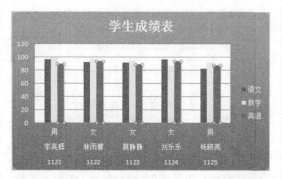

step 6 在图表中选择网格线，然后在【格式】选项卡的【形状样式】组中，单击【其他】按钮，从弹出的列表框中选择一种网格线样式。

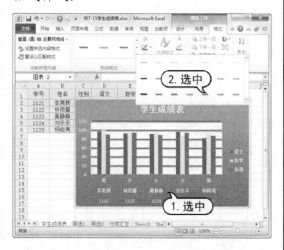

step 7 返回工作簿窗口，即可查看图表网格线的新样式。

7.4.2 设置图表文本格式

文本是 Excel 2010 图表不可或缺的元素，例如图表标题、坐标轴刻度、图例以及数据标签等元素都是通过文本来表示的。在设置图表时，用户还可以根据需要设置图表中文本的格式。

【例 7-16】在【学生成绩表】工作表中设置图表中文本的格式。
📀视频+素材 (光盘素材\第 07 章\例 7-16)

step 1 打开【学生成绩表】工作表后选中图表，在【格式】选项卡的【当前所选内容】组中单击【图表元素】下拉列表按钮，在弹出的下拉列表中选择【图表标题】选项。

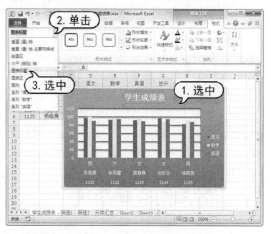

step 2 在打开的【图表标题】文本框中输入图表标题文字【成绩统计】。

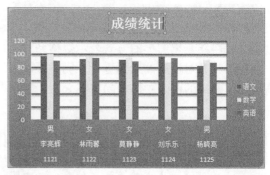

step 3 右击输入的图表标题，在弹出的菜单中选择【字体】命令。

step 4 在打开的【字体】对话框中设置标题文本的格式，然后单击【确定】按钮。

step 5 此时，工作表中图表标题文本的格式效果如下图所示。

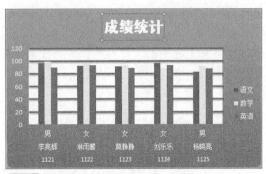

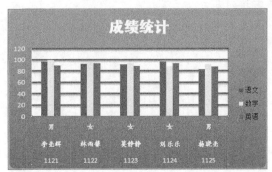

step ⑥ 使用同样方法设置纵坐标轴刻度文本、横坐标文本、图例文本的格式。

step ⑦ 单击【保存】按钮🖫，将【学生成绩表】工作簿保存。

7.5 添加图表辅助线

在 Excel 的图表中，可以添加各种辅助线来分析和观察图表数据内容。Excel 2010 支持的图表数据的分析功能主要包括趋势线、折线、涨/跌柱线以及误差线等。

7.5.1 添加趋势线

趋势线是以图形的方式表示数据系列的变化趋势并对以后的数据进行预测，可以在 Excel 2010 的图表中添加趋势线来帮助数据分析。

【例 7-17】在【学生成绩表】工作表中添加趋势线。

🎬视频+素材 (光盘素材\第 07 章\例 7-17)

step ① 打开【学生成绩表】工作表，选中图表，在【布局】选项卡的【分析】组中单击【趋势线】下拉列表按钮，在弹出的下拉列表中选择【其他趋势线选项】选项。

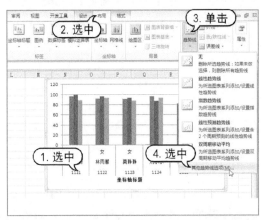

step ② 在打开的【添加趋势线】对话框中选择【语文】选项，然后单击【确定】按钮。

step ③ 在打开的【设置趋势线格式】对话框的【趋势线选项】选项区域中设置趋势线参数。

step ④ 在【设置趋势线格式】对话框中单击

【关闭】按钮，在图表上添加如下图所示的趋势线。

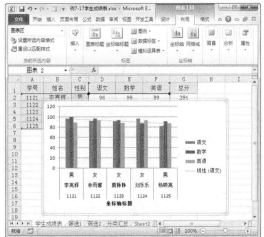

step 5 右击添加的趋势线，从弹出的快捷菜单中选择【设置趋势线格式】命令，打开【设置趋势线格式】对话框，在对话框左侧的列表中选择【线条颜色】选项，在右侧的列表中选中【实线】单选按钮。

step 6 单击【颜色】下拉列表按钮，在弹出的下拉列表中选择【红色】选项。

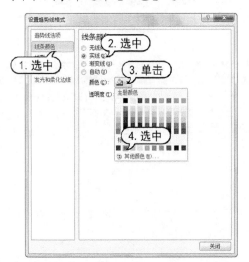

step 7 在【设置趋势线格式】对话框左侧的列表中选择【线型】选项，在对话框右侧的列表中的【宽度】文本框中输入【2 磅】，单击【前端类型】下拉列表按钮，在弹出的下拉列表中选择【箭头】选项。

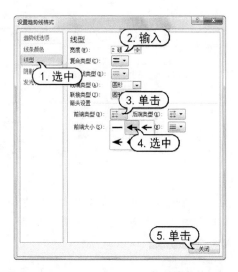

step 8 在【设置趋势线格式】对话框中单击【关闭】按钮后，图表中趋势线的效果如下图所示。

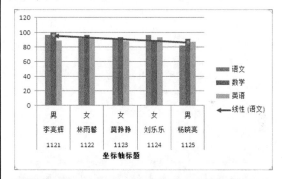

7.5.2 添加误差线

运用图表进行回归分析时，如果需要表现数据的潜在误差，则可以为图表添加误差线，其操作和添加趋势线的方法相似。

【例 7-18】使用 Excel 2010，在【学生成绩表】工作表中添加误差线。

视频+素材 (光盘素材\第 07 章\例 7-18)

step 1 打开【学生成绩表】工作表，选择图表中需要添加误差线的数据系列【语文】。

step 2 选择【布局】选项卡，在【分析】组中单击【误差线】下拉列表按钮，在弹出的下拉列表中选择【其他误差线选项】选项，打开【设置误差线格式】对话框。

Excel 2010 电子表格案例教程

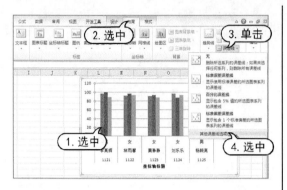

step 3 在【设置误差线格式】对话框左侧的列表中选择【垂直误差线】选项，在对话框右侧的列表中设置误差线参数。

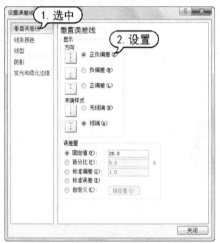

step 4 在【设置误差线格式】对话框左侧的列表中选择【线条颜色】选项，在右侧列表中选中【实线】单选按钮，单击【颜色】下拉列表按钮，在弹出的下拉列表中选择【红色】选项。

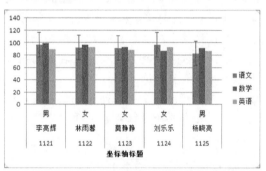

step 5 在【设置误差线格式】对话框中单击【关闭】按钮，即可在图表中添加如下图所示的误差线。

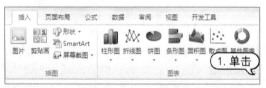

实用技巧

并不是所有图表都可以添加趋势线和误差线的，只有在柱形图、条形图、折线图、XY 散点图、面积图和气泡图的二维图表中才能添加。

7.6 案例演练

本章的实战演练部分将介绍在【产品销量调查表】、【股市波动表】和【学生成绩表】中添加并设置图表的方法，用户可以通过练习从而巩固本章所学知识。

【例7-19】在【产品销量调查】工作表中制作产品 A、B、C、D 一到三季度的销量图表。

视频+素材 (光盘素材\第 07 章\例 7-19)

step 1 打开【产品销量调查】工作簿，选择【插入】选项卡，在【图表】组中单击【创建图表】按钮。

step 2 在打开的【插入图表】对话框左侧的列表中选择【柱形图】选项，在右侧的列表中选择【三维圆柱图】选项。

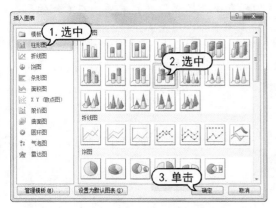

step ③ 在【插入图表】对话框中单击【确定】
按钮后,在工作表中插入如下图所示的图表。

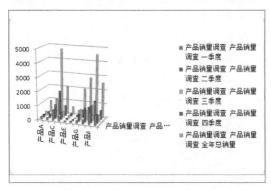

step ④ 选中工作表中插入的图表,选择【设
计】选项卡,在【类型】组中单击【选择数
据】按钮。

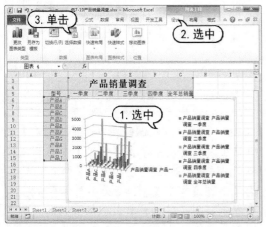

step ⑤ 打开【选择数据源】对话框,在【图
表数据区域】文本框后单击███按钮。

step ⑥ 打开【选择数据源】对话框,选择
B5: E9 单元格区域。

step ⑦ 按下回车键,返回【选择数据源】对
话框,然后单击【确定】按钮。此时,工作
表中的图表效果如下图所示。

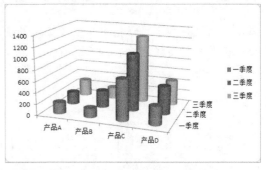

step ⑧ 选择【布局】选项卡,在【标签】组
中单击【图表标题】下拉列表按钮,在弹出
的下拉列表中选择【图表上方】选项,在图
表上方添加标题。

step ⑨ 将鼠标指针插入标题文本框中,输入
文本【1 至 3 季度销量调查】。

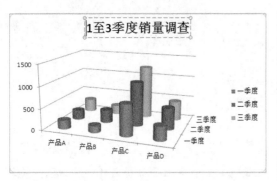

step 10 右击图表标题文本框，在弹出的菜单中选择【字体】命令，打开【字体】对话框。

step 11 在【字体】对话框中单击【中文字体】下拉列表按钮，在弹出的下拉列表中选择【微软雅黑】选项，在【大小】文本框中输入 16，单击【字体颜色】下拉列表按钮，在弹出的下拉列表中选择【红色】选项。

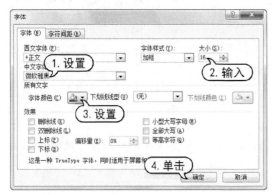

step 12 在【字体】对话框中单击【确定】按钮，图表中标题栏的效果如下图所示。

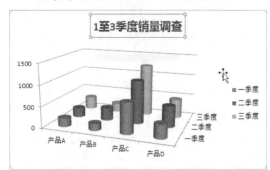

step 13 在图表中选择【一季度】数据系列，右击鼠标，在弹出的菜单中选择【设置数据系列格式】命令，打开【设置数据系列格式】对话框。

step 14 在【设置数据系列格式】对话框左侧的列表中选择【形状】选项，在右侧的列表中选择【部分棱锥】单选按钮。

step 15 在对话框左侧列表中选择【填充】选项，在右侧列表中选中【纯色填充】单选按钮，然后单击【颜色】下拉列表按钮，在弹出的下拉列表中选择【紫色】选项。

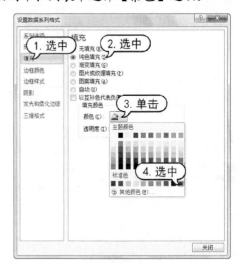

step 16 在对话框左侧列表中选择【阴影】选项，在右侧列表中单击【预设】下拉列表按钮，在弹出的下拉列表中选择【靠下】选项。

step 17 在【透明度】、【大小】、【虚化】、【角度】和【距离】文本框中分别输入相应的参数，然后单击【关闭】按钮。

step 18　此时，【一季度】数据系列的效果将
如下图所示。

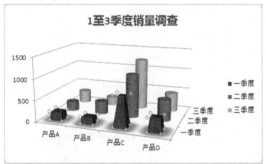

step 19　使用同样的方法，设置【二季度】和
【三季度】数据系列，完成后效果如下图所
示。

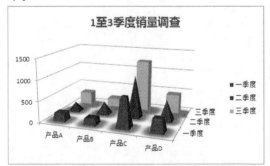

step 20　选中工作表中的图表，选择【设计】
选项卡，在【位置】组中单击【移动图表】
选项，打开【移动图表】对话框。

step 21　在【移动图表】对话框中选中【新工
作表】单选按钮，然后在其后的文本框中输
入【产品销量调查】，并单击【确定】按钮。

step 22　此时，Excel 将创建【产品销售调查】
工作表，并将创建图表复制到该工作表中。

step 23　单击【保存】按钮 ，将【产品销量
调查】工作簿保存。

【例7-20】在【股票波动】工作簿中插入一个动态
图表。

🎬 视频+素材 (光盘素材\第 07 章\例 7-20)

step 1　打开【股票波动】工作簿后，在 Sheet1
工作表中输入如下图所示的数据。

step 2　选择 B1：C11 单元格区域，选择【插
入】选项卡，在【图表】组中单击【创建图

表】按钮 。

建】按钮。

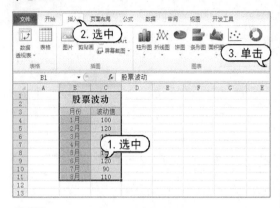

step 3 打开【插入图表】对话框, 在对话框左侧的列表中选择【柱形图】选项, 在右侧的列表中选择【簇状柱形图】选项, 然后单击【确定】按钮。

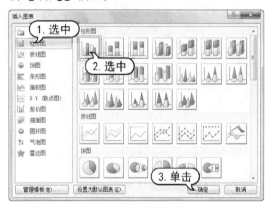

step 4 此时, 将在工作表中插入一个如下图所示的图表。

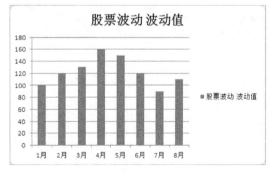

step 5 选择 B3 单元格, 选择【公式】选项卡, 在【定义的名称】组中单击【名称管理器】选项打开【名称管理器】对话框。

step 6 在【名称管理器】对话框中单击【新

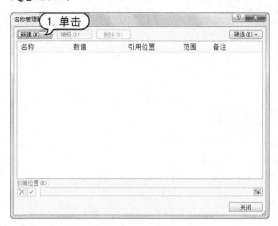

step 7 打开【新建名称】对话框, 在【名称】文本框中输入【月份】, 单击【范围】下拉列表按钮, 在弹出的下拉列表中选择 Sheet1 选项, 然后单击 按钮。

step 8 选择 B4: B15 单元格区域, 然后按下回车键。

step 9 返回【名称管理器】对话框, 再次单击【新建】按钮。

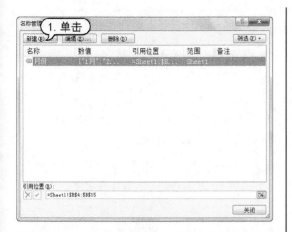

step 10 打开【新建名称】对话框，在【名称】文本框中输入【波动值】，单击【范围】下拉列表按钮，在弹出的下拉列表中选择 Sheet1 选项，然后在【引用位置】文本框择输入以下公式：

=OFFSET(Sheet1!$C$3,1,0,COUNT(Sheet1!$C:$C))

step 11 单击【确定】按钮，返回【名称管理器】对话框，单击【关闭】按钮。

step 12 选中工作表中插入的图表，选择【设计】选项卡，在【数据】组中单击【选择数据】按钮。

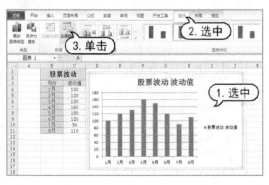

step 13 在打开的【选择数据源】对话框中，单击【图例项】选项区域中的【编辑】按钮。

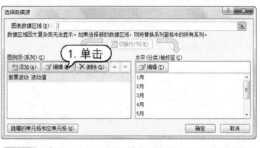

step 14 在打开的【编辑数据系列】对话框的【系列值】文本框中输入：

=Sheet1!波动值

step 15 单击【系列名称】文本框后的 按钮，选择 C3 单元格后按下回车键。

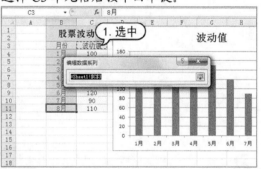

step 16 返回【编辑数据系列】对话框，单击【确定】按钮。返回【选择数据源】对话框后，在该对话框的【水平（分类）轴标签】列表框中单击【编辑】按钮。

step ⑰ 在打开的【轴标签】对话框中的【轴标签区域】文本框中输入:

=Sheet1!月份

然后单击【确定】按钮。

step ⑱ 返回【选择数据源】对话框后,在该对话框中单击【确定】按钮。此时,工作表效果如下图所示。

step ⑲ 在 B12 和 C12 单元格中输入文本【9月】和相应的数据,然后按下回车键,图表中将添加相应的内容。

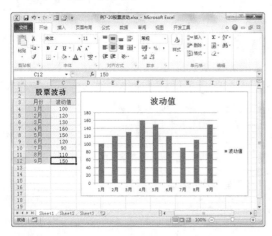

step ⑳ 最后,单击【保存】按钮🔒,将【股票波动】工作簿保存。

【例7-21】在【学生成绩表】工作簿中创建图表并设置图表格式。

视频+素材 (光盘素材\第 07 章\例 7-21)

step ① 打开【学生成绩表】工作簿后,选择【插入】选项卡,在【图表】组中单击【条形图】下拉列表按钮,在弹出的下拉列表中选择【簇状条形图】选项。

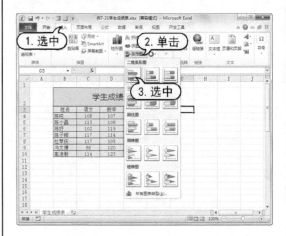

step ② 在工作表中插入图表后,选择【设计】选项卡,在【数据】组中单击【选择数据】选项,打开【选择数据源】对话框。

step ③ 在【选择数据源】对话框中选择【学生成绩表 综合】选项后,单击【删除】按钮。

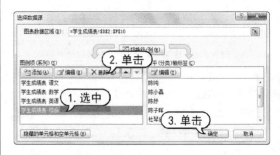

step ④ 单击【确定】按钮,返回工作表后,图表的效果如下图所示。

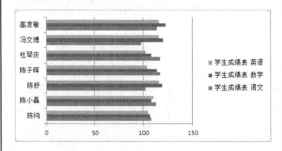

step ⑤ 选中并右击图表，在弹出的菜单中选择【移动图表】命令，在打开的【移动图表】对话框中选中【新工作表】单选按钮，然后单击【确定】按钮。

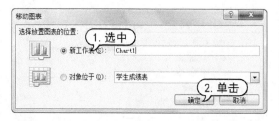

step ⑥ 此时，图表将被移动至一个新的工作表中，效果如下图所示。

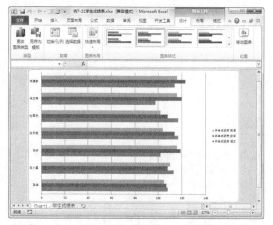

step ⑦ 选择【格式】选项卡，在【当前所选内容】组中单击【图表元素】下拉列表按钮，在弹出的下拉列表择选择【图例】选项。

step ⑧ 选择【开始】选项卡，在【字体】组中将图例的【字号】设置为 20，将【字体】设置为【黑体】。

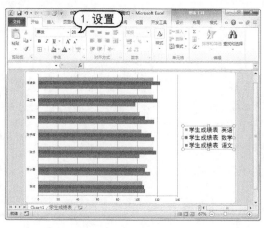

step ⑨ 选择【格式】选项卡，在【当前所选内容】组中单击【图表元素】下拉列表按钮，在弹出的下拉列表中选择【绘图区】选项。

step ⑩ 在【形状样式】组中单击【其他】下拉列表按钮，在弹出的下拉列表中选择【细微效果-水绿色】选项。

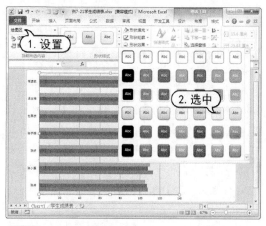

step ⑪ 选择【布局】选项卡，在【标签】组中单击【图表标题】下拉列表按钮，在弹出的下拉列表中选择【图表上方】选项，为图表添加标题。

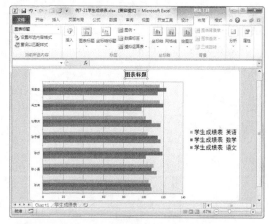

step ⑫ 将鼠标指针插入图表标题文本框中，输入文本【学生成绩表】。

step ⑬ 选中标题文本框，选择【开始】选项卡，在【字体】组中单击【字体】下拉列表按钮，在弹出的下拉列表中选择【黑体】选项；单击【字号】下拉列表按钮，在弹出的下拉列表中选择 36 选项；单击【字体颜色】下拉列表按钮，在弹出的下拉列表中选中【深蓝】选项。

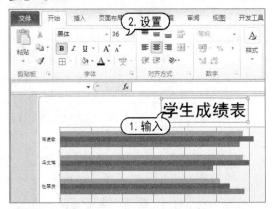

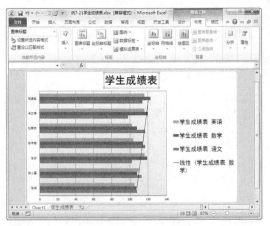

step ⑭ 选择【布局】选项卡,在【分析】组中单击【趋势线】下拉列表按钮,在弹出的下拉列表中选择【线性趋势线】选项。

step ⑮ 打开【添加趋势线】对话框,选择【学生成绩表 数学】选项,并单击【确定】按钮。

step ⑰ 选中图表中添加的趋势线,选择【格式】选项卡,在【形状格式】组中单击【其他】下拉列表按钮 ,在弹出的下拉列表中选择【中等线-强调颜色6】选项。

step ⑯ 此时,将在图表中添加如下图所示的趋势线。

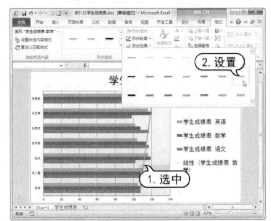

step ⑱ 最后,单击【保存】按钮 ,将【学生成绩表】工作簿保存。

第8章

使用 Excel 常用函数

　　Excel 软件提供了多种函数进行计算和应用，比如数学和三角函数、日期和时间函数、查找和引用函数等。本章将主要介绍这些函数在电子表格中的应用技巧。

 **对应光盘视频** -

8.1 财务分析函数

财务函数，顾名思义，就是特别为财务工作而设计的 Excel 函数。财务函数式根据特定的财务计算过程而定义的专门函数，此类函数一般由财会专业人员使用，普通用户并不经常使用。

8.1.1 折旧函数

在财务计算中，用户有时需要对固定资产的折旧值进行计算，此时，使用 Excel 折旧函数，可以使计算过程变得更加便捷。

下面将对各类常用的折旧函数进行简要介绍，帮助用户理解折旧函数的功能、语法和参数的含义。

1. AMORDEGRC 函数

AMORDEGRC 函数用于返回每个会计期间的折旧值。语法结构为：

AMORDEGRC(cost,date_purchased,first_period,salvage,period,rate,basis)

其参数功能说明如下。

➤ cost：表示资产原值；参数 date_purchased 表示购入资产的日期。

➤ first_period：表示第一个期间结束时的日期。

➤ salvage：表示资产在使用寿命结束时的残值。

➤ period：表示期间。

➤ basis：表示年基准，具体如下表所示。

basis 值	年 基 准
0 或省略	360 天(NASD 方法)
1	实际天数
3	一年 365 天
4	一年 360 天(欧洲方法)

➤ rate：表示折旧率。

【例 8-1】使用 AMORDEGRC 函数计算办公设备第一期折旧额。

视频+素材 (光盘素材\第 08 章\例 8-1)

step 1 假设公司办公设备 2011 年 6 月 1 日购入，每部 5000 元，预计 4 年后将进行更换，折旧率为 25%，设备更新后，旧设备以 500 元内部处理。

step 2 创建一个空白工作簿，然后在工作表中输入所需的数据，并选择 B7 单元格。

step 3 单击编辑栏上的【插入函数】按钮，在打开的【插入函数】对话框中设置选择【财务】选项，在【选择函数】列表框中选择 AMORDEGRC 函数。

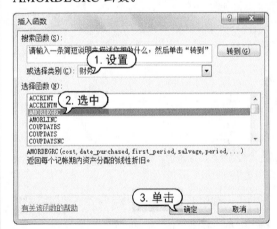

step 4 在【插入函数】对话框中单击【确定】按钮，然后在打开的【函数参数】对话框中对函数参数进行设置。

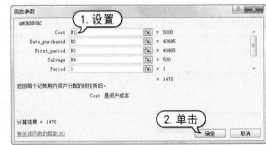

此时公式为：

=AMORDEGRC(B1,B2,B3,B4,1,B5,1)

step 5 在【函数参数】对话框中单击【确定】按钮，即可在 B7 单元格中显示函数的运行结果。

	A	B	C	D	E
1	资产原值	5000			
2	购入资产的日期	2011/6/1			
3	第一个期间结束的日期	2011/12/28			
4	资产残值	500			
5	折旧率	25%			
6					
7	第一期的折旧额	1470			
8					

AMORDEGRC 函数返回折旧值截止到资产生命周期的最后一个期间，或指导累积折旧值大于资产原值减去残值后的成本价。折旧系数如下表所示。

资产的生命周期(1/rate)	折旧系数
3~4 年	1.5
5~6 年	2
6 年以上	2.5
3~4 年	1.5

2. AMORLINC 函数

AMORLINC 函数用于返回每个会计期间的折旧值，该函数为法国会计系统提供。语法结构为：

AMORLINCC(cost,date_purchased,first_period,salvage,period,rate,basis)

其参数功能说明如下。

➤ cost：表示资产原值；参数 date_purchased 表示购入资产的日期。

➤ first_period：表示第一个期间结束时的日期。

➤ salvage：表示资产在使用寿命结束时的残值。

➤ Period、rate 和 basis：period 表示期间；rate 表示折旧率；basis 表示年基准。

3. DB 函数

DB 函数可以使用固定余额递减法计算一笔资产在给定时间内的折旧值。语法结构为：

DB(cost,salvage,life,period,month)

其参数功能说明如下。

➤ cost：数值，资产原值，或者成为资产取得值。

➤ salvage：数值，资产折旧完以后的残余价值，也称为资产残值。

➤ life：数值，使用年限，折旧的年限。

➤ period：数值，计算折旧值的期间。

➤ month：数值，第一年的实际折旧月份数，可省略，默认值为 12。

DB 函数的使用说明如下：

➤ DB 函数的结果为某指定资产期间内的折旧值，其折旧方法使用固定余额递减法。

➤ period 须使用与 life 相同的单位。

【例8-2】 使用 DB 函数计算设备的年折旧额。

🔘 视频+素材 (光盘素材\第 08 章\例 8-2)

step 1 假设公司设备的固定资产原值为 200 万元，预计使用 5 年，预计净残值收入 5 万元，计算每一年的折旧额。

step 2 创建一个空白工作簿，然后在工作表中输入所需的数据，并选择 B6 单元格。

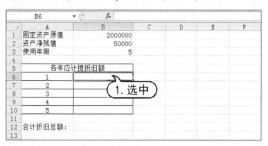

step 3 在编辑栏中输入以下公式：

=DB(2000000,50000,5,A6)

step 4 按下 Ctrl+Enter 键，然后复制公式至 B10 单元格，效果如下所示。

step⑤ 选择 B12 单元格，然后在编辑栏中输入公式：

$$=B6+B7+B8+B9+B10$$

按下 Ctrl+Enter 键计算出合计折旧总额。

4. DDB 函数

DDB 函数可以以双倍余额递减法或其他指定方法计算固定资产在给定期间内的折旧值。语法结构为：

DDB（cost,salvage,life,period,factor）

其参数功能说明如下。

➤ cost：数值，资产原值或称为资产取得价值。

➤ salvage：数值，资产折旧完以后的残余价值，也称为资产残值。

➤ life：数值，使用年限，折旧的年限。

➤ factor：数值，余额递减速率（若 factor 省略，则假设为 2）。

5. SYD 函数

SYD 函数相对于固定余额递减法，属于一种缓慢的曲线。语法结构为：

SYD（cost,salvage,per）

其参数功能说明如下：

➤ cost：表示资产原值；参数 salvage 表示资产在折旧期末的价值，也称为资产残值。

➤ life：表示折旧期限，也称为资产的使用寿命。

➤ per：表示期间，单位与 life 相同。

6. SLN 函数

SLN 函数可以用线性折旧法计算折旧费。语法结构为：

SLN（cost,salvage,life）

其参数功能说明如下：

➤ cost：表示资产原值。

➤ salvage：表示资产在折旧期末的价值，也称为资产残值。

➤ life：表示折旧期限，也称作资产的使用寿命。

【例8-3】使用 SLN 函数计算设备的月折旧额。

视频+素材 (光盘素材\第 08 章\例8-3)

step① 假设公司购买的设备成本为 20 万元，设备预计可使用 5 年，预计设备残值为 2 万元，求每个月的折旧额。

step② 创建一个空白工作簿，在工作表中选中 B1 单元格，然后在编辑栏输入以下公式：

$$=SLN(200000,20000,5*12)$$

step② 按下 Ctrl+Enter 键计算出设备月折旧额为 3000 元。

7. VDB 函数

VDB 函数用于使用双倍余额递减法或其他指定方法返回指定的任何期间内(包括部分期间)的资产折旧值。语法结构为：

VDB(cost,salvage,life,start_period,end_period,factor,no_switch)

其参数功能说明如下：

➤ cost：表示资产原值；参数 salvage 表示资产在折旧期末的价值，也称为资产残值。

➤ life：表示折旧期限，也称为资产的使用寿命。

➤ start_period：表示进行折旧计算的起始期间。

➤ end_period：表示进行折旧计算的截止期间。

➤ factor：表示余额递减速率，若省略，则假设为 2。

➤ no_switch 表示一个逻辑值，指定当折扣值大于余额递减计算值时，是否转用直线折旧法。

8.1.2 投资与利息函数

在 Excel 中使用投资函数可以轻松计算出投资与收益，对未来的收益进行预测；使用利息函数则可以对借贷款进行相关的计算。下面将分别介绍投资与利息函数的语法结构，使用说明以及应用方法。

下面将分别对投资与利息函数进行介绍，帮助用户理解这两种函数的功能、语法和参数的含义。

1. FV 函数

FV 函数可以基于固定利率及等额分期付款方式，返回某项投资的未来值。语法结构为：

FV(rate,nper,pmt,pv,type)

其参数功能说明如下：

▶ rate：表示各期利率；参数 nper 表示总投资期，即该项投资的付款总期数。

▶ pmt：表示为各期所应支付的金额。

▶ pv：表示现值，即从该项投资开始计算时已经入账的款项，或一系列未来付款的当前值的累积和，也称为本金。

▶ type：表示用于指定各期的付款时间是在期初或期末(0 为期末，1 为期初)。

【例8-4】使用 FV 函数计算存 2 万元，5 年后银行存款本息。

📀视频+素材 (光盘素材\第 08 章\例 8-4)

step 1 创建一个空白工作簿，然后在 Sheet1 工作表中选择 B1 单元格，并在编辑栏输入以下公式：

=FV(10%,5,-20000,0,0)

step 2 按下 Ctrl+Enter 键计算出 5 年后银行存款的本息为 122102 元。

在使用 FV 函数时，对于参数，支出的款项，应用负数表示，如银行存款；收入的款项，应用正数表示，如股息收入。参数 rate 和 nper 单位应一致。

2. FVSCHEDULE 函数

FVSCHEDULE 函数用于复利计算变动利率情况下，返回投资的未来值。语法结构为：

FVSCHEDULE(principal,schedule)

其中，principal 表示现值；schedule 表示利率数组。

注意，若参数 schedule 的数组中包含空白单元格，则函数在计算时将其默认为 0(没有利息)。

3. PV 函数

PV 函数可以求得定期内支付的贷款或储蓄的现值。语法结构为：

PV(rate,nper,pmt,fv,type)

其参数功能说明如下：

▶ rate：表示各期利率，即若年利率为 2.4%，则月利率为 2.4%/12。

▶ nper：表示总投资(或贷款)期数；

参数 pmt 表示各期所支付的金额，其数值在整个投资期内保持不变。

▶ fv：表示未来值，或在最后一次付款后希望得到的现金金额。

▶ type：表示指定各期的付款时间在期初还是期末，其值可以为 0 或 1(0 为期末，1 为期初)。

【例8-5】使用 PV 函数计算养老保险是否划算。

📀视频+素材 (光盘素材\第 08 章\例 8-5)

step 1 假设购买保险成本为 6 万元，该保险在 20 年内每月汇报 500 元，回报率为 8%。

step 2 创建一个空白工作簿，然后在 Sheet1 工作表中选择 B2 单元格，并在编辑栏中输入以下公式：

=PV(8%/12,20*12,500,0,0)

step 3 按下 Ctrl+Enter 键，计算结果如下。

通常情况下，参数 pmt 包括本金和利息，

但不包括其他费用或税款。

4. NPER 函数

NPER 函数可以基于固定利率及等额分期付款方式，返回某项投资的总期数。语法结构为：

NPER(rate,pmt,pv,fv,type)

其参数功能说明如下：

➤ rate：表示各期利率，为固定值。

➤ pmt：表示各期所支付的总额，其数值在整个年金期间保持不变。

➤ pv：表示现值，即本金。

➤ fv：表示未来值，或在最后一次付款后希望得到的现金余额。

➤ type：表示用于指定付息时间是在期初还是期末，其值可以为 0 或 1(0 为期末，1为期初)。

【例 8-6】使用 NPER 函数计算设备款的偿还次数。

视频+素材 (光盘素材\第 08 章\例 8-6)

step① 设备一次付款 100 万元，也可分期付款，每期需在期初至少付 18 万元，假设资金成本为 10%。

step② 创建一个空白工作簿，然后在 Sheet1工作表中选择 B2 单元格，并在编辑栏中输入以下公式：

=NPER(10%,-180000,1000000,0,1)

step③ 按下 Ctrl+Enter 键计算出偿还次数为7.37906，则实际应付款的次数为 8 次。

使用 NPER 函数计算出来的是还款的总月份数，要计算出还款总年限，还需要除以 12。

5. NPV 函数

NPV 函数可以通过使用贴现率以及一些了未来支出（负值）和收入（正值），返回一项投资的净现值。语法结构为：

NPV(rate,value1,value2,…)

其参数功能说明如下：

➤ rate：表示某一期间的贴现率。

➤ value1,value2,…：为 1~254 个参数，表示支出及收入。

value1,value2,…在时间上必须具有相等间隔，并且都发生在期末。

6. RATE 函数

RATE 函数可以用来返回年金的各期利率。语法结构为：

RATE(nper,pmt,pv,fv,type,guess)

其参数功能说明如下：

➤ nper：表示总投资期数；

参数 pmt 表示各期所支付的金额，其数值在整个投资期间保持不变。

➤ pv：表示现值，即从该项投资开始计算时已经入账的款项，或一系列未来付款当前值的累积和，也称为本金。

➤ fv：表示未来值，或在最后一次付款后希望得到的现金余额。

➤ type：表示用于指定付息时间是在期初还是期末，其值可以为 0 或 1(0 为期末，1为期初)。

➤ guess：表示预期利率，如果省略利率，则假设值为 10%。

【例 8-7】使用 RATE 函数计算存款的月利率和年利率。

视频+素材 (光盘素材\第 08 章\例 8-7)

step① 假设存款 5000 元，且今后每月存入600 元，想在 10 年后达到 10 万元存款。

step② 创建一个空白工作簿，然后在 Sheet1工作表中选择 B1 单元格，并在编辑栏中输入以下公式：

=RATE(10*12,-600,-5000,100000,0)

step③ 按下 Ctrl+Enter 键，即可在 B1 单元格中显示函数的运行结果。

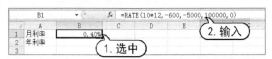

step④ 选择 B2 单元格，然后在编辑栏中输入以下公式：

=RATE(10*12,-600,-5000,100000,0)*12

step⑤ 按下 Ctrl+Enter 键，即可在 B2 单元格中显示年利率的计算结果。

7. PMT 函数

PMT 函数可以基于固定利率及等额分期付款方式，返回货款的每期付款余额。语法结构为：

PMT(rate,nper,pv,fv,type)

其参数功能说明如下：

➤ rate：表示各期利率；

参数 nper 表示该项贷款的付款总数。

➤ pv：表示现值，即本金。

➤ fv：表示未来值，即最后一次付款后希望得到的现金余额。

➤ type：表示指定各期的付款时间是期初还是期末，其值可以为 0 或 1(0 为期末，1 为期初)。

8. PPMT 函数

PPMT 函数可以基于固定利率及等额分期付款方式，返回投资在某一给定期间内的本金偿还额。语法结构为：

PPMT(rate,per,nper,pv,fv,type)

其参数功能说明如下：

➤ rate：表示各期利率；

参数 per 表示用于计算其本金数额的期数，介于 1~nper 之间。

➤ nper：表示总投资期；参数 pv 表示现值，即本金。

➤ fv：表示未来值，即最后一次付款后希望得到的现金余额。

➤ type：表示指定各期的付款时间是期初还是期末，其值可以为 0 或 1(0 为期末，1 为期初)。

利率和投资的总支付期数所使用的时间单位必须一致。如果支付期数的单位为月，支付期为 12 个月，由于利率一般为年利率，在代入函数时，参数 rate 就应该是年利率/12。

9. IPMT 函数

IPMT 函数与 PPMT 函数类似，它可以基于固定利率及等额分期付款方式，返回给定期数内对投资的利息偿还额。语法结构为：

IPMT(rate,per,nper,pv,fv,type)

其中，rate 表示各期利率；per 表示用于计算其利息数额的期数，在 1~per 之间；nper 表示总投资期；pv 表示现值，即本金；fv 表示未来值，即最后一次付款后的现金余额；type 表示指定各期的付款时间是期初还是期末，其值可以为 0 或 1(0 为期末，1 为期初)。

【例 8-8】使用 IPMT 函数计算住房分期贷款的月付利息。

视频+素材 (光盘素材\第 08 章\例 8-8)

step① 已知买房时向银行申请了为期 25 年的购房贷款 60 万元，贷款的年利率为 6.12%，求第一年的月付利息。

step② 选择 D1 单元格，并输入以下公式：

=IPMT($B$1/12,C1,25*12,600000,0)

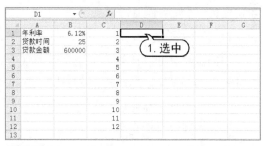

step③ 按下 Ctrl+Enter 键，然后单击并按住单元格 D1 右下角的控制点■，当鼠标指针呈十字状态后，将公式向下复制，D 列中即出现函数运行后的结果。

10. IPMT 函数

ISPMT 函数可计算特定投资期内要支付的利息。语法结构为：

ISPMT(rate,per,nper,pv)

其中，rate 表示投资的利率；per 表示要计算利息的期数，此值必须在 1~nper 之间；nper 表示投资的总支付期数；pv 表示投资的当前值。如果是贷款，则 pv 为贷款数额。

11. IRR 函数

IRR 函数可以计算不定期内产生的现金流量的内部收益率。语法结构为：

IRR(values,guess)

其参数功能说明如下：

▶ values：表示进行计算的数组，即用于计算返回的内部收益率的数字。

▶ guess：表示对函数 IRR 计算结果的估计值。

在多数情况下，无须为 IRR 函数提供 guess 值，默认为 0.1(10%)。如果 IRR 函数返回值#NUM!，或结果没有靠近期望值，则需使用另一个 guess 值再试一次。

12. XIRR 函数

XIRR 函数可以计算不定期产生的现金流量的内部收益率。语法结构为：

XIRR(values,dates,guess)

其参数功能说明如下：

▶ values：表示与 dates 中支付时间相对应的一系列现金流。

▶ dates：表示与现金流支付相对应的支付日期表。

▶ guess：表示对函数 XIRR 计算结果的估计值。

【例 8-9】使用 XIRR 函数计算债券的内部收益率。

视频+素材 (光盘素材\第 08 章\例 8-8)

step 1 创建一个空白工作簿，然后在 Sheet 工作表中输入需要的数据，并选中 B8 单元格，在编辑栏输入以下公式：

=XIRR(A2:A6,B2:B6)

step 2 按下 Ctrl+Enter 键，即可在 B8 单元格中显示函数运行的结果。

XIRR 函数要求至少有一个正现金流和一个负现金流，否则函数将返回错误值 #NUM!。XIRR 函数与净现值 XNPV 函数密切相关，XIRR 函数计算的收益率即为函数 XNPV=0 时的利率。

13. MIRR 函数

MIRR 函数用于返回某一连续期间内现金流的修正内部收益率，且 MIRR 函数同时考虑了投资的成本和现金再投资的收益率。语法结构为：

MIRR(values,finance_rate,reinvest_rate)

其参数功能说明如下：

▶ values：表示用于计算返回的内部收益率数字，输入为数组类型。

▶ finance_rate：表示现金流中使用的资金支付的利率。

▶ reinvest_rate：表示将现金流再投资的收益率。

MIRR 函数同时考虑了投资的成本和现金再投资的收益率。MIRR 根据输入值的次序来解释现金流的次序，现金流入用正值，现金流出用负值。

14. NOMINAL 函数

NOMINAL 函数可以求得贷款等名义利率，通常年利率表示利率。语法结构为：

NOMINAL(effect_rate,npery)

其参数功能说明如下：

▶ effect_rate：表示实际利率。

▶ npery：表示每年的复利期数。

8.1.3　证券函数

除了折旧函数、投资与利息函数以外，Excel 中还提供了一系列对证券的价格、收益率的计算函数——证券函数。本节将具体介绍证券函数的相关知识。

下面将分别对证券函数进行介绍，帮助用户理解证券函数的功能、语法和参数的含义。

1. PRICEMAT 函数

PRICEMAT 函数可以计算出到期日付息面值￥100 的有价证券的价格。语法结构为：

PRICEMAT(settlement,maturity,issue,rate,yld,basis)

其中，settlement 表示证券的结算日；maturity 表示有价证券的到期日；issue 表示有价证券的发行日，以时间序列号表示；rate 表示有价证券在发行日的利率；yld 表示有价证券的年收益率；basis 表示日计数基准类型，其值可以省略，也可以设置为 0、1、2、3、4。

【例 8-10】使用 XIRR 函数计算债券的内部收益率。

📹视频+素材 (光盘素材\第 08 章\例 8-10)

step 1 创建一个空白工作簿，然后在 Sheet 工作表中输入需要的数据，选中 B8 单元格，并在编辑栏中输入以下公式：

=PRICEMAT(B1,B2,B3,B4,B5)

step 2 按下 Ctrl+Enter 键，即可在 B8 单元格中显示函数运行的结果。

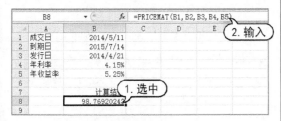

2. YIELDMAT 函数

YIELDMAT 函数可以返回到期付息的有价证券的年收益率。语法结构为：

YIELDMAT(settlement,maturity,issue,rate,pr,basis)

其参数功能说明如下：

- ➤ settlement：表示有价证券的结算日；
- ➤ maturity：表示有价证券的到期日；
- ➤ issue：表示有价证券的发行日；
- ➤ rate：表示有价证券在发行日的利率；
- ➤ pr：表示面值￥100 有价证券的价格；
- ➤ basis：表示日计数基准类型，其值可以省略，也可以设置为 0、1、2、3、4。

3. ACCRINT 函数

ACCRINT 函数可以返回定期付息证券的应计利息。语法结构为：

ACCRINT(issue,first_interest,settlement,rate,par,frequency,basis,calc_method)

其参数功能说明如下：

- ➤ issue：表示有价证券的发行日；
- ➤ first_interest：表示证券的首次计息日；
- ➤ settlement：表示证券的结算日；
- ➤ rate：表示有价证券的年息票利率；
- ➤ par：表示证券的票面值，若省略该值，则默认为￥1000；
- ➤ frequency：表示年付息次数，若每年支付，则其值为 1，若半年支付，则其值为 2，若每季度支付，则其值为 4；
- ➤ basis：表示日计数基准类型，该值可以省略，也可以设置为 0、1、2、3、4；
- ➤ calc_method：表示逻辑值，指定当结算日期晚于首次计息日期时，用于计算总的应付利息。

【例 8-11】使用 ACCRINT 函数计算有价证券的第一期利息。

📹视频+素材 (光盘素材\第 08 章\例 8-11)

step 1 创建一个空白工作簿，然后在 Sheet 工作表中输入需要的数据，选择 C11 单元格，并在编辑栏中输入以下公式：

=ACCRINT(B2,B3,B4,B5,B6,B7,B8,B9)

step 2 按下 Ctrl+Enter 键，即可在单元格 C11 中显示函数的运行结果，债券第一次付息的利息额如下图所示。

在使用 ACCRINT 函数时，当参数 calc_method 为 TRUE 时，则返回从发行日到结算日的总应付利息；当为 FALSE 时，则返回从首次计息日到结算日的应付利息。如果 issue、first_interest、settlement、frequency、basis 等参数不是整数，则将会被截尾取整。

4. ACCRINTM 函数

ACCRINTM 函数可以返回到期一次性付息有价证券的应计利息。语法结构为：

ACCRINTM(issue,settlement,rate,par,basis)

其参数功能说明如下：

➤ issue：表示有价证券的发行日；

➤ settlement：表示有价证券的到期日；

➤ rate：表示有价证券的年息票利率；

➤ par：表示有价证券的票面价值；

➤ basis：表示日计数基本类型，其值可以省略，也可以设置为 0、1、2、3、4。

【例 8-12】用 ACCRINTM 函数计算债券的到期利息。

视频+素材 (光盘素材\第 08 章\例 8-12)

step① 假设 2015 年 3 月 21 日购入 2015 年 1 月 1 日发行的某一年期债券，计 6 万元，该债券到期一次还本付息，且票面利率为 10%。

step② 选择 C8 单元格，并在编辑栏中输入以下公式：

=ACCRINTM(B2,B3,B4,B5,B6)

step③ 按下 Ctrl+Enter 键，即可在即可在 C8 单元格中显示函数运行的结果。

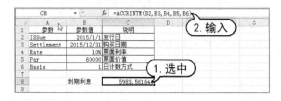

5. YIELD 函数

YIELD 函数可以返回定期付息有价证券的收益率，通常用于计算债券收益率。语法结构为：

YIELD(settlement,maturity,rate,pr,redemption,frequency,basis)

其参数功能说明如下：

➤ settlement：表示有价证券的结算日；

➤ maturity：表示有价证券的到期日；

➤ rate：表示有价证券的年息票利率；

➤ pr：表示面值￥100 的有价证券的价格；

➤ redemption：表示面值￥100 的有价证券的清偿价值；

➤ frequency：表示年付息次数，按年支付 frequency 为 1，按半年期支付 frequency 为 2，按季支付 frequency 为 4；

➤ basis：表示日计数基准类型，其值可以省略，也可以设置为 0、1、2、3、4。

【例 8-13】使用 YIELD 函数计算所购债券的年收益率。

视频+素材 (光盘素材\第 08 章\例 8-13)

step① 假设 2015 年 5 月 7 日以 78.55 元的价格购入清偿价值为 80 元的债券，该债券于 2014 年 8 月 12 日发行，5 年期，与 2016 年 8 月 12 日到期，票面利率为 8.125%，价格是 78.26 元，每年付息一次。

step② 创建一个空白工作簿，然后在 Sheet 工作表中输入需要的数据，选择 C1 单元格，并在编辑栏输入以下公式：

=YIELD(B3,B2,8.125%,78.55,80,1,1)

step③ 按下 Ctrl+Enter 键，即可在 C1 单元格中显示函数运行的结果。定期付息债券的收益率为 11.68%。

6. RECEIVED 函数

RECEIVED 函数可以返回一次性付息

的有价证券到期收回的金额。语法结构为：

RECEIVED(settlement,maturity,investment,discount,basis)

其参数功能说明如下：

- settlement：表示证券的结算日。
- maturity：表示有价证券的到期日。
- investment：表示有价证券的投资期。
- discount：表示有价证券的贴现率。
- basis：表示日计数基准类型，其值可以省略，也可以为 0、1、2、3、4，不同值代表含义也不同，如下表所示。

basis 值	日计数基准
0 或省略	US(NASD)30/360
1	实际天数/实际天数
2	实际天数/360
3	实际天数/365
4	欧洲 30/360

7. DISC 函数

DISC 函数可以返回有价证券的贴现率。语法结构为：

DISC(settlement,maturity,pr,redemption,basis)

其参数功能说明如下。

- settlement：表示证券的结算日。
- maturity：表示有价证券的到期日。
- pr：表示面值￥100 的有价证券的价格。
- redemption：表示面值￥100 的有价证券的清偿价值。
- basis：表示日计数基准类型，其值可以省略，也可以设置为 0、1、2、3、4。

8. INTRATE 函数

INTRATE 函数可以返回一次性付息的利率。语法结构为：

INTRATE(settlement,maturity,investment,redemption,basis)

其参数功能说明如下。

- settlement：表示有价证券的结算日。
- maturity：表示有价证券的到期日。
- investment：表示有价证券的投资额。

- redemption：表示有价证券到期是的清偿价值。
- basis：表示日计数基准类型，其值可以省略，也可以设置为 0、1、2、3、4。

9. YIELDDISC 函数

YIELDDISC 函数可以返回折价发行的有价证券的年收益率。语法结构为：

YIELDDISC(settlement,maturity,pr,redemption,basis)

其参数功能说明如下。

- settlement：表示有价证券的结算日。
- maturity：表示有价证券的到期日。
- pr：表示面值￥100 的有价证券的价格。
- redemption：表示面值￥100 的有价证券的清偿价值。
- basis：表示日计数基准类型，其值可以省略，也可以设置为 0、1、2、3、4。

10. COUPPCD 函数

COUPPCD 函数可以返回表示结算日之前的数字。语法结构为：

COUPPCD(settlement,maturity,frequency,basis)

其参数功能说明如下。

- settlement：表示证券的结算日，即发行日之后证券卖给购买者的日期。
- maturity：表示有价证券的到期日，即有价证券有效期截止时的日期。
- frequency：表示付息次数，按年支付 frequency 为 1，按半年期支付 frequency 为 2，按季支付 frequency 为 4。
- basis：表示日计数基准类型，其值可以省略，也可以设置为 0、1、2、3、4。

【例 8-14】使用 COUPPCD 函数计算债券的上一个付息日。

视频+素材 (光盘素材\第 08 章\例 8-14)

step 1 假设债券的成交日为 2015 年 1 月 1 日，到期日为 2015 年 11 月 30 日，求按年期支付债券的成交日之前付息日期。

step 2 创建一个空白工作簿，然后在 Sheet 工作表中输入需要的数据，选择 B1 单元格，并在编辑栏中输入以下公式：

=COUPPCD (A1,A2,1,1)

step 3 按下 Ctrl+Enter 键，即可在 B1 单元格中显示函数运行的结果。

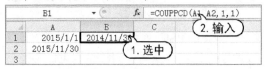

11. COUPPCD 函数

ODDFYIELD 函数可以返回首期付息不固定的有价证券（长期或短期）的收益率。语法结构为：

ODDFYIELD(settlement,maturity,issue,first_coupon,rate,pr,redemption,frequency,basis)

其参数功能说明如下。

> settlement：表示有价证券的结算日。
> maturity：表示有价证券的到期日。
> issue：表示有价证券的发行日。
> first_coupon：表示有价证券的首期付息日。
> rate：表示有价证券的利率。
> pr：表示有价证券的价格。
> redemption：表示面值￥100 的有价证券的清偿价值。
> frequency：表示年付息次数，按年支付 frequency 为 1，按半年期支付 frequency 为 2，按季支付 frequency 为 4。
> basis：表示日计数基准类型，其值可以省略，也可以设置为 0、1、2、3、4。

8.2 日期与时间函数

日期和时间函数是 Excel 最常用的函数之一，主要用于日期和时间的计算。本章将介绍 Excel 2010 中提供的日期和时间函数的用途、语法和参数说明，以及它们在实际工作和生活中的应用。

8.2.1 Excel 的日期与时间系统

1. Excel 的日期系统

在 Excel 中支持两种日期系统，即 1900 年系统和 1904 年系统。

> 1900 年系统：将 1900 年 1 月 1 日记录为数字 1，9999 年 12 月 31 日记录为数字 2958465。在此中间的日期都以此顺序排列，每个日期都有一个唯一的序列号。

> 1904 年系统：将 1904 年 1 月 1 日记录为数字 0，9999 年 12 月 31 日记录为数字 2957003。在此中间的日期都以此顺序排列，每个日期都有一个唯一的序列号。

【例 8-15】在 Excel 中转换日期与序号。

视频+素材 (光盘素材\第 08 章\例 8-15)

step 1 创建一个空白工作簿，然后在 A1 单元格中输入 1，并选中该单元格，选择【开始】选项卡，单击【单元格】组中的【格式】

下拉列表按钮，在弹出的下拉列表中选择【设置单元格格式】选项。

step 2 在打开的【设置单元格格式】对话框中的【分类】列表框中选择【日期】选项，并单击【确定】按钮。

step 3 此时，A1 单元格中的数字 1 将被自动转换为 1900/1/1。

在 Windows 操作系统中的 Excel 软件默认的日期系统为 1900 年日期系统，Excel for Macintosh 则使用 1904 年日期系统（本书一致采用 1900 年日期系统）。

2. Excel 的时间系统

在 Excel 中同样把时间也转化为有着唯一性的时间序列号，若用户将【日期+时间数据】的具体例子

2012-8-1 12:02:49

变为常规，即可看到上述【日期+时间数据】在计算机中实际被存储为：

41122. 501956019

其中，41122 表示当前日期 2012 年 8 月 1 日距 1900 年 1 月 1 日已过去了 41122 天，而该数字的小数部分就是时间。

在 Excel 中，时间的转化规则是：24 小时为 1，将当前的小时、分钟、秒钟全部都换算为小时。下面将以计算 12:02:49 的序号为例，介绍换算的方法。

step 1　将每一天分为 24 等份，以当前的小时数相除，例如

12/24=0.5

step 2　将每一小时分为 60 等份，当前的分钟数除以 60 与 24 的乘积，例如

2/(24*60)=0.001388888

step 3　将每分钟再分为 60 等份，当前的秒数除以 24*60*60，例如

49/(24*60*60)=0.000567131

step 4　将以上 3 个数字加载一起，合计数为 0.501956019。

如此，每一秒的变化都会使序列号的小数点后面的数字发生变化，且每一秒的数字都具有唯一性。

8.2.2　日期函数

日期函数主要用于日期对象的处理。在 Excel 2010 中，当需要转换、返回日期时，可以通过日期函数轻松完成相关的分析或计算操作。

1. DATE 函数

DATE 函数用于将指定的日期转换为日期序列号。语法结构为：

DATE(year,month,day)

其参数功能说明如下。

➤ year：表示指定的年份，可以为 1~4 位的数字。

➤ month：表示一年中从 1 月~12 月各月的正整数或负整数。

➤ day：表示一个月中从 1 日~31 日中各天的正整数或负整数。

【例 8-16】使用 DATE 函数整合日期。
🎬 视频+素材 (光盘素材\第 08 章\例 8-16)

step 1　创建一个空白工作簿，然后在工作表中输入需要计算的数据参数，选择 E6 单元格，并在编辑栏中输入以下公式：

=DATE($C$1,$C$2,B6)

step 2　按下 Ctrl+Enter 键，在 E6 单元格中计算出函数运行的结果。

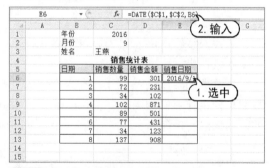

step 3　单击并按住单元格 E6 右下角的控制点■，当鼠标指针呈十字状态后，将公式向下复制，在 B7：B13 单元格区域中列显示函数运行结果。

如果参数 month 大于 12，则 month 将从指定年份的一月份开始累加该月份；如果参数 day 大于该月份的最大天数时，则 day 将从指定月数的第一天开始累加该天数。

2. DATEDIF 函数

DATEDIF 函数用于计算两个日期之间的年数、月数和天数。语法结构为：

DATEDIF(start_date,end_date,code)

其参数功能说明如下。

➤ start_date：该参数表示起始日期；参数 end_date 表示结束日期。

➤ code：该参数表示要返回两个日期的参数代码。

参数代码说明如下表所示。

参数代码	返 回 值
Y	返回两个日期之间的年数
M	返回两个日期之间的月数
D	返回两个日期之间的天数
YM	忽略两个日期的年数和天数，返回两个日期之间的月数
YD	忽略两个日期的年数，返回两个日期之间的天数
MD	忽略两个日期的月数和天数，返回两个日期之间的年数

3. DATEVALUE 函数

DATEVALUE 函数用于将日期值从字符串转化为序列号。语法结构为：

DATEVALUE(date_text)

其中，参数 date_text 为以日期格式表示的文本字符串。

当参数 date_text 省略了年份部分，则函数默认使用计算机的当前年份。date_text 中的时间信息将被忽略。

4. DAY 函数

DAY 函数用于返回指定日期所对应的当月天数。语法结构为：

DAY(serial_number)

其中，参数 serial_number 表示指定的日期。除了使用标准日期格式外，还可以使用日期所对应的序列号。

【例8-17】使用 DAY 函数显示银行公示牌上的日期。
视频+素材 (光盘素材\第 08 章\例 8-17)

step 1 创建一个空白工作簿，然后在工作表中选择 E6 单元格，在编辑栏输入以下公式：

=DAY(TODAY())

step 2 按下 Ctrl+Enter 键，单元格 B1 中将显示当前系统日期2015 年 11 月 27 日的日信息 27。

5. DAYS360 函数

DAYS360 函数用于按每年 360 天的计算方法，返回两个日期相差的天数(每月 30 天)。语法结构为：

DAYS360(start_date,end_date,method)

其参数功能说明如下。

➤ start_date：表示起始日期。。

➤ end_date：表示结束日期。

➤ method：表示一个逻辑值，该参数指定了在计算中采用美国方法(FALSE 或省略)或欧洲方法(TURE)进行计算。

在使用 DAYS360 函数前，应先使用 DATE 函数输入日期，或将函数作为其他公式或函数的结果输入。如果日期以文本的形式输入，则会出现问题。

6. EDATE 函数

EDATE 函数用于返回某个日期的序列号，该日期代表指定日期(start_date)之间或之后的月数。语法结构为：

EDATE(start_date,months)

其参数功能说明如下。

➤ start_date：表示一个开始日期。

➤ months：表示在 start_date 之前或之后的月数。正数表示未来日期，负数表示过去日期。

【例8-18】使用 EDATE 函数计算 5 个月之后的日期（开始日期为当前日期）。
视频+素材 (光盘素材\第 08 章\例 8-18)

step 1 创建一个空白工作簿，然后在工作表中输入需要的数据，并选择 C2 单元格，在编辑栏中输入以下公式：

=EDATE(A2,B2)

step② 按下 Ctrl+Enter 键，即可在 C2 单元格中计算出函数运行的结果。

step③ 将公式向下复制，在 C3：C6 单元格区域显示函数运行结果。

	A	B	C	D	E
	C2		f_x =EDATE(A2,B2)		
	A	B	C	D	E
1	开始日期	月份	结果		
2	2015/8/2	1	2015/9/2		
3	2015/8/3	2	2015/10/3		
4	2015/8/4	3	2015/11/4		
5	2015/8/5	4	2015/12/5		
6	2015/8/6	5	2016/1/6		
7					
8					

参数 start_date 应使用 DATE 函数输入日期，如果参数 months 不是整数，将截尾取整。

7. EOMONTH 函数

EOMONTH 函数用于返回指定月份 (start_date)之前或之后的月份的最后一天的序列号。语法结构为：

EOMONTH(start_date,months)

其参数功能说明如下。

➤ start_date 表示一个开始日期。

➤ months：表示在 start_date 之前或之后的月数。正数表示未来日期，负数表示过去日期。如果参数 months 不是整数，将截尾取整。

使用 EOMONTH 函数可以计算正好在特定月份中最后一天内的到期日或发行日。如果参数 start_date 不是有效日期，则函数将返回错误值#NUM！。如果参数 start_date 加参数 months 生成非法日期值，则函数同样返回错误值#NUM！。

8. MONTH 函数

MONTH 函数用于计算指定日期所对应的月份，是一个 1 月~12 月之间的整数。语法结构为：

MONTH(serial_number)

其中，参数 serial_number 表示要计算月份的日期。除了使用标准日期格式外，还可

以使用日期所对应的序列号。

9. NETWORKDAYS 函数

NETWORKDAYS 函数用于返回两个日期之间的完整的工作日数。语法结构为：

NETWORKDAYS(start_date,end_date,holidays)

其参数功能说明如下。

➤ start_date：表示开始日期。

➤ end_date：表示终止日期。

➤ holidays：表示不在工作日历中的一个或多个日期所构成的可选区域(如省/市/自治区和国家/地区的法定节假日)，该参数可以是包含日期的单元格区域，也可以是表示日期的序列号的数组常量。

【例 8-19】使用 NETWORKDAYS 函数计算距春节的工作日数。

🔴 视频+素材 (光盘素材\第 08 章\例 8-19)

step① 创建一个空白工作簿，然后在工作表中选择 B1 单元格，在编辑栏输入以下公式：

=NETWORKDAYS(TODAY(),"2016-2-10","2015-11-27")

step② 按下 Ctrl+Enter 键，即可在 B1 单元格中返回当前系统日期距 2016 年 2 月 10 日的工作日数。

10. TODAY 函数

TODAY 函数用于返回当前系统的日期。语法结构为：

TODAY()

该函数没有参数，但在输入时必须在函数后面添加括号()。

如果在输入 TODAY 函数前，单元格的格式为【常规】，则结果将默认设为日期格式。除了使用该函数输入当前系统的日期外，还可以使用快捷键来输入，选中单元格后，按 Ctrl+; 组合键即可。

11. WEEKDAY 函数

WEEKDAY 函数用于返回特定日期所对应的星期数。语法结构为：

WEEKDAY(serial_number,return_type)

其参数功能说明如下。

➤ serial_number：表示要返回的日期。

➤ return_type：表示确定返回值类型的数值，其值可以为 1 或省略，或者为 2 和 3。

如果参数 return_type 值为数字 1 或省略，则函数返回数字 1~7，代表星期日到星期六；如果参数 return_type 值为数字 2，则函数返回 1~7，代表星期一到星期日；如果参数 return_type 值为数字 3，则函数返回 0~6，代表星期一到星期六。

12. WEEKNUM 函数

WEEKNUM 函数用于返回一年中的周数。语法结构为：

WEEKNUM(serial_number,return_type)

其参数功能说明如下。

➤ serial_number：表示用于日期和时间计算的日期的序列号。

➤ return_type：表示一个确定函数返回值类型的数值，其值为 1 或 2。

如果参数 return_type 值为 1，则函数从星期日开始，一周内的天数从 1~7 记数；如果参数 return_type 值为 2，则函数从星期一开始，一周的天数从 1~7 记数。

13. WORKDAY 函数

WORKDAY 函数用于返回某日期(起始日期)之前或之后相隔指定工作日的某一日期的序列号。工作日不包括周末和专门指定的节假日。语法结构为：

WORKDAY(start_date,days,holidays)

其参数功能说明如下。

➤ start_date：表示起始日期。

➤ days：表示 start_date 之前或之后不含周末及节假日的天数，其值为正数将产生未来日期，为负数则产生过去日期。

➤ holidays：为可选的列表，表示需要从工作日历中排除的一个或多个日期值，该列表可以是包含日期的单元格区域，也可以是由代表日期的序列号所构成的数组常量。

【例 8-20】使用 WORKDAY 函数计算 30 天后的第一个工作日。

视频+素材 (光盘素材\第 08 章\例 8-20)

step 1 创建一个空白工作簿，然后在工作表中输入需要的数据，选中 B2 单元格，并在编辑栏中输入以下公式：

=WORKDAY(A2+30,IF(WEEKDAY(A2+30,2)>5,1,0))

step 2 按下 Ctrl+Enter 键，即可在 B2 单元格中计算出函数运行的结果。

step 3 将公式向下复制，在 B3：B7 单元格区域显示函数运行结果。

如果任何参数为非法日期值，则函数将返回错误值#VALUE!；如果 start_date 加 days 产出非法日期值，则函数将返回#NUM!。另外，如果参数 days 不是整数，则将截尾取整。

14. YEAR 函数

YEAR 函数用于返回指定日期所对应的年份，值为 1900~9999 之间的一个整数。语法结构为：

YEAR(serial_number)

其中，参数 serial_number 表示要返回的日期。除了使用标准日期格式外，还可以使用日期所对应的序列号。

15. YEARFRAC 函数

YEARFRAC 函数用于返回两个日期之间的天数占全年天数的百分比。语法结构为：

YEARFRAC(start_date,end_date,basis)

其参数功能说明如下。

➤ start_date：表示起始日期；参数

end_date 表示结束日期, 除了使用标准日期格式外, 还可以使用日期所对应的序列号。

➤ basis: 表示日计数基准类型的数值, 其值可以为 0 或省略, 也可以是 1、2、3 和 4。

8.2.3　时间函数

Excel 2010 提供了多个时间函数, 主要由 HOUR、MINUTE、SECOND、NOW、TIME 和 TIMEVALUE 等 6 个函数组成, 用于处理时间对象, 完成返回时间值、转换时间格式等与时间有关的分析和操作。

1. HOUR 函数

HOUR 函数用于返回某一时间值或代表时间的序列数所对应的小时数, 其返回值为 0(12:00AM)~23(11:00PM)之间的整数。语法结构为:

HOUR(serial_number)

其中, 参数 serial_number 表示将要计算小时的时间值, 包含要查找的小时数。

【例 8-21】使用 HOUR 函数显示当前时间的小时信息。

视频+素材 (光盘素材\第 08 章\例 8-21)

step 1 在工作表中选择 B1 单元格, 在编辑栏中输入以下公式:

=HOUR(now())

step 2 按下 Ctrl+Enter 键, 即可在 B1 单元格中返回当前时间的小时信息。

Excel 使用的是默认日期系统, 因此时间值为日期值的一部分, 并用十进制数来表示, 例如, 12:00PM 可表示为 0.5, 因为此时是一天的一半。

2. MINUTE 函数

MINUTE 函数用于返回某一时间值或代表时间的序列数所对应的分钟数, 其返回值为 0~59 之间的整数。语法结构为:

MINUTE(serial_number)

其中, 参数 serial_number 表示需要返回分钟数的时间, 包含要查找的分钟数。

HOUR 函数和 MINUTE 函数中的参数 serial_number 包括多种输入方式: 带引号的文本字符串(例如 6:54 PM)、十进制(例如 0.7875 表示 6:54 PM)、其他公式和函数的结果(例如 TIMEVALUE("6:54 PM "))等。

3. NOW 函数

NOW 函数用于返回计算机系统内部时钟的当前时间。语法结构为:

NOW()

该函数没有参数。

【例 8-22】使用 NOW 函数制作一个显示在工作表上方的时钟, 以便于用于填写内容时查看时间。

视频+素材 (光盘素材\第 08 章\例 8-22)

step 1 创建一个空白工作簿, 然后在工作表中输入需要的数据, 选择 E1 单元格, 并在编辑栏中输入以下公式:

=NOW()

step 2 按下 Ctrl+Enter 键, 即可在单元格 E1 中将显示当前系统的日期和时间信息。

如果在输入函数前, 单元格的格式为【常规】, 则结果将自动显示为日期格式。NOW 函数的返回值与单元格的格式无关, 返回当前时间或数值。NOW 函数不会随时更新, 只要重新计算工作表或运行含有该函数的宏时 NOW 函数的结果才会改变。

4. SECOND 函数

SECOND 函数用于返回某一时间值或

代表时间的序列数所对应的秒数，其返回值为 0~59 之间的整数。语法结构为：

SECOND(serial_number)

其中，参数 serial_number 表示需要返回秒数的时间值，包含要查找的秒数。

5. TIME 函数

TIME 函数用于将指定的小时、分钟和秒合并为时间，或者返回某一特定时间的小数值。语法结构为：

TIME(hour,minute,second)

其参数功能说明如下。

➤ hour：表示小时

参数 minute 表示分钟。

➤ second 表示秒；参数的数值范围为 0~32767 之间。

【例 8-23】使用 TIME 函数整合存放在 3 个单元格中的时、分、秒数据。

视频+素材 (光盘素材\第 08 章\例 8-23)

step 1 创建一个空白工作簿，然后在工作表中输入需要的数据，选择 E3 单元格，并在编辑栏中输入以下公式：

=TIME(A3,B3,C3)

step 2 按下 Ctrl+Enter 键，即可在 E3 单元格中计算出函数运行的结果。

step 3 将公式向下复制，在 E4：E9 单元格区域显示函数运行结果。

在 TIME 函数中，如果参数 hour 大于 23，则系统将其除以 24，取余数作为返回的小时数；如果参数 minute 大于 59，则系统将其除以 60，将商转换为小时数，余数转换为分钟数；如果 second 大于 59，则系统其除以 60，将商转换为小时、分钟和秒。

6. TIMEVALUE 函数

TIMEVALUE 函数用于将字符串表示的字符转换为与时间对应的序列数字(即小数值)，其值为 0~0.999999999 的数值，代表从 0:00:00(12:00:00 AM)~23:59:59(11:59:59 PM) 之间的时间。语法结构为：

TIMEVALUE(time_text)

其中，参数 time_text 表示指定的时间文本，即文本字符串。

在使用 TIMEVALUE 函数输入公式后，将数字设置为时间格式。

8.3 数学与三角函数

在 Excel 中，软件提供了大量的数学与三角函数，这些函数在用户进行数据统计与数据排序等运算时，起着非常重要的作用。本章将主要介绍 Excel 数学与三角函数的用途、语法和参数等知识，以及它们在实际工作的应用。

8.3.1 数学函数

在学习使用电脑打字前，有必要先了解关于电脑打字的一些基本常识，包括常见的输入法，如何添加输入法、删除输入法和选择输入法等。

1. ABS 函数

ABS 函数用于计算指定数值的绝对值，

绝对值是没有符号的。语法结构为：

ABS(number)

其中，参数 number 为需要返回绝对值的实数。

【例 8-24】使用 ABS 函数计算表格中资金流动量绝对值。

视频+素材 (光盘素材\第 08 章\例 8-24)

step 1 创建一个空白工作簿，然后在工作表中输入原始数据参数。

	A	B	C	D	E	F
1	原始数据	绝对值				
2	8					
3	-8					
4	1					
5	1.8					
6	-3.8					
7						

step 2 选择 B2 单元格后，单击编辑栏中输入以下公式：

$$=ABS(A2)$$

step 3 按下 Ctrl+Enter 键，单击并按住 B2 单元格右下角的控制点■，当鼠标指针呈十字状态后，将公式向下复制，B 列中即出现函数运行后的结果。

	A	B	C	D	E	F
1	原始数据	绝对值				
2	8	8				
3	-8	8				
4	1	1				
5	1.8	1.8				
6	-3.8	3.8				
7						

使用 ABS 函数求数值的绝对值时，如果该函数的参数 number 不是数值，而是字符，则 ABS 函数将返回错误值#NAME?。

2. CEILING 函数

CEILING 函数用于将指定的数值按指定的条件进行舍入计算。语法结构为：

CEILING(number,significance)

其参数功能说明如下。

➤ number：表示需要舍入的数值。

➤ significance：表示需要进行舍入的倍数，即舍入的基准。

【例8-25】使用 CEILING 函数计算按周收益的金额。
视频+素材（光盘素材\第 08 章\例 8-25）

step 1 假设以 7 天为一个计算周期，不足 7 天按 7 天计算，从 2016 年 7 月 2 日开始，至 2016 年 7 月 19 日止，每 7 天固定收益 250 元。

step 2 创建一个空白工作簿，然后在工作表中输入需要计算的数据参数，选择 D2 单元格，然后在编辑栏中输入以下公式：

$$=CEILING(C2,7)$$

step 3 按下 Ctrl+Enter 键，即可在单元格 D2 中显示函数运行后的结果。

step 4 将分步进行计算的公式合并在一个单元格中，在 E2 单元格中输入公式：

$$=CEILING(B2-A2,7)/7*250$$

step 5 按下 Ctrl+Enter 键，即可按周计算出收益结果。

无论参数 number 的正负如何，都是按远离 0 的方向向上舍入。如果参数 number 已经成为参数 significance 的倍数，则不进行舍入。参数 number 和参数 significance 的符号不同，CEILING 函数将返回错误值#NUM!。若参数为非数值型数据，CEILING 函数则会返回错误值#VALUE!。

3. EVEN 函数

EVEN 函数用于指定的数值沿绝对值增大方向取整，并返回最接近的偶数。使用该函数可以处理成对出现的对象。语法结构为：

EVEN(number)

其中，参数 number 为需要进行四舍五入的数值。

【例8-26】使用 EVEN 函数整理出表格数据中的偶数。
视频+素材（光盘素材\第 08 章\例 8-26）

step 1 创建一个空白工作簿，然后在工作表中输入原始数据参数，并选择 B2 单元格，在编辑栏中输入以下公式：

$$=EVEN(A1)$$

step 2 按下 Ctrl+Enter 键，单击并按住 B2 单元格右下角的控制点■，当鼠标指针呈十字状态后，将公式向下复制，B 列中即出现函数运行后的结果。

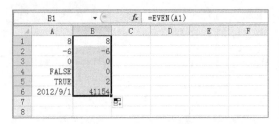

若参数 number 恰好是偶数，则无须进行任何舍入处理，并保持原来的数值不变。

4. EXP 函数

EXP 函数用于计算指定数值的幂，即返回 e 的 n 次幂。语法结构为：

EXP(number)

其中，EXP 函数的参数 number 表示应用于底数 e 的指数。常数 e 等于 2.71828182845904，是自然对数底数。

【例 8-27】使用 EVEN 函数求数学模型中常数 e 的 5 次幂值。

📹 视频+素材 (光盘素材\第 08 章\例 8-27)

step① 创建一个空白工作簿，然后在工作表中输入原始数据参数，并选择 B2 单元格，在编辑栏中输入以下公式：

=EXP(A1)

step② 按下 Ctrl+Enter 键，然后单击并按住单元格 B1 右下角的控制点■，当鼠标指针呈十字状态后，将公式向下复制，在 B 列中显示函数运行后的结果。

在使用 EXP 函数运算时，当参数 number 为 1 时，则返回底数 e 的近似值，默认返回 10 个有效数字。若要计算以其他常数为底的幂，需使用指数操作符(^)。EXP 函数是计算自然对数的 LN 函数的反函数。

5. FACT 函数

FACT 函数用于计算指定正数的阶乘(阶

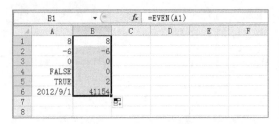

若参数 number 恰好是偶数，则无须进行任何舍入处理，并保持原来的数值不变。

4. EXP 函数

EXP 函数用于计算指定数值的幂，即返回 e 的 n 次幂。语法结构为：

EXP(number)

其中，EXP 函数的参数 number 表示应用于底数 e 的指数。常数 e 等于 2.71828182845904，是自然对数底数。

【例 8-27】使用 EVEN 函数求数学模型中常数 e 的 5 次幂值。

视频+素材 (光盘素材\第 08 章\例 8-27)

step① 创建一个空白工作簿，然后在工作表中输入原始数据参数，并选择 B2 单元格，在编辑栏中输入以下公式：

=EXP(A1)

step② 按下 Ctrl+Enter 键，然后单击并按住单元格 B1 右下角的控制点■，当鼠标指针呈十字状态后，将公式向下复制，在 B 列中显示函数运行后的结果。

在使用 EXP 函数运算时，当参数 number 为 1 时，则返回底数 e 的近似值，默认返回 10 个有效数字。若要计算以其他常数为底的幂，需使用指数操作符(^)。EXP 函数是计算自然对数的 LN 函数的反函数。

5. FACT 函数

FACT 函数用于计算指定正数的阶乘(阶乘主要用于排列和组合的计算)，一个数的阶乘等于 1*2*3*…。语法结构为：

FACT(number)

其中，参数 number 表示需要计算其阶乘的非负数。

【例 8-28】使用 FACT 函数求 1~8 这 8 个数字编排，一共可以有多少种数字排列顺序。

视频+素材 (光盘素材\第 08 章\例 8-28)

step① 创建一个空白工作簿，然后在工作表中输入数字 1~8，并选择 B2 单元格，在编辑栏中输入以下公式：

=FACT(A1)

step② 按下 Ctrl+Enter 键，然后单击并按住单元格 B1 右下角的控制点■，当鼠标指针呈十字状态后，将公式向下复制，B 列中即出现函数运行后的结果。

当参数 number 为非整数时，将默认截尾取整；当参数 number 为负数时，则返回错误值#NUM!。

6. FLOOR 函数

FLOOR 函数用于将数值按指定的条件向下舍入计算。语法结构为：

FLOOR(number,significance)

其参数功能说明如下。

➤ number：表示需要进行舍入计算的数值。

➤ significance：表示进行舍入计算的倍数，其值不能为 0。

【例 8-29】使用 FLOOR 函数计算未付周薪天数。

视频+素材 (光盘素材\第 08 章\例 8-29)

step① 假设以 7 天为一个计算周期，每 7 天发放一次薪酬，不满一周按天计算，从 2016

年 7 月 2 日开始，至 2016 年 7 月 19 日止。

step 2 创建一个空白工作簿，然后在工作表中输入需要计算的数据参数，并选择 C2 单元格，在编辑栏中输入以下公式：

$$=FLOOR(B2-A2,7)$$

step 3 按下 Ctrl+Enter 键，即可在 C2 单元格中计算出函数运行的结果。

step 4 选择 D2 单元格，在编辑栏输入公式：

$$=B2-A2-C2$$

step 5 按下 Ctrl+Enter 键，即可计算出按周支付薪酬未付薪天数。

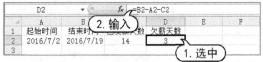

当参数 number 与 significance 的正负号不同时，则返回错误值#NUM!；当任意参数为非数值型，则返回错误值#VALLUE！。

7. INT 函数

INT 函数用于将数字向下舍入到最接近的整数。语法结构为：

$$INT(number)$$

其中，参数 number 表示需要进行向下舍入取整的实数。当其值为负数时，将向绝对值增大的方向取整。

【例 8-30】使用 INT 函数对数据表中的数据进行取整处理。

(光盘素材\第 08 章\例 8-30)

step 1 创建一个空白工作簿，然后在工作表中输入所需的数据，并选择 B1 单元格，在编辑栏中输入以下公式：

$$=INT(A1)$$

step 2 按下 Ctrl+Enter 键，按住单元格 B1 右下角的控制点■，当鼠标指针呈十字状态后，将公式向下复制，在 B 列显示函数运行结果。

	A	B	C	D	E	F
1	21.45	21				
2	653.21	653				
3	-0.59	-1				
4	87.31	87				
5	1255.31	1255				
6	-31.12	-32				
7						

当参数 number 为非数值型，则函数返回错误值#VALLUE！。

8. LN 函数

LN 函数用于返回一个数的自然对数。语法结构为：

$$LN(number)$$

其中，参数 number 表示需要计算其自然对数的正实数。

【例 8-31】使用 LN 函数求物理实验中相关自然对数值。

(光盘素材\第 08 章\例 8-31)

step 1 创建一个空白工作簿，然后在工作表中输入所需的数据，并选择 B1 单元格，在编辑栏中输入以下公式：

$$=LN(A1)$$

step 2 按下 Ctrl+Enter 键，即可在 B1 单元格中计算出函数运行的结果。

step 3 单击并按住单元格 B1 右下角的控制点■，当鼠标指针呈十字状态后，将公式向下复制，在 B 列显示函数运行结果。

	A	B	C	D	E	F
1	33	3.496508				
2	6	1.791759				
3	82	4.406719				
4	9	2.197225				
5	66	4.189655				
6						

LN 函数是 EXP 函数的反函数。在使用 LN 函数时，该函数自然对数将会以常数 e(2.71828182845904)为底数。

9. LOG 函数

LOG 函数用于按指定的底数返回一个数的对数。语法结构为：

$$LOG(number,base)$$

其参数功能说明如下。

> number：表示需要计算对数的正实数。

> base：表示对数的底数，若省略底数，则默认设定其值为 10。

【例8-32】使用 LOG 函数按指定的底数返回一组数的对数。

视频+素材 (光盘素材\第 08 章\例 8-32)

step 1 创建一个空白工作簿，然后在工作表中输入所需的数据，并选择 B1 单元格，在编辑栏中输入以下公式：

$$=LOG(A1,4)$$

step 2 按下 Ctrl+Enter 键，即可在 B1 单元格中显示函数运行结果。

step 3 单击并按住单元格 B1 右下角的控制点，当鼠标指针呈十字状态后，将公式向下复制，在 B 列显示函数运行结果。

	A	B	C	D	E	F
		B1		f_x	=LOG(A1,4)	
1	500	4.482892				
2	99	3.314678				
3	67	3.033045				
4	36	2.584963				
5	678	4.702571				
6						

10. MOD 函数

MOD 函数用于返回两个数相除的余数。无论被除数能不能被整除，其返回值的正负号都与除数相同。语法结构为：

$$MOD(number,divisor)$$

其中，参数 number 表示被除数；参数 divisor 表示除数。

【例8-33】使用 MOD 函数求分组考评的剩余人数。

视频+素材 (光盘素材\第 08 章\例 8-33)

step 1 假设公司管理人员 25 人，分 4 组考评，求剩余人数。

step 2 创建一个空白工作簿，然后在工作表中输入所需的数据，并选择 C2 单元格，在编辑栏中输入以下公式：

$$=MOD(A2,B2)$$

step 3 按下 Ctrl+Enter 键，计算出函数运行的结果。

step 4 单击并按住单元格 B1 右下角的控制点，当鼠标指针呈十字状态后，将公式向下复制，在 B 列显示函数运行结果。

	A	B	C	D	E	F
			C2	f_x	=MOD(A2,B2)	
1	人数	分组	剩余			
2	25	4	1			
3	33	2	1			
4	6	4	2			
5	15	-7	-6			
6	-20	8	4			
7						

当 divisor 为零，则 MOD 函数将返回错误值#DIV/0！。

11. ODD 函数

ODD 函数用于返回对指定数值进行向上舍入后的奇数。语法结构为：

$$ODD(number)$$

其中，参数 number 表示需要进行四舍五入的数值。

另外，使用 ODD 函数，也可以判断出数字的奇偶性。

【例8-34】使用 ODD 函数定制运动员分组方案。

视频+素材 (光盘素材\第 08 章\例 8-34)

step 1 假设将1~9号队员按号码就近分入相应的组中，其组编号为 1、3、5、7、9。

step 2 创建一个空白工作簿，然后在工作表中输入所需的数据，并选择 B1 单元格，在编辑栏中输入以下公式：

$$=ODD(A1)$$

step 3 按下 Ctrl+Enter 键，计算出函数运行的结果。

step 4 单击并按住单元格 B1 右下角的控制点，当鼠标指针呈十字状态后，将公式向下复制，在 B 列显示函数运行结果。

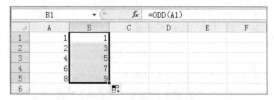

	A	B	C	D	E	F
			B1	f_x	=ODD(A1)	
1	1	1				
2	2	3				
3	4	5				
4	6	7				
5	8	9				
6						

若参数 number 恰好是奇数，则无须进行任何舍入处理；无论数值符号如何，都向

远离零的方向向上舍入。

12. PRODUCT 函数

PRODUCT 函数用于将所有以参数形式给出的数值相乘，并返回乘积值。语法结构为：

PRODUCT(number1,number2,…)

其中，参数 number1,number2,…表示需要进行计算的 1~255 个数值、逻辑值或字符串。

【例 8-35】使用 PRODUCT 函数计算货物总数。
视频+素材 (光盘素材\第 08 章\例 8-35)

step 1 假设有两个货柜，每个货柜中有 3 个集装箱，而每个集装箱中有 6 个大包装袋，每个大包装袋中有 8 个小包装袋，每个小包装袋则由 9 个货品装在一起，求货品的总数。

step 2 创建一个空白工作簿，然后在工作表中输入所需的数据，并选择 B1 单元格，在编辑栏中输入以下公式：

=PRODUCT(A1,A2,A3,A4,A5)

step 3 按下 Ctrl+Enter 键，即可在 B1 单元格中显示函数运行的结果。

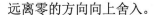

参数为数组或引用时，只有其中的数字会被计算，数组或引用的空白单元格、逻辑值、文本或错误值将被忽略。

13. RAND 函数

RAND 函数用于返回一个大于等于 0 小于 1 的平均分布随机实数。语法结构为：

RAND()

RAND 函数无参数，由于返回的数值具有随机性，因此同一公式返回的值也不相同。

【例 8-36】使用 RAND 函数自动生成一系列随机数字进行抽奖（最接近第一个数字的为一等奖，其次为二等奖，以此类推）。
视频+素材 (光盘素材\第 08 章\例 8-36)

step 1 创建一个空白工作簿，然后在工作表

中选择 B1 单元格，并在编辑栏中输入以下公式：

=RAND()

step 2 按下 Ctrl+Enter 键，将公式向下复制，B 列将显示函数运行后的结果。

	A	B	C	D	E	F
1		0.936972				
2		0.608517				
3		0.739131				
4		0.634973				
5		0.557844				
6		0.094234				
7		0.935582				
8		0.676363				
9						

若要生成 a、b 之间的随机实数，则可使用公式=RAND()*(b-a)+a；若在某一单元格内应用公式=RAND()，然后在编辑栏中按 F9 键，将会产生一个变化的随机值。

14. ROMAN 函数

ROMAN 函数用于将阿拉伯数字转换为文本形式的罗马数字。语法结构为：

ROMAN(number,form)

其参数功能说明如下。

➢ number：表示需要转换的阿拉伯数字。

➢ form：用于指定所需的罗马数字的类型，其值为数值类型或逻辑类型。

在 ROMAN 函数中，参数 form 的取值及对应的罗马数学的类型如下表所示。

Form 值	罗马数字的类型
0 或省略	经典
1~3	更简明
4	简化
TRUE	经典
FALSE	简化

【例 8-37】使用 ROMAN 函数创建一个罗马数字对照表，将输入的阿拉伯数字转化为文本形式的罗马数字。
视频+素材 (光盘素材\第 08 章\例 8-37)

step 1 创建一个空白工作簿，然后在工作表中输入所需的数据，并选择 C2 单元格，在编辑栏中输入以下公式：

=ROMAN(A2,B2)

step 2 按下 Ctrl+Enter 键，单击并按住单元格 C2 右下角的控制点■，当鼠标指针呈十字状态后，将公式向下复制，在 C 列显示函数运行结果。

	A	B	C	D	E	F
1	Number	Form	结果			
2	66		LXVI			
3	FALSE	0				
4	699	1	DCVCIV			
5	699	2	DCIC			
6	699	3	DCIC			
7	699	4	DCIC			
8	699	TRUE	DCXCIX			
9	699	FALSE	DCIC			
10						

15. SIGN 函数

SIGN 函数用于返回数字的符号。语法结构为：

SIGN(number)

其中，参数 number 为任意实数。当其为正数时返回 1，为负数时返回-1，为零时则返回 0。

【例 8-38】使用 SIGN 函数判断数学实验中的数值正负。

(视频+素材) (光盘素材\第 08 章\例 8-38)

step 1 创建一个空白工作簿，然后在工作表中输入所需的数据，选择 B1 单元格，并在编辑栏输入以下公式：

=SIGN(A1)

step 2 按下 Ctrl+Enter 键，计算出函数运行的结果，然后将公式向下复制，在 B 列显示函数运行结果。

	A	B	C	D	E	F
1	33	1				
2	0	0				
3	-18	-1				
4						

16. SUM 函数

SQRTPI 函数用于返回某数与 π 的乘积的平方根。语法结构为：

SUM(number1,number2,…)

其中，参数 number1,number2,…表示要对其求和的 1~255 个可选参数。

【例 8-39】使用 SUM 函数计算人数总和。

(视频+素材) (光盘素材\第 08 章\例 8-39)

step 1 创建一个空白工作簿，然后在工作表中输入所需的数据，选择 B1 单元格，在编辑栏中输入以下公式：

=SUM(A2:A6)

step 2 按下 Ctrl+Enter 键，即可显示函数运行的结果。

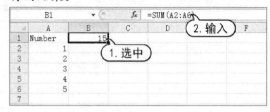

17. SUMIF 函数

SUMIF 函数用于根据指定条件对若干单元格进行求和。语法结构为：

SUMIF(range,criteria,sum_range)

其参数功能说明如下。

➤ range：表示用于条件判断的单元格区域，每个区域中的单元格都必须是数字或包含数字的名称、数组或引用，空值和文本值将被忽略。

➤ criteria：表示需要进行求和的条件，其形式可以为数字、表达式和文本。

➤ sum_range：表示需要求和的实际单元格。

【例 8-40】使用 SUMIF 函数统计一定条件商品的总量。

(视频+素材) (光盘素材\第 08 章\例 8-40)

step 1 创建一个空白工作簿，然后在工作表中输入所需的数据，选择 D9 单元格，在编辑栏中输入以下公式：

=SUMIF(B2:B6,C9,C2:C6)

step 2 按下 Ctrl+Enter 键，在 D9 单元格中显示出函数运行的结果。

step 3 将 D9 单元格中的公式向下复制，在 D10 单元格也显示函数运行结果，效果如下图所示。

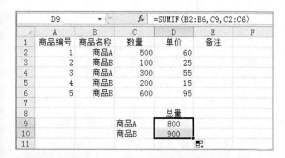

8.3.2　三角函数

Excel 2010 提供了一些用于数学几何运算的三角函数，由正弦、余弦、正切等函数组成，主要用于角度计算以及弧度的转。

1. ACOS 函数

ACOS 函数用于返回数字的反余弦值，反余弦值是角度，其余弦值为数字。返回的角度值以弧度表示，范围是 0~pi。语法结构为：

ACOS(number)

其中，参数 number 表示角度的余弦值，该值必须介于-1~1 之间。

【例 8-41】使用 ACOS 函数根据已知距离求出相应的角度值。
视频+素材 (光盘素材\第 08 章\例 8-41)

step 1 创建一个空白工作簿，然后在工作表中输入所需的数据，选择 B2 单元格，在编辑栏中输入以下公式：

=ACOS(A2)

step 2 按下 Ctrl+Enter 键，在 B2 单元格显示函数运行的结果，然后将公式向下复制，在 B 列显示函数运行结果。

2. ACOSH 函数

ACOSH 函数用于返回数字的反双曲余弦值。语法结构为：

ACOSH(number)

其中，参数 number 为大于或等于 1 的实数。

反双曲余弦值的双曲余弦即为 number，因此，ACOSH(COSH(number))=number。

3. ASIN 函数

ASIN 函数用于返回参数的反正弦值，反正弦值为一个角度，该角度的正弦值即等于此函数的 number 参数。返回的角度值将以弧度表示，范围为-π/2~π/2。语法结构为：

ASIN(number)

其中，参数 number 表示角度的正弦值，该值必须介于-1~1 之间。

如果要用度表示反正弦值，则需将结果再乘以 180/PI()或使用 DEGREES 函数表示。

4. ASINH 函数

ASINH 函数用于返回参数的反双曲正弦值。语法结构为：

ASINH(number)

其中，参数 number 为任意实数。

反双曲正弦值的双曲正弦即为 number，因此，ASINH(SINH(number))=number。

5. ATAN 函数

ATAN 函数用于返回参数的反正切值，反正切值为角度，返回的角度值将以弧度表示，范围为-π/2~π/2。语法结构为：

ATAN(number)

其中，参数 number 表示角度的正切值。

6. ATAN2 函数

ATAN2 函数用于返回给定 X 以及 Y 坐标轴的反正切值，反正切值的角度等于 X 轴与通过原点和给定坐标点(x_num,y_num)的直线之间的夹角，其返回的结果以弧度表示并介于-π~π 之间(不包括-π)。语法结构为：

ATAN2(x_num,y_num)

其中，参数 x_num 表示坐标点 X 的坐标；y_num 表示坐标点 Y 的坐标。

函数返回的结果为正时，表示从 X 轴逆时针旋转的角度；结果为负时，表示从 X 轴顺时针旋转的角度。

7. ATANH 函数

ATANH 函数用于返回参数的反双曲正切值。语法结构为：

ATANH(number)

其中，参数 x_num 为-1~1 之间的任意实数，不包括-1 和 1。

【例 8-42】使用 ATANH 函数计算水文测绘中相关数据的反双曲正切值。

视频+素材 (光盘素材\第 08 章\例 8-42)

step 1 创建一个空白工作簿，然后在工作表中输入所需的数据，选择 B2 单元格，在编辑栏中输入以下公式：

=ASINH(A2)

step 2 按下 Ctrl+Enter 键，在 B2 单元格中显示函数运行的结果，然后将公式向下复制，在 B 列显示函数运行结果。

	B2	fx	=ASINH(A2)		
	A	B	C	D	E	F
1	Number	函数值				
2	1	0.881374				
3	0	0				
4	0.78	0.716975				
5	-0.3	-0.29567				
6	-1	-0.88137				
7						

8. COS 函数

COS 函数用于返回指定角度的余弦值。语法结构为：

COS(number)

其中，参数 number 表示需要求余弦的角度，单位为弧度。

9. COSH 函数

COSH 函数用于返回参数的反双曲余弦值。语法结构为：

COSH(number)

其中，参数 number 表示需要求双曲余弦的任意实数。

10. DEGREES 函数

DEGREES 函数用于将弧度转换为角度。语法结构为：

DEGREES(angle)

【例 8-43】使用 DEGREES 函数计算滑轮相关参数的角度值（假设滑轮相关参数都以弧度为单位）。

视频+素材 (光盘素材\第 08 章\例 8-43)

step 1 创建一个空白工作簿，然后在工作表中输入所需的数据，选择 B1 单元格，在编辑栏输入以下公式：

=DEGREES(A1)

step 2 按下 Ctrl+Enter 键，在 B1 单元格中显示函数运行的结果，然后将公式向下复制，在 B 列显示函数运行结果。

	B1	fx	=DEGREES(A1)		
	A	B	C	D	E
1	0	0			
2	-0.57	-32.6586			
3	-1	-57.2958			
4	0.78	44.69071			
5					
6					
7					

11. RADIANS 函数

RADIANS 函数用于将角度转换为弧度，与 DEGREES 函数相对。语法结构为：

RADIANS(angle)

其中，参数 angle 表示需要转换的角度。

12. SIN 函数

SIN 函数用于返回指定角度的正弦值。语法结构为：

SIN(number)

其中，参数 number 表示需要求正弦的角度，单位为弧度。

如果参数单位是度，则可以乘以 PI()/180 或使用 RADIANS 函数将其转换为弧度。

13. SINH 函数

SINH 函数用于返回参数的双曲正弦值。语法结构为：

SINH(number)

其中，参数 number 为任意实数。

14. TAN 函数

TAN 函数用于返回指定角度的正切值。

其语法结构为:

TAN(number)

其中,参数 number 表示需要求正切的角度,单位为弧度。

15. TANH 函数

TANH 函数用于返回参数的双曲正切值。其语法结构为:

TANH(number)

其中,参数 number 为任意实数。

8.4 查找与引用函数

引用与查询函数是 Excel 函数中应用相当广泛的一个类别,它并不专用于某个领域,在各种函数中起到连接和组合的作用。引用与查询函数可以将数据根据指定的条件查询出来,再按要求将其放在相应的位置。

8.4.1 引用函数

在 Excel 中,用户可以通过引用函数在数据清单或工作表中查找某个单元格引用。下面将介绍常用的引用函数。

1. ADDRESS 函数

ADDRESS 函数用于按照给定的行号和列标,建立文本类型的单元格地址。语法结构为:

ADDRESS(row_num,column_num,abs_num,a1,sheet_text)

其参数功能说明如下。

➢ row_num:表示在单元格引用中使用的行号。

➢ column_num:表示在单元格中引用中使用的列标。

➢ abs_num:指定返回的引用类型,其值与返回的引用类型的关系如下表所示。

abs_num 值	返回的引用类型
1 或忽略	绝对引用
2	绝对行号,相对列标
3	相对行号,绝对列标
4	相对引用

➢ a1:用于指定 A1 或 R1C1 引用样式的逻辑值。

➢ sheet_text:表示一个文本,指定作为外部引用的工作表的名称,如果忽略该参数,则不使用任何工作表名。

【例 8-44】利用 ADDRESS 函数查找员工姓名所在位置。

视频+素材 (光盘素材\第 08 章\例 8-44)

step 1 假设在名单中查询某员工的姓名时需要其单元格信息,以 A1 单元格 A1 为例,说明操作。

step 2 创建一个空白工作簿,然后选择 B1 单元格,在编辑栏中输入以下公式:

=ADDRESS(1,1,1,TRUE)

step 3 按下 Ctrl+Enter 键,即可显示函数运行结果。

在本例的公式参数中,第一个 1 表示 A1 的行号 1,第二个 1 表示 A1 的列标 A(如果是 B1,此处为 2);第三个 1 表示对单元格的引用为绝对引用,最后一个参数 TRUE 表示对单元格的引用样式为 A1 样式。单元格 B1 中出现的是对当前工作表中单元格 A1 的引用样式,其样式采用 A1 模式,且行与列都为绝对引用。

2. HYPERLINK 函数

HYPERLINK 函数用于创建一个快捷方式或超链接,以便打开存储在网络服务器、Internet 或主机中的文件。单击 HYPERLINK 函数所在的单元格,即可打开相应的超链接。语法结构为:

HYPERLINK(link_location,friendly_name)

其参数功能说明如下。

➢ link_location：表示要打开的文件名称及路径，即超链接的地址。

➢ friendly_name：表示单元格中显示的跳转文本或数值。

【例8-45】利用 HYPERLINK 函数创建文档目录链接。

视频+素材 (光盘素材\第08章\例8-45)

step1 创建一个空白工作簿，然后在工作表中输入所需的数据，并选择 B1 单元格，在编辑栏中输入以下公式：

=HYPERLINK("D:\Inetpub","文档目录")

step2 按下 Ctrl+Enter 键，即可在 B1 单元格中显示函数的运行结果。

本例中的链接指向本机硬盘上的【文件目录】文件夹（单击链接即可将其打开）。

如果省略参数 friendly_name，则将直接以 link_location 为超链接。

3. COLUMN 函数

COLUMN 函数用于返回引用的列标。语法结构为：

COLUMN(reference)

其中，参数 reference 表示要得到其列标的单元格或单元格区域。

如果省略 reference，则假定为对函数 COLUMN 所在单元格的引用。如果 reference 为一个单元格区域，且 COLUMN 函数作为水平数组输入，则函数将 reference 中的列标以水平数组的形式返回。另外，需要特别注意的是 reference 不能引用多个区域。

4. COLUMN 函数

COLUMNS 函数用于返回数组或引用的列数。语法结构为：

COLUMNS(array)

其中，参数 array 表示要得到其列数的数组、数组公式或对单元格区域的引用。

5. INDEX 函数

INDEX 函数用于在给定的单元格区域中返回特定行列交叉处单元格的值或引用。INDEX 函数有数组和引用两种形式。

(1) 数组形式

INDEX 函数的数组形式通常用于返回指定单元格或单元格数组的值。语法结构为：

INDEX(array,row_num,column_num)

其参数功能说明如下。

➢ array：表示单元格区域或数组常量。

➢ row_num：表示数组或引用中某行的行序号(即行号)，函数从该行返回数值。

➢ column_num：表示数组或引用中某列的列序号(即列标)。

【例8-46】利用 INDEX 函数根据考生学号查询考生姓名及各科考试成绩。

视频+素材 (光盘素材\第08章\例8-46)

step1 创建一个空白工作簿，然后在工作表中输入所需的数据，并选择 G8 单元格，在编辑栏中输入以下公式：

=INDEX($A$2:$D$8,$F$8,2)

step2 按下 Ctrl+Enter 键，即可在 G8 单元格中显示函数运行的结果。

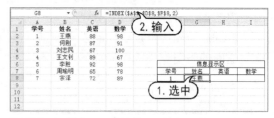

step3 参考以上操作，选择 H8 单元格，在编辑栏中输入公式：

=INDEX($A$2:$D$8,$F$8,3)

选择 I8 单元格，在编辑栏输入公式：

=INDEX($A$2:$D$8,$F$8,4)

step4 完成以上操作后，用户在 F8 单元格中输入考生的学号即可查询学生的姓名和考试成绩。

如果数组只包含一行或一列，则相对应的参数 row_num 和 column_num 为可选参数；如果数组有多行或多列，但只使用 row_num 或 column_num，INDEX 函数返回数组中的整行或整列，且返回值也为数组。

(2) 引用形式

INDEX 函数的引用形式用于返回指定的行与列交叉处的单元格引用。语法结构为：

INDEX(reference,row_num,column_num,area_num)

其参数功能说明如下。

▶ reference：表示对一个或多个单元格区域的引用，如果引用输入一个不连续的区域，必须使用括号括起来。

▶ row_num：表示引用中某行的行序号，函数该行返回一个引用。

▶ column_num：表示引用中某列的列序号，函数从该列返回一个引用。

▶ area_num：表示选择引用中的一个区域，并返回该区域中 row_num 和 column_num 的交叉区域，第一个区域序列号为 1，第二个为 2，依此类推，若省略区域序列号，则 INDEX 函数使用区域 1。

reference 和 area_num 选择特定的区域后，row_num 和 column_num 将进一步选择特定的单元格：row_num 1 为区域的首行，column_num 1 为首列，依此类推。函数返回的引用即为 row_num 和 column_num 的交叉区域。如果 row_num 或 column_num 为 0，则 INDEX 函数分别返回整列或整行引用。

6. INDIRECT 函数

INDIRECT 函数用于返回由文本字符串指定的引用。语法结构为：

INDIRECT(ref_text,a1)

其参数功能说明如下。

▶ ref_text：表示单元格的引用，该引用可以包含 A1 样式的引用、R1C1 样式的引用、定义为引用的名称或文本字符串单元格的引用。

▶ a1：表示一个逻辑值，指明包含在单元格 ref_text 中的引用类型。如果 a1 为 TRUE 或省略，ref_text 被解释为 A1 样式的引用，反之，ref_text 被解释为 R1C1 样式的引用。

如果 ref_text 是对另一个工作簿的引用(外部引用)，则该工作簿必须处于打开状态。

7. OFFSET 函数

OFFSET 函数可以以指定的引用为参照系，通过给定的偏移量返回新的引用。返回的引用可以为一个单元格或单元格区域，并可以指定返回的行数或列数。语法结构为：

OFFSET(reference,rows,cols,height,width)

其参数功能说明如下。

▶ reference：表示作为偏移量参照系的引用区域，必须为对单元格或相连单元格区域的引用。

▶ rows：表示相对于偏移量参照系左上角的单元格上(下)偏移的行数。

▶ cols：表示相对于偏移量参照系左上角的单元格左(右)偏移的列数。

▶ height：表示高度，即所要返回的引用区域的行数，必须为正数。

▶ width：表示宽度，即所要返回的引用区域的列数，必须为正数。

如果使用 5 作为参数 rows 的值，则说明目标引用区域的左上角单元格比 reference 低 5 行；如果使用 5 作为参数 cols 的值，则说明目标引用区域的左上角单元格比 reference 靠右 5 列。

8. ROW 函数

ROW 函数用于返回引用的行号。语法结构为：

ROW(reference)

其中，参数 reference 表示要得到其行号的单元格或单元格区域。

【例8-47】利用 ROW 函数在查询表格中实时返回当前单元格的行号信息。

视频+素材 (光盘素材\第 08 章\例 8-47)

step① 创建一个空白工作簿，然后选择 B5 单元格，在编辑栏中输入以下公式：

$$=ROW()$$

step② 按下 Ctrl+Enter 键，即可在单元格 B5 中将显示当前单元格的行号信息 5。

如果省略 reference，则假定为对 ROW 函数所在单元格的引用。如果 reference 为一个单元格区域，且 ROW 函数作为垂直数组输入，则函数将 reference 中的行号以垂直数组的形式返回。另外，需要特别注意的是 reference 不能引用多个区域。

9. ROWS 函数

ROWS 函数用于返回引用或数组的行数。语法结构为：

$$ROWS(array)$$

其中，参数 array 表示要得到其行数的数组、数组公式或对单元格区域的引用。

10. TRANSPOSE 函数

TRANSPOSE 函数用于返回转置单元格区域，即将数组的第一行作为新数组的第一列，数组的第二行作为新数组的第二列，依此类推。语法结构为：

$$TRANSPOSE(array)$$

其中，参数 array 表示需要进行转置的数组或工作表中的单元格区域。

在行列数分别与数组行列数相同的区域中，必须将 TRANSPOSE 函数输入为数组公式。使用 TRANSPOSE 函数可以在工作表中转置数组的垂直和水平方向。

8.4.2 查找函数

通过查找函数用户可以完成在数据清单或工作表中查找特定数值的操作，例如选择特定的值、按行或按列查找数值等。Excel 提供了多种查找函数，由 AREAS、CHOOSE、HLOOKUP、VLOOKUP、RTD 和 MATCH 等组成。

1. AREAS 函数

AREAS 函数用于返回引用中包含的区域(连续的单元格区域或某个单元格)个数。语法结构为：

$$AREAS(reference)$$

其中，参数 reference 表示对某个单元格或单元格区域的引用，也可以引用多个区域。

【例8-48】利用 AREAS 函数计算产品所需原料的种类。

视频+素材 (光盘素材\第 08 章\例 8-48)

step① 创建一个空白工作簿，然后在工作表中输入所需的数据，并选择 B1 单元格，在编辑栏中输入以下公式：

$$=AREAS((A1:A4,A6:A7,A9:A11))$$

step② 按下 Ctrl+Enter 键，即可在 B1 单元格中显示函数的运行结果。

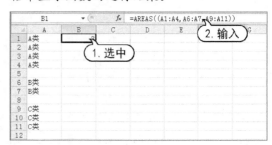

如果需要将几个引用指定为一个参数，则必须用括号将多个引用括起来，以免 Excel 将逗号作为参数间的分隔符。

2. CHOOSE 函数

CHOOSE 函数用于从给定的参数中返回指定的值。语法结构为：

$$CHOOSE(index\_num,value1,value2,\cdots)$$

其参数功能说明如下。

➤ index_num：表示待选参数序号，即指明从给定参数中选择的参数，必须为 1~254 之间的数字，或者是包含数字 1~254 的公式或单元格引用。

value1,value2,…：表示 1~254 个数值参数，CHOOSE 函数基于 index_num，从中选择一个数值，参数可以为数字、单元格引用、名称、公式、函数或文本。

使用 CHOOSE 函数，当参数 index_num 为小数时，将被截尾取整。

3. HLOOKUP 函数

HLOOKUP 函数用于在表格或数值数组的首行查找指定的数值，并由此返回表格或数值数组当前列中指定行的数值。语法结构为：

HLOOKUP(lookup_value,table_array,row_index_num,range_lookup)

其参数功能说明如下。

lookup_value：表示需要在数据表第一行中进行查找的数值，可以为数值、引用或文本字符串。

table_array：表示需要在其中查找数据的数据表，可以使用对区域或区域名称的引用，其第一行的数值可以为文本、数字或逻辑值。

row_index_num：表示 table_array 待返回的匹配值的行序号。

range_lookup：表示一个逻辑值，指明 HLOOKUP 函数查找时是精确匹配，还是近似匹配。

如果 range_lookup 为 TRUE 或省略，则返回近似匹配，即如果找不到精确匹配值，则返回小于 lookup_value 的最大值；如果 range_ lookup 为 FALSE，则 HLOOKUP 函数将查找精确匹配值，如果找不到，则返回错误值#N/A。

当参数 row_index_num 为 1，返回 table_ array 第一行中的数值；当 row_index_num 为 2 时，返回 table_array 第二行中的数值，依此类推。如果 row_index_num 小于 1，则 HLOOKUP 函数返回错误值#VALSE!。

【例 8-49】利用 HLOOKUP 函数根据姓名查询学生总分及名次。

视频+素材 (光盘素材\第 08 章\例 8-49)

step 1　已知学生成绩表，制作一项查询，方便师生在网上根据姓名查询总分与名次。

step 2　创建一个空白工作簿，然后在工作表中输入所需的学生成绩表数据，并选择 B15 单元格，在编辑栏中输入以下公式：

=HLOOKUP(B14,B3:G8,MATCH(C11,B3:B8,0),FALSE)

step 3　按下 Ctrl+Enter 键，可以在 B15 单元格中显示王大伟的成绩总分。

step 4　选择 C15 单元格，然后在编辑栏中输入以下公式：

=HLOOKUP(G3,B3:G8,MATCH(C11,B3:B8,0),FALSE)

step 5　按下 Ctrl+Enter 键，可以在 C15 单元格中显示王大伟的名次。

step 6　在 C11 单元格中输入学生的名称，即可在 B15 和 C15 单元格中显示该学生的总分和名次。

4. LOOKUP 函数

LOOKUP 函数用于从单行或单列或从数组中查找一个值。LOOKUP 函数具有向量型和数组型两种语法形式。

(1) 向量型

LOOKUP 的向量形式在单行区域或单

列区域(称为【向量】)查找值，然后返回第二个单行区域或单列区域中相同的值。语法结构为：

LOOKUP(lookup_value,lookup_vector,result_vector)

其参数功能说明如下。

➢ lookup_value：表示 LOOKUP 在第一个向量中搜索的值，可以是数字、文本、逻辑值、名称或引用。

➢ lookup_vector：表示只包含一行或一列的区域，其值可以是文本、数字或逻辑值。

➢ result_vector：表示只包含一行或一列的区域，它必须与 lookup_vector 大小相同。

lookup_vector 中的值必须以升序顺序放置，如 0，1，2，3，4…；A~Z 等，否则 LOOKUP 可能无法提供正确的值。如果 LOOKUP 函数找不到 lookup_value 的值，则它与 lookup_vector 中小于或等于 lookup_value 的最大值匹配。

(2) 数组型

LOOKUP 的数组形式在数组的第一行或第一列中查找指定数值，然后返回最后一行或最后一列中相同位置处的数值。语法结构为：

LOOKUP(lookup_value,array)

其参数功能说明如下。

➢ lookup_value：表示 LOOKUP 函数在数组中所要查找的数值，可以为数字、文本或逻辑值，也可以是数值的名称或引用。

➢ array：表示包含文本、数字或逻辑值的单元格区域，用来与 lookup_value 进行比较。

如果 lookup_value 小于第一行或第一列中的最小值(取决于数组维度)，LOOKUP 函数将返回错误值#N/A。

5. MATCH 函数

MATCH 函数用于返回在指定方式下与指定数值匹配的数组中元素的相对位置。语法结构为：

MATCH(lookup_value,lookup_array,match_type)

其参数功能说明如下。

➢ lookup_value：表示需要在数据表中查找的数值，该值可以是数值、文本或逻辑值，也可以是数值的名称或引用。

➢ lookup_array：表示包含所要查找数值的连续单元格区域，一个数值或是对某数组的引用。

➢ match_type：表示数字-1、0 或 1，指定在 lookup_array 中查找 lookup_value。

如果 match_type 为 0，MATCH 函数查找等于 lookup_value 的第一个数值，lookup_array 可以按任何顺序排列。

6. RTD 函数

RTD 函数用于从支持 COM 自动化的程序中检索实时数据。语法结构为：

RTD(progID,server,topic1,topic2,…)

其参数功能说明如下。

➢ progID：表示一个注册的 COM 自动化加载宏的 progID 名称，该名称需要用双引号括起来。

➢ progID：server 表示运行加载宏的服务器的名称。

➢ progID：topic1,topic2,…表示 1~253 个参数，这些参数放在一起代表一个唯一的实时数据。

如果没有服务器，程序是在本地计算机上运行，则参数 server 为空白。如果在 VBA 中使用 RTD，则必须用双重引号将服务器名称括起来，或对其赋予 VBA NullString 属性，即使该服务器在本地计算机上运行，必须在本地计算机上创建并注册 RTD COM 自动化加载宏。

7. VLOOKUP 函数

VLOOKUP 函数用于在表格数值的首列查找指定的值，并由此返回表格数组当前行中的其他列的值。默认情况下，表是以升序排列的。语法结构为：

VLOOKUP(lookup_value,table_array,col_index_num,range_lookup)

其参数功能说明如下。

▶ lookup_value：表示需要在数据表第一行中进行查找的数值，可以为数值、引用或文本字符串。

▶ table_array：表示需要在其中查找数据的数据表，可以使用对区域或区域名称的引用，其第一行的数值可以为文本、数字或逻辑值。

▶ col_index_num：表示 table_array 待返回的匹配值的行序号，当其为 1 时，返回 table_array 第一列中的数值，当其为 2 时，则返回 table_array 第二列中的数值，依此类推。

▶ range_lookup：表示一个逻辑值，指明函数查找时是精确匹配，还是近似匹配。

如果参数 range_lookup 为 TRUE 或省略，则返回精确匹配值或近似匹配值，即如果找不到精确匹配值，则返回小于 lookup_value 的最大值，并要求 table_array 第一列中的值必须以升序排列；否则 VLOOKUP 函数可能无法返回正确值。如果 range_lookup 为 FALSE，VLOOKUP 函数只寻找精确匹配值，table_array 第一列中的值不需要排序。

8.5　其他 Excel 常用函数

除了本章前面介绍的几类函数以外，在 Excel 中用户还可以使用逻辑函数、文本函数、工程函数以及信息函数等函数，在特定行业内解决工作中面临的问题。

8.5.1　逻辑函数

逻辑函数是按一定规律进行运算的代数。Excel 2010 提供了包括 AND、OR、IF、NOT 在内的几种逻辑函数，一般嵌套在其他函数中应用。

1. AND 函数

AND 函数可对多个逻辑值进行交集计算，当所有参数的逻辑值为【真】时，将返回 TRUE，否则返回 FALSE。语法结构为：

AND(logical1,logical2,…)

其中参数 logical1,logical2,…为 1~255 个要进行检查的条件，它们可以为 TRUE 或 FALSE。

【例 8-50】使用 AND 函数标注员工名单中已到退休年龄的女性。

视频+素材 (光盘素材\第 08 章\例 8-50)

step 1 创建一个空白工作簿，然后在工作表中输入需要的数据，并选择 D2 单元格，在编辑栏中输入以下公式：

=AND(B2>=55,C2="女")

step 2 按下 Ctrl+Enter 键，然后将公式向下复制，在 D 列显示函数运行结果。

AND 函数一般用于检验一组数据是否都满足条件。

2. OR 函数

OR 函数用于判断逻辑值并集的计算结果。当任何一个参数逻辑值为 TRUE 时，都将返回 TURE；否则返回 FALSE。语法结构为：

OR(logical1,logical2,…)

其中，参数 logical1,logical2,…与 AND 函数的参数一样，数目页是可选的，范围为 1~255。

【例 8-51】使用 OR 函数查询人员姓名。

视频+素材 (光盘素材\第 08 章\例 8-51)

step 1 创建一个空白工作簿，然后在工作表中输入需要的数据，并选择 B2 单元格，在编辑栏中输入以下公式：

=OR(A2=D2:E7)

step 2 按下 Shift+Ctrl+Enter 键,将公式改为数组公式:

{=OR(A2=D2:E7)}

step 3 此时,单元格 B2 中将显示函数运行后的结果。

	A	B	C	D	E
	B2		fx	{=OR(A2=D2:E7)}	
1	查询姓名	查询结果		人员列表	
2	人员2	TRUE		人员1	人员7
3	人员16			人员2	人员8
4				人员3	人员9
5				人员4	人员10
6				人员5	人员11
7				人员6	人员12
8					

step 4 用同样的公式,将查询姓名改为【员工 16】时,其查询结果将变化。

	A	B	C	D	E
	B3		fx	{=OR(A3=D2:E7)}	
1	查询姓名	查询结果		人员列表	
2	人员2	TRUE		人员1	人员7
3	人员16	FALSE		人员2	人员8
4				人员3	人员9
5				人员4	人员10
6				人员5	人员11
7				人员6	人员12
8					

3. NOT 函数

NOT 函数是求反函数,用于对参数的逻辑值求反。当参数为真(TRUE)时,返回运算结果 FALSE;反之,当参数为假(FALSE)时,返回运算结果 TRUE。语法结构为:

NOT(logical)

其中,参数 logical 表示一个可以计算出真(TRUE)或假(FALSE)的逻辑值或逻辑表达式。

【例 8-52】使用 NOT 函数在奖金发放表中将已发补标注出来。
视频+素材 (光盘素材\第 08 章\例 8-52)

step 1 创建一个空白工作簿,然后在工作表中输入需要的数据,并选择 D2 单元格,在编辑栏中输入以下公式:

=NOT(C2=0)

step 2 按下 Ctrl+Enter 键,即可在 D2 单元格中计算出函数运行的结果。

step 3 将公式向下复制,在 D 列显示函数运行结果。

	A	B	C	D	E
	D2		fx	=NOT(C2=0)	
1	姓名	应发奖金	实发奖金	是否发放	
2	蔡向	300		FALSE	
3	陈确	500	500	TRUE	
4	刘钊	300		FALSE	
5	何勇	600	600	TRUE	
6	王泽	800		FALSE	
7					
8					

4. IF 函数

IF 函数应用十分广泛,用于根据对所知条件进行判断,返回不同的结果。它可以对数值和公式进行条件检测,常与其他函数结合使用。语法结构为:

IF(logical_test,value_if_true,value_if_false)

其参数功能说明如下。

➤ logical_test:表示计算结果为 TRUE 或 FALSE 的任意值或表达式。

➤ value_if_true:表示 logical_test 为 TRUE 时返回的值。如果省略,则返回字符串 TRUE。

➤ value_if_false:表示 logical_test 为 FALSE 时返回的值。如果省略,则返回字符串 FALSE。

【例 8-53】使用 IF 函数判定学生考试成绩是否及格。
视频+素材 (光盘素材\第 08 章\例 8-53)

step 1 创建一个空白工作簿,然后在工作表中输入需要的数据,并选择 B2 单元格,在编辑栏输入以下公式:

=IF(A2<60,"不及格","及格")

step 2 按下 Ctrl+Enter 键,即可在 B2 单元格中计算出函数运行的结果。将公式向下复制,在 B 列显示函数运行结果。

	A	B	C	D	E	F
	B2		fx	=IF(A2<60,"不及格","及格")		
1	考试成绩	是否及格				
2	91	及格				
3	62	及格				
4	59	不及格				
5	75	及格				
6	55	不及格				
7	87	及格				
8						

IF 函数可以进行多重嵌套，即参数 logical_test(条件)可以是另一个 IF 函数，从而实现多种情况的判断选择，但最多只能嵌套 7 层。另外，如果 IF 函数的参数包含数组，则在执行 IF 语句时，数值中的每一个元素都将参加计算。

8.5.2　统计函数

统计指的是根据收集到的数据，经过专业分析后得出相应结论的过程。在此过程中，应用 Excel 统计函数可以替代手工计算，更快捷、方便地得到误差率较小的数据及统计分析结果。统计函数是 Excel 函数中较专业的函数，也是比较难掌握的部分。

1. COUNT 函数

COUNT 函数用于返回数字参数的个数，即统计数组或单元格区域中含有数字的单元格个数。语法结构为：

COUNT(value1,value2,…)

其中，参数 value1,value2,…表示包含或引用各种类型数据参数(1~255)，但只有数字类型的数据才能被统计。

【例 8-54】利用 COUNT 函数计算有业绩的销售人员人数。

视频+素材 (光盘素材\第 08 章\例 8-54)

step ① 创建一个空白工作簿，然后在工作表中输入所需的数据，并选择 D10 单元格，在编辑栏中输入以下公式：

=COUNT(D2:D8)

step ② 按下 Ctrl+Enter 键，即可在 D10 单元格中显示函数的运行结果。

2. AVERAGEA 函数

AVERAGEA 函数用于计算参数列表中所有数值的平均值(算术平均值)。其语法结构为：

AVERAGEA(number1,number2,…)

其中，参数 number1,number2,…表示为需要计算平均值的 1~255 个单元格、单元格区域或数值。

【例 8-55】利用 AVERAGEA 函数计算日平均销售数量。

视频+素材 (光盘素材\第 08 章\例 8-55)

step ① 创建一个空白工作簿，在工作表中输入所需的数据，然后选择 B12 单元格，在编辑栏中输入以下公式：

=AVERAGEA(B3:B10)

step ② 按下 Ctrl+Enter 键，即可在 B12 单元格中显示函数的运行结果。

3. COUNTBLANK 函数

COUNTBLANK 函数用于计算指定单元格区域中空白单元格的个数。语法结构为：

COUNTBLANK(range)

其中，参数 range 表示需要计算其中空白单元格数目的区域。

【例 8-56】利用 COUNTBLANK 函数统计考试缺考人次。

视频+素材 (光盘素材\第 08 章\例 8-56)

step ① 创建一个空白工作簿，然后在工作表中输入所需的数据，选择 C11 单元格，在编辑栏中输入以下公式：

=COUNTBLANK(C2:G9)

step ② 按下 Ctrl+Enter 键，即可在 C11 单元

格中显示函数的运行结果。

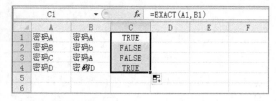

2. FIND 函数

FIND 函数可以查找其他的文本字符串(within_text)内的文本字符串(find_text)，并从 within_text 的首字符开始返回 find_text 的起始位置编号。语法结构为：

FIND(find_text,within_text,start_num)

其参数功能说明如下。

➤ find_text：表示要查找的字符。

➤ within_text：表示包含要查找字符的字符串。

➤ start_num：表示开始进行查找的字符。

【例 8-58】使用 FIND 函数在员工编号信息中查找部门信息的位置。

视频+素材 (光盘素材\第 08 章\例 8-58)

step 1 创建一个空白工作簿，然后在工作表中输入需要的数据，并选择 B1 单元格，在编辑栏中输入以下公式：

=FIND("A",A1,1)

step 2 按下 Ctrl+Enter 键，即可在 B1 单元格中计算出函数运行的结果。

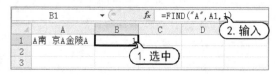

3. FIXED 函数

FIXED 函数用于将数字按指定的小数位数进行取整，利用句号和逗号，以小数格式对该数进行格式设置，并以文本形式返回结果。其语法结构为：

FIXED(number,decimals,no_commas)

其参数功能说明如下。

➤ number：表示要进行四舍五入并转换为文本字符的数字。

➤ decimals：表示指定小数点右边的小数位数，若省略此参数，则默认小数位

8.5.3 文本函数

文本函数主要用于转化 Excel 表格中的数据格式。Excel 2010 中提供了多种文本函数，包括 EXACT、FIND、FIXED 等，使用这些文本函数可以帮助用户快速输入和处理 Excel 中的文本，提高工作效率。

1. EXACT 函数

EXACT 函数可以用来比较两个字符串是否完全相同，并对大小写进行区分，如果相同将返回 TRUE；否则返回 FALES。语法结构为：

EXACT(text1,text2)

其参数功能说明如下。

➤ text1：该参数表示需要比较的第一个字符串。

➤ text2：该参数表示需要比较的第二个字符串。

【例 8-57】使用 EXACT 函数将用户输入的密码与密码表中的密码进行对比，并返回对比结果。

视频+素材 (光盘素材\第 08 章\例 8-57)

step 1 创建一个空白工作簿，然后在工作表中输入需要的信息，并选择 C1 单元格，在编辑栏中输入以下公式：

=EXACT(A1,B1)

step 2 按下 Ctrl+Enter 键，即可在 C1 单元格中计算出函数运行的结果。

step 3 单击并按住单元格 C1 右下角的控制点■，当鼠标指针呈十字状态后，将公式向下复制，在 C 列显示函数运行结果。

数为 2。

> no_commas：表示逻辑值，为 TRUE 时不显示逗号，而忽略或为 FALSE 时则显示逗号。

【例 8-59】使用 FIXED 函数整理商品打折价格。
 视频+素材 (光盘素材\第 08 章\例 8-59)

step 1 假设某商品的零售价格在打折后出现 3 位小数，现需要将其四舍五入保留小数点后两位小数。

step 2 创建一个空白工作簿，然后在工作表中输入需要的数据，并选择 D2 单元格，在编辑栏中输入以下公式：

=FIXED(A2,B2,C2)

step 3 按下 Ctrl+Enter 键，即可在 D2 单元格中计算出函数运行的结果。

step 4 单击并按住单元格 D2 右下角的控制点■，当鼠标指针呈十字状态后，将公式向下复制，在 D 列显示函数运行结果。

	D2		fx	=FIXED(A2,B2,C2)	
	A	B	C	D	E
1	Number	Decimals	No_commas	FIXED()	
2	1345.865	2	TRUE	1345.87	
3	1345.865	2	FLASE	#VALUE!	
4	1345.865	0		1,346	
5	1345.865	-1		1,350	
6	1345.865	5		1,345.86500	
7	1345.865	-4		0	
8					
9					

8.5.4 信息函数

信息函数，顾名思义，就是与信息相关的函数。信息主要指的是 Excel 表格中各种格式、样式、行标、列标甚至单元格所在表格的名称及保存地址等。信息函数的功能，就是针对这些信息的一些判断和对比。

1. INFO 函数

INFO 函数用于返回有关当前操作环境的信息，如当前目录或文件夹路径、可用的内存空间以及打开工作簿中活动工作表的数目等。语法结构为：

INFO(type_text)

其中，参数 type_text 表示文本值，用于指明需要返回的信息类型。

【例 8-60】使用 INFO 函数显示文档的相关信息。
视频+素材 (光盘素材\第 08 章\例 8-60)

step 1 创建并保存一个空白工作簿，然后在工作表中输入所需的数据，并选择 B2 单元格，在编辑栏中输入以下公式：

=INFO(A2)

step 2 按下 Ctrl+Enter 键，计算出函数运行的结果，然后将公式向下复制，在 B 列显示函数运行结果。

各文本值与所对应的返回结果如下表所示。

Type_text	返回值
directory	当前目录或文件夹的路径
memavail	可用的内存空间，以字节为单位
memused	数据占用的内存空间
numfile	打开的工作簿中活动工作表的数目
origin	以当前滚动位置为基准，返回窗口中可见的最右上角的单元格的绝对单元格引用，如带前缀 $A 文本形式，该值与 Lotus 1-2-3 的 3.x 版本兼容
osversion	当前操作系统的版本号，文本值
recalc	当前的重新计算模式，返回【自动】或【手动】
release	Microsoft Excel 的版本号，文本值
system	系统名：Macintosh="mac"；Windows="pcdos"
totmem	全部内存空间，包括已占用的内存空间，以字节为单位

2. TYPE 函数

TYPE 函数用于返回数值的类型。语法结构为：

TYPE(value)

其中，参数 value 表示任意数值，如数字、文本及逻辑值等。其参数类型与函数返回值的关系如下表所示。

error_val	返 回 值
数字	1
文本	2
逻辑值	4
错误值	16
数组	64

当某一函数的计算结果取决于特定单元格中数值的类型时,就可以使用 TYPE 函数。

3. ISEVEN 函数

ISEVEN 函数用于判断指定值是否为偶数。其语法结构为:

ISEVEN(number)

其中,参数 number 表示指定的数值。如果 number 为偶数,返回 TRUE,否则返回 FALSE。

【例 8-61】使用 ISEVEN 函数制作单双休日倒休排版表(假设 2 人排班,根据奇偶数排班补休)。
视频+素材 (光盘素材\第 08 章\例 8-61)

step① 创建并保存一个空白工作簿,然后在工作表中输入所需的数据,并选择 B1 单元格,在编辑栏中输入以下公式:

=IF(ISEVEN(A1),"偶数","奇数")

step② 按下 Ctrl+Enter 键,然后将公式向下复制,在 B 列显示函数运行结果。

如果参数 number 不是整数,则系统直接取整数部分进行判断。

8.5.5 工程函数

工程函数指的是用于工程分析的工作表函数。此类函数主要有与复制相关的函数、进行数字进制转换的函数和其他一些与工程分析相关的函数等 3 大类。

1. BESSELI 函数

BESSELI 函数用于计算修正 Bessel 函数值 In(x),它与纯虚数参数运算时的 Bessel 函数值相等。语法结构为:

BESSELI(x,n)

其参数功能说明如下。

➤ x:表示参数值。

➤ n:表示函数的阶数。

2. BESSELJ 函数

BESSELJ 函数用于计算修正 Bessel 函数值 Jn(x)。语法结构为:

BESSELJ(x,n)

其参数功能说明如下。

➤ x:表示参数值。

➤ n:表示函数的阶数。如果 n 为非整数,则截尾取整。

【例 8-62】使用 BESSELJ 函数计算热传导性能的 Jn(x)函数值。
视频+素材 (光盘素材\第 08 章\例 8-62)

step① 创建并保存一个空白工作簿,然后选择 B1 单元格,在编辑栏中输入以下公式:

=BESSELJ(3,2)

step② 按下 Ctrl+Enter 键,即可显示出函数运行的结果。

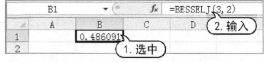

若参数 n 与 x 为非数值型,则 BESSELJ 函数返回错误值#VALUE!;如果参数 n 小于 0,则 BESSELJ 函数返回错误值#NUM!。

3. BESSELK 函数

BESSELK 函数用于计算修正 Bessel 函数值 Kn(x)。其语法结构为:

BESSELK(x,n)

其参数功能说明如下。

➤ x:表示参数值。

➤ n:表示函数的阶数。如果 n 为非整

数，则截尾取整。

4. BESSELY 函数

BESSELY 函数用于计算修正 Bessel 函数值 Yn(x)。语法结构为：

$$BESSELY(x,n)$$

其参数功能说明如下。

➤ x：表示参数值。

➤ n：表示函数的阶数。如果 n 为非整数，则截尾取整。

5. BIN2DEC 函数

BIN2DEC 函数用于将二进制数转换为十进制数。其语法结构为：

$$BIN2DEC(number)$$

其中，参数 number 表示要转换的二进制数，其位数不能多于 10 位(二进制位)，最高位为符号位，后 9 位为数字位，负数用二进制补码表示。

8.6　案例演练

本章的案例演练部分包括使用函数计算工资表中人民币的发放情况和使用函数对固定资产进行折旧计算等两个综合实例操作，用户通过练习从而巩固本章所学知识。

【例 8-63】新建【员工工资领取】工作簿，使用 SUM 函数、INT 函数和 MOD 函数计算总工资、具体发放人民币情况。

🎬 视频+素材 (光盘素材\第 08 章\例 8-63)

step 1 新建一个名为【员工工资领取】的工作簿，然后重命名 Sheet1 工作表为【工资统计与发放】，并在其中输入数据。

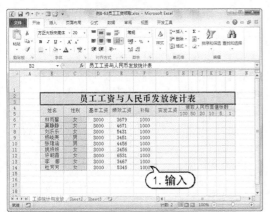

step 2 选择 G6 单元格，打开【公式】选项卡，在【函数库】组中单击【自动求和】按钮，在弹出的下拉列表中选择【求和】选项。

step 3 此时，Excel 将自动添加函数参数，按 Enter 键，计算出员工【林雨馨】的实发工资。

step 4 将光标移至 G6 单元格右下角，待光标变为十字箭头时，按住鼠标左键向下拖至 G14 单元格中，释放鼠标，进行公式的复制，计算出其他员工的实发工资。

员工工资与人民币发放统计表										
姓名	性别	基本工资	绩效工资	补贴	实发工资	领取人民币面值张数				
						100	50	20	10	5	1
林雨馨	女	3000	3679	1000	7679					
莫静静	女	3000	4671	1000	8671					
刘乐乐	女	3000	5431	1000	9431					
杨晓亮	男	3000	3451	1000	7451					
张珺涵	男	3000	4456	1000	8456					
姚妍妍	女	3000	3456	1000	7456					
许朝霞	女	3000	6531	1000	10531					
李　娜	女	3000	3467	1000	7467					
杜芳芳	女	3000	5345	1000	9345					

step 5 选择 H6 单元格，在编辑栏中使用 INT 函数输入以下公式：

$$=INT(G6/\$H\$5)$$

按 Ctrl+Enter 组合键，即可计算出员工【林雨馨】工资应发的 100 元面值人民币的张数。

（H6 单元格，公式 =INT(G6/$H$5)，2. 输入，1. 选中）

姓名	性别	基本工资	绩效工资	补贴	实发工资	领取人民币面值张数				
						100	50	20	10	5	1
林雨馨	女	3000	3679	1000	7679	76
莫静静	女	3000	4671	1000	8671
刘乐乐	女	3000	5431	1000	9431
杨晓亮	男	3000	3451	1000	7451
张瑞涵	男	3000	4456	1000	8456
姚妍妍	女	3000	3456	1000	7456
许朝霞	女	3000	6531	1000	10531
李 娜	女	3000	3467	1000	7467
杜芳芳	女	3000	5345	1000	9345

step 6 使用相对引用的方法，复制公式到 H7:H14 单元格区域，计算出其他员工工资应发的 100 元面值人民币的张数。

step 7 选择 I6 单元格，在编辑栏中使用 INT 函数和 MOD 函数输入公式：

=INT(MOD(G6,$H$5)/$I$5)

按 Ctrl+Enter 组合键，即可计算出员工【林雨馨】工资的剩余部分应发的 50 元面值人民币的张数。

（I6 单元格，公式 =INT(MOD(G6,$H$5)/$I$5)，2. 输入，1. 选中）

姓名	性别	基本工资	绩效工资	补贴	实发工资	领取人民币面值张数				
						100	50	20	10	5	1
林雨馨	女	3000	3679	1000	7679	76
莫静静	女	3000	4671	1000	8671
刘乐乐	女	3000	5431	1000	9431
杨晓亮	男	3000	3451	1000	7451
张瑞涵	男	3000	4456	1000	8456	84
姚妍妍	女	3000	3456	1000	7456	74
许朝霞	女	3000	6531	1000	10531	105
李 娜	女	3000	3467	1000	7467	74
杜芳芳	女	3000	5345	1000	9345	93

step 8 使用相对引用的方法，复制公式到 I7:I14 单元格区域，计算出其他员工工资的剩余部分应发的 50 元面值人民币的张数。

step 9 选择 J6 单元格，在编辑栏中输入以下公式：

=INT(MOD(MOD(G6,$H$5),$I$5)/$J$5)

按 Ctrl+Enter 组合键，即可计算出员工【林雨馨】工资的剩余部分应发的 20 元面值人民币的张数。

（J6 单元格，公式 =INT(MOD(MOD(G6,$H$5),$I$5)/$J$5)，2. 输入，1. 选中）

姓名	性别	基本工资	绩效工资	补贴	实发工资	领取人民币面值张数				
						100	50	20	10	5	1
林雨馨	女	3000	3679	1000	7679	76	1
莫静静	女	3000	4671	1000	8671
刘乐乐	女	3000	5431	1000	9431
杨晓亮	男	3000	3451	1000	7451
张瑞涵	男	3000	4456	1000	8456	84	1
姚妍妍	女	3000	3456	1000	7456	74	1
许朝霞	女	3000	6531	1000	10531	105	1
李 娜	女	3000	3467	1000	7467	74	1
杜芳芳	女	3000	5345	1000	9345	93	0

step 10 使用相对引用的方法，复制公式到 J7:J14 单元格区域，计算出其他员工工资的剩余部分应发的 20 元面值人民币的张数。

step 11 选择 K6 单元格，在编辑栏中输入以下公式：

=INT(MOD(MOD(MOD(G6,$H$5),$I$5),$J$5)/$K$5)

按 Ctrl+Enter 组合键，即可计算出员工【林雨馨】工资的剩余部分应发的 10 元面值人民币的张数。

（K6 单元格，公式 =INT(MOD(MOD(MOD(G6,$H$5),$I$5),$J$5)/$K$5)，2. 输入，1. 选中）

姓名	性别	基本工资	绩效工资	补贴	实发工资	领取人民币面值张数				
						100	50	20	10	5	1
林雨馨	女	3000	3679	1000	7679	76	1	1	0
莫静静	女	3000	4671	1000	8671
刘乐乐	女	3000	5431	1000	9431
杨晓亮	男	3000	3451	1000	7451
张瑞涵	男	3000	4456	1000	8456	84	1	0
姚妍妍	女	3000	3456	1000	7456	74	1	0
许朝霞	女	3000	6531	1000	10531	105	0	1
李 娜	女	3000	3467	1000	7467	74	1	0
杜芳芳	女	3000	5345	1000	9345	93	0	2

step 12 使用相对引用的方法，复制公式到 K7:K14 单元格区域，计算出其他员工工资的剩余部分应发的 10 元面值人民币的张数。

step 13 选择 L6 单元格，在编辑栏输入以下公式：

=INT(MOD(MOD(MOD(MOD(G6,$H$5),$I$5),$J$5),$K$5)/$L$5)

按 Ctrl+Enter 组合键，即可计算出员工【林雨馨】工资的剩余部分应发的 5 元面值人民币的张数。

（L6 单元格，公式 =INT(MOD(MOD(MOD(MOD(G6,$H$5),$I$5),$J$5),$K$5)/$L$5)，2. 输入，1. 选中）

姓名	性别	基本工资	绩效工资	补贴	实发工资	领取人民币面值张数				
						100	50	20	10	5	1
林雨馨	女	3000	3679	1000	7679	76	1	1	0	1
莫静静	女	3000	4671	1000	8671
刘乐乐	女	3000	5431	1000	9431
杨晓亮	男	3000	3451	1000	7451
张瑞涵	男	3000	4456	1000	8456	84	1	0	0
姚妍妍	女	3000	3456	1000	7456	74	1	0	0
许朝霞	女	3000	6531	1000	10531	105	0	1	1
李 娜	女	3000	3467	1000	7467	74	1	0	0
杜芳芳	女	3000	5345	1000	9345	93	0	2	0

step 14 使用相对引用的方法，复制公式到 L7:L14 区域，计算出其他员工工资的剩余部分应发的 5 元面值人民币的张数。

step 15 选择 M6 单元格，在编辑栏输入以下公式：

=INT(MOD(MOD(MOD(MOD(MOD(G6,$H$5),$I$5),$J$5),$K$5),$L$5)/$M$5)

按 Ctrl+Enter 组合键，即可计算出员工【林雨馨】工资的剩余部分应发的 1 元面值人民币的张数。

step 16 选用相对引用的方法，复制公式到 M7:M14 单元格区域，计算出其他员工工资的剩余部分应发的 1 元面值人民币的张数。

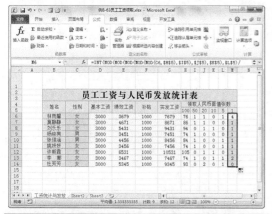

【例 8-64】通过不同的折旧方法对固定资产进行折旧计算。

视频+素材 (光盘素材\第 08 章\例 8-63)

step 1 创建一个空白工作簿，在 Sheet1 工作表中输入需要的数据，并选择 B5 单元格。

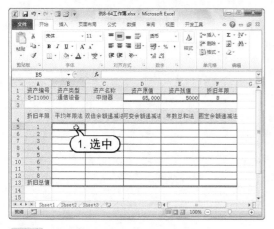

step 2 在编辑栏中输入以下公式：

$$=SLN(\$D\$2,\$E\$2,\$F\$2)$$

按下 Ctrl+Enter 组合键，即可使用平均年限法对固定资产进行折旧计算。

step 3 使用相对引用的方法，向下复制公式至 B12 单元格。

step 4 选择 C5 单元格，然后在编辑栏中输入以下公式：

$$=DDB(\$D\$2,\$E\$2,\$F\$2,A5)$$

按下 Ctrl+Enter 组合键，然后向下复制公式至 C12 单元格。

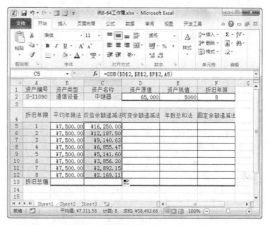

step 5 选择 D5 单元格，然后在编辑栏中输入以下公式：

$$=VDB(\$D\$2,\$E\$2,\$F\$2,A5-1,A5)$$

按下 Ctrl+Enter 组合键，然后向下复制公式至 D12 单元格。

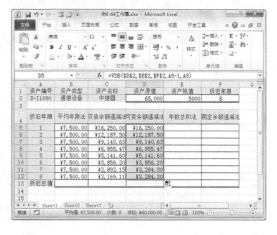

step 6 选择 E5 单元格，然后在编辑栏中输入以下公式：

=SYD($D$2,$E$2,$F$2,A5)

按下 Ctrl+Enter 组合键，然后向下复制公式至 E12 单元格。

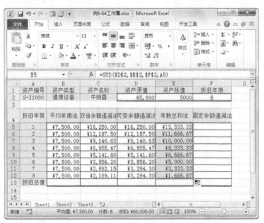

step 7 选择 F5 单元格，然后在编辑栏中输入以下公式：

=SYD($D$2,$E$2,$F$2,A5)

按下 Ctrl+Enter 组合键，然后向下复制公式至 F12 单元格。

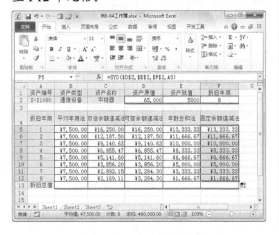

step 8 选择 B13 单元格，然后在编辑栏中输入以下公式：

=SUM(B5:B12)

按下 Ctrl+Enter 组合键，然后向下复制公式至 F13 单元格。

step 9 单击【保存】按钮，保存实例文件。

第 9 章

数据的高级管理

　　使用 Excel 制作表格后，很多情况下需要对表格中的数据进行管理，也就是排序和汇总。在 Excel 2010 中对数据的排序和汇总主要使用 Excel 中的排序和筛选功能。本章将主要介绍数据的排序、筛选以及记录单的相关知识。

对应光盘视频

9.1 数据的排序

在实际工作中，用户经常需要将工作簿中的数据按照一定顺序排列，以便查阅(例如按照升、降排列名次)。在 Excel 中，排序主要分为按单一条件排序、按多个条件排序和自定义条件排序等几种方式，下面将分别进行介绍。

9.1.1 按单一条件排序数据

在数据量相对较少(或排序要求简单)的工作簿中，用户可以设置一个条件对数据进行排序处理，具体如下。

【例 9-1】在【学生成绩表】工作表中按按单一条件排序表格数据。

视频+素材 (光盘素材\第 09 章\例 9-1)

step 1 打开【学生成绩表】工作表，选择 H3:H15 单元格区域，选择【数据】选项卡，在【排序和筛选】组中单击【升序】按钮。

9.1.2 按多个条件排序数据

按多个条件排序数据可以有效避免排序时出现多个数据相同的情况，从而使排序结果符合工作的需要。

【例 9-2】在【学生成绩表】工作表中按按多个条件排序表格数据。

视频+素材 (光盘素材\第 09 章\例 9-2)

step 1 打开【学生成绩表】工作表，选中 A3:J16 单元格区域。

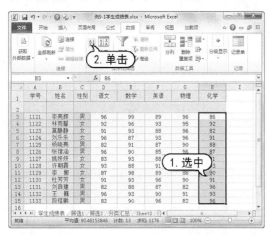

step 2 在打开的【排序提醒】对话框中选中【扩展选定区域】单选按钮，然后单击【排序】按钮。

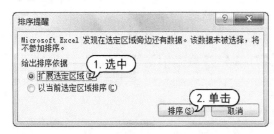

step 3 此时，在工作表中显示排序后的数据，即从低到高的顺序重新排列。

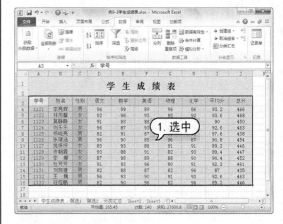

step 2 选择【数据】选项卡，然后单击【排序和筛选】组中的【排序】按钮。

step 3　在打开的【排序对话框中】单击【主要关键字】下拉列表按钮，在弹出的下拉列表中选择【总分】选项；单击【排序依据】下拉列表按钮，在弹出的下拉列表中选择【数值】选项；单击【次序】下拉列表按钮，在弹出的下拉列表中选择【升序】选项。

step 4　在【排序】对话框中单击【添加条件】按钮，添加次要关键字，然后单击【次要关键字】下拉列表按钮，在弹出的下拉列表中选择【平均分】选项；单击【排序依据】下拉列表按钮，在弹出的下拉列表中选择【数值】选项；单击【次序】下拉列表按钮，在弹出的下拉列表中选择【升序】选项。

step 5　单击【确定】按钮，即可按照【总分】和【平均分】成绩的【升序】条件排序工作表中选定的数据。

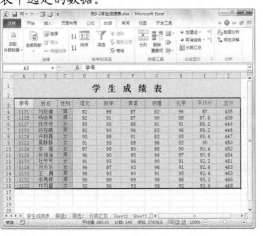

实用技巧

　　默认情况下，排序时把第 1 行作为标题栏，不参与排序。在 Excel 中，多条件排序可以设置 64 个关键词。另外，若表格中存在多个合并的单元格或者空白行，而且单元格的大小不同，则会影响 Excel 的排序功能。

9.1.3　自定义条件排序数据

　　在 Excel 中，用户除了可以按单一或多个条件排序数据，还可以根据需要自行设置排序的条件，即自定义条件排序。

【例 9-3】在【学生成绩表】工作表中自定义排序【性别】列数据。

📹 视频+素材　(光盘素材\第 09 章\例 9-3)

step 1　打开【学生成绩表】工作表，选择 A3:J16 单元格区域。

step 2　选择【数据】选项卡，然后单击【排序和筛选】组中的【排序】按钮。

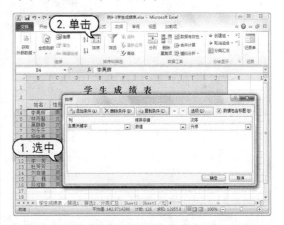

step 3　打开【排序】对话框，单击【主要关键字】下拉列表按钮，在弹出的下拉列表中选择【性别】选项；单击【次序】下拉列表按钮，在弹出的下拉列表中选择【自定义序列】选项。

step ④ 打开【自定义序列】对话框，在【输入序列】文本框中输入自定义排序条件【男，女】，单击【添加】按钮，再单击【确定】按钮。

step ⑤ 返回【排序】对话框后，在该对话框

中单击【确定】按钮，即可完成自定义排序操作，效果如下图所示。

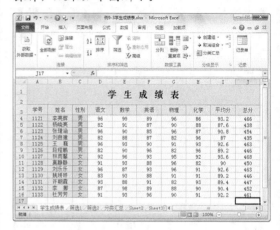

9.2 数据的筛选

在 Excel 中，用户除了可以对数据进行排序，还可以筛选数据，即在内容庞杂的工作簿中准确地查找到某一个或某一些符合条件的数据，从而提高工作效率。筛选数据分为自动筛选、自定义筛选和高级筛选 3 种情况，下面将分别进行介绍。

9.2.1　自动筛选数据

使用 Excel 2010 自带的筛选功能，可以快速筛选表格中的数据。筛选为用户提供了从具有大量记录的数据清单中快速查找符合某种条件记录的功能。使用筛选功能筛选数据时，字段名称将变成一个下拉表框的框名。

【例 9-4】在【学生成绩表】工作表中自动筛选出总分最高的 3 条记录。

🔘视频+素材 (光盘素材\第 09 章\例 9-4)

step ① 打开【学生成绩表】工作表，选择 A3:J16 单元格区域。在【数据】选项卡【排序和筛选】组中，单击【筛选】按钮，进入筛选模式，显示筛选条件按钮。

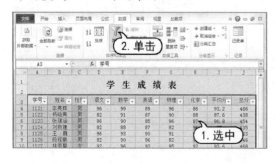

step ② 单击 J3 单元格中的筛选条件按钮，在弹出的菜单中选中【数字筛选】|【10 个最大的值】选项。

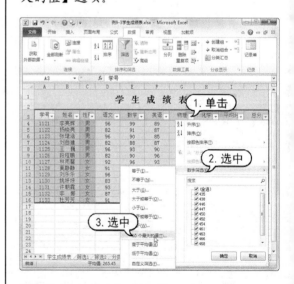

step ③ 在打开的【自动筛选前 10 个】对话框中单击【显示】下拉列表按钮，在弹出的下拉列表中选择【最大】选项，然后在其后的文本框中输入参数 3。

【条件区域】文本框后的 按钮。

step 4 完成以上设置后，在【自动筛选前 10
个】对话框中单击【确定】按钮，即可筛选
出【总分】列中数值最大的 3 条数据记录，
效果如下图所示。

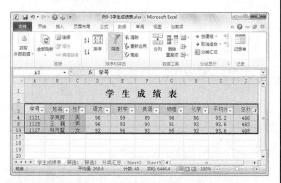

9.2.2　多条件筛选数据

　　对筛选条件较多的情况，可以使用高级
筛选功能来处理。

　　使用高级筛选功能，必须先建立一个条
件区域，用来指定筛选的数据所需满足的条
件。条件区域的第一行是所有作为筛选条件
的字段名，这些字段名与数据清单中的字段
名必须完全一致。条件区域的其他行则是筛
选条件。需要注意的是，条件区域和数据清
单不能连接，必须用一个空行将其隔开。

【例 9-5】在【学生成绩表】工作表中筛选出语文
成绩大于 80 分，数学成绩大于 90 分的数据记录。
🎬 视频+素材 (光盘素材\第 09 章\例 9-5)

step 1 打开【学生成绩表】工作表，在 A17
单元格中输入【语文】，在 B17 单元格中输
入【数学】，在 A18 单元格输入>80,在 B18
单元格输入>90，然后选择 A3:J16 单元格区
域。在【数据】选项卡【排序和筛选】组中，
单击【筛选】按钮，进入筛选模式。

step 2 选择【数据】选项卡，然后单击【排
序和筛选】组中的【高级】按钮。

step 3 在打开的【高级筛选】对话框中单击

step 4 在工作表中选择 A17:B18 单元格区
域，然后按下回车键。

step 5 返回【高级筛选】对话框，选中【将
筛选结果复制到其他位置】单选按钮，然后
单击【复制到】文本框后的 按钮。

step 6 在工作表中选择 A20 单元格并按下
回车键，返回【高级筛选】对话框，单击【确
定】按钮，即可筛选出表格中【语文】成绩
大于 80 分，【数学】成绩大于 90 分的数据
记录。

9.2.3 筛选不重复值

重复值是用户在处理表格数据时常遇到的问题，使用高级筛选功能可以得到表格中的不重复值(或不重复记录)。

【例 9-6】在【学生成绩表】工作表中筛选出【语文】成绩不重复的记录。

视频+素材 (光盘素材\第 09 章\例 9-6)

step ① 打开【学生成绩表】工作表，单击【数据】选项卡【排序和筛选】单元格中的【高级】按钮。

step ② 在打开的【高级筛选】对话框中选中【选择不重复的记录】复选框，然后单击【列表区域】文本框后的 按钮。

step ③ 选择 D3:D16 单元格区域，然后按下 Enter 键。

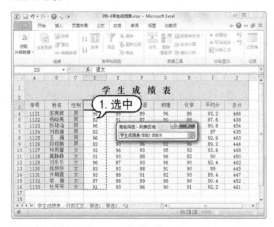

step ④ 返回【高级筛选】对话框后，单击该对话框中的【确定】按钮，即可筛选出工作表中【语文】成绩不重复的数据记录，效果如下图所示。

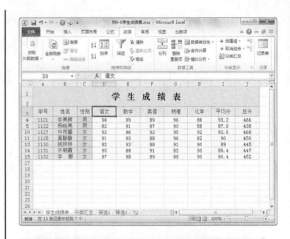

9.2.4 模糊筛选数据

有时筛选数据的条件可能不够精确，只知道其中某一个字或内容。用户可以用通配符来模糊筛选表格内的数据。

【例 9-7】在【学生成绩表】工作表中筛选出姓【刘】且名字包含 3 个字的数据。

视频+素材 (光盘素材\第 09 章\例 9-7)

step ① 打开【学生成绩表】工作表，选择 B3:B16 单元格区域，并单击【数据】选项卡【排序和筛选】组中的【筛选】按钮，进入筛选模式。

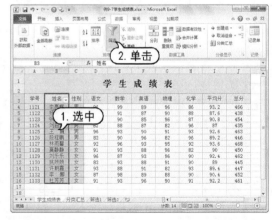

step ② 单击 B3 单元格中的筛选条件按钮，在弹出的菜单中选择【文本筛选】|【自定义筛选】命令。

step ③ 在打开的【自定义自动筛选方式】对话框中单击【姓名】下拉列表按钮，在弹出

的下拉列表中选择【等于】选项，并在其后
的文本框中输入【刘??】。

step④ 最后，在【自定义自动筛选方式】对
话框中单击【确定】按钮，即可筛选出姓名

为【刘】，且名字包含 3 个字的数据记录。

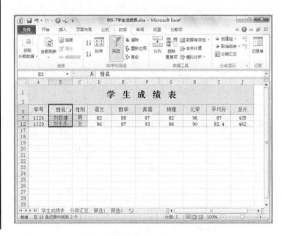

9.3 数据的汇总

分类汇总数据，即在按某一条件对数据进行分类的同时，对同一类别中的数据进行统计
运算。分类汇总被广泛应用于财务、统计等领域，用户要灵活掌握其使用方法，应掌握创建、
隐藏、显示以及删除它的方法。

9.3.1 创建分类汇总

Excel 2010 可以在数据清单中自动计算
分类汇总及总计值。用户只需指定需要进行
分类汇总的数据项、待汇总的数值和用于计
算的函数(例如求和函数)即可。如果使用自
动分类汇总，工作表必须组织成具有列标志
的数据清单。在创建分类汇总之前，用户必
须先根据需要进行分类汇总的数据列对数据
清单排序。

【例 9-8】在【学生成绩表】工作表中将【总分】
数据按性别分类，并按性别汇总总分平均值。
视频+素材 (光盘素材\第 09 章\例 9-8)

step① 打开【学生成绩表】工作表，选择
C3:C16 单元格区域。

step② 选择【数据】选项卡，在【排序和筛
选】组中单击【排序】按钮，然后在打开的
【排序提醒】对话框中单击【排序】按钮。

step③ 打开【排序】对话框，参考【例 9-3】
的操作，在当前工作表中自定义排序【性别】
列数据。

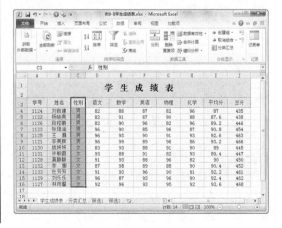

step④ 选择 A3：J16 单元格区域，在【数据】选项卡的【分级显示】组中单击【分类汇总】按钮。

step⑤ 在打开的【分类汇总】对话框中单击【分类字段】下拉列表按钮，在弹出的下拉列表中选择【总分】选项；单击【汇总方式】下拉列表按钮，在弹出的下拉列表中选择【平均值】选项；分别选中【替换当前分类汇总】复选框和【汇总结果显示在数据下方】复选框。

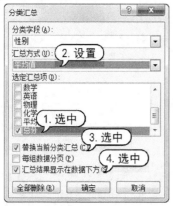

step⑥ 单击【确定】按钮，即可查看表格分类汇总后的效果。

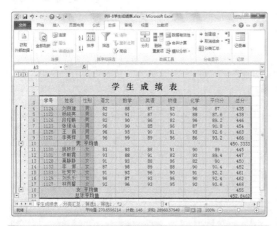

实用技巧

建立分类汇总后，如果修改明细数据，汇总数据将会自动更新。

9.3.2 隐藏和删除分类汇总

用户在创建了分类汇总后，为了方便查阅，可以将其中的数据进行隐藏，并根据需要在适当的时候显示出来。

1. 隐藏分类汇总

为了方便用户查看数据，可将分类汇总后暂时不需要使用的数据隐藏，从而减小界面的占用空间。当需要查看时，再将其显示。

【例 9-9】在【学生成绩表】工作表隐藏除汇总外的所有分类数据，并显示性别为【男】的学生成绩详细数据。

视频+素材 (光盘素材\第 09 章\例 9-9)

step① 打开【学生成绩表】工作表，选择 J4 单元格，然后在【数据】选项卡的【分级显示】组中单击【隐藏明细数据】按钮。

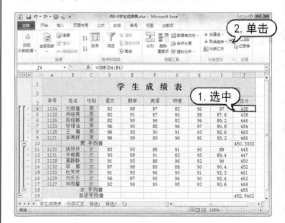

step② 此时，性别为【男】的学生成绩数据将被隐藏，效果如下图所示。

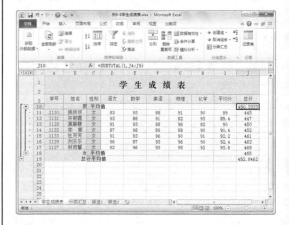

step③ 重复步骤 1 的操作，选择 J11 单元格，然后单击【隐藏明细数据】按钮，将性别为【女】的学生成绩数据隐藏。

step④ 选择 J10 单元格，然后单击【数据】选项卡【分级显示】组中的【显示明细数据】按钮，即可重新显示性别为【男】的学生成绩数据。

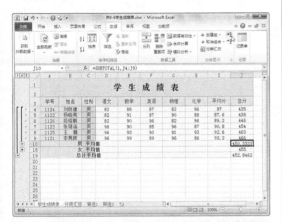

除了以上介绍的方法外，单击工作表左边列表树中的 + 、 - 符号按钮，同样可以显示与隐藏详细数据。

2. 删除分类汇总

查看完分类汇总后，若用户需要将其删除，恢复原先的工作状态，可以在 Excel 中删除分类汇总，具体方法如下。

【例 9-10】在【学生成绩表】工作表删除设置的分类汇总。

视频+素材 (光盘素材\第 09 章\例 9-10)

step① 打开【学生成绩表】工作表，在【数据】选项卡中单击【分类汇总】按钮。

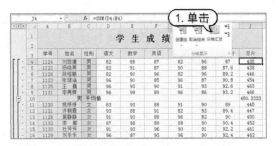

step② 打开【分类汇总】对话框，单击【全部删除】按钮即可删除表格中的分类汇总。

step③ 此时，表格内容将恢复设置分类汇总前的状态。

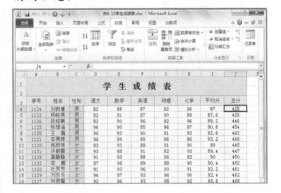

9.4　使用记录单管理数据

Excel 2010 中使用记录单管理数据其实就是使用软件自带的数据库来管理数据，在记录单中新建数据时，系统将自动创建数据库，记录这些数据。这样可以更加方便对数据的操作。

9.4.1　添加记录单

使用记录单添加的数据不仅自动保存在 Excel 2010 数据库中，还会自动添加在表格中，这对于需要在数据庞大或需要翻页的表格中添加、删除数据等操作将会更加方便。

下面将通过实例，介绍在工作表中添加记录单的方法。

【例 9-11】在【学生成绩表】工作表中使用记录单功能在表格的最后添加一行数据。

视频+素材 (光盘素材\第 09 章\例 9-11)

step① 打开【学生成绩表】工作表，选择 A3: J16 单元格区域，然后在快速访问工具栏中单击【记录单】按钮。

Excel 2010 电子表格案例教程

step 2 打开【学生成绩表】对话框，单击【新建】按钮，然后输入相应的数据内容。

step 3 单击【关闭】按钮，即可在表格中输入一行如下图所示的数据。

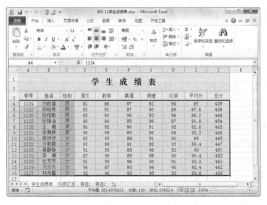

9.4.2 查找记录

在数据庞大的表格中，使用记录单对话框查找具体的数据相当方便。其操作方法为：在表格中选中除标题外的所有数据区域。

在快速访问工具栏中单击【记录单】按钮，打开记录单对话框，单击【条件】按钮，在相应的项目文本中输入具体的内容。

按下回车键，即可在对话框中显示相应的数据信息。

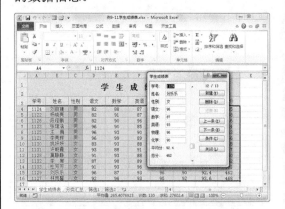

9.4.3 修改记录

修改记录就是将已有的数据进行适当的修改和更新。但在修改之前需要先找到相应的数据，再对其进行修改或其他编辑。

【例9-12】在【学生成绩表】工作表中，使用记录单功能能将【段程鹏】的数学成绩修改为80，语文成绩修改为【88】。

视频+素材 (光盘素材\第09章\例9-12)

step 1 打开【学生成绩表】工作表，选择A4：J16 单元格区域，在快速访问工具栏中单击【记录单】按钮。

step 2 打开记录单对话框，单击该对话框中的【条件】按钮。

214

step 3 在【学号】文本框中输入 1126，然后按下回车键。

step 4 此时，即可在对话框中显示相应的数据信息。将鼠标指针定位到【语文】文本框中输入 88，定位到【数学】文本框中，输入 80。

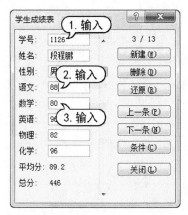

step 5 按下回车键，即可将修改的数据添加到表格中，单击【关闭】按钮关闭对话框，工作表中数据的修改结果如下图所示。

9.5 案例演练

本章的案例演练部分将介绍在【调查分析表】、【楼盘销售信息表】和【肉制品销售数据】等工作表中使用排序、筛选和记录单管理数据的方法，用户可以通过练习从而巩固本章所学知识。

【例 9-13】在【调查分析表】工作簿中管理表格中的数据。

视频+素材 (光盘素材\第 09 章\例 9-13)

step 1 打开【调查分析表】工作簿，选择 Sheet1 工作表。

9.4.4 删除记录

使用记录单对话框不仅可以添加、查找和修改数据，还可以对表格中的数据进行删除。其操作方法为：选择除标题以外的所有数据区域，打开记录单对话框，单击【条件】按钮，再在相应的项目文本框中输入相应的数据，按下回车键查找出相应的数据信息，然后单击【删除】按钮即可。

step 2 选择 A2：G14 单元格区域，在快速访问工具栏中单击【记录单】按钮。

step 3 在打开的记录单对话框中单击【条件】按钮。

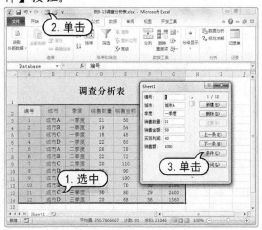

step 4 在【编号】文本框中输入 11，然后按下回车键，查找并显示相应的数据信息。

step 5 在记录单对话框中单击【删除】按钮，在弹出的提示对话框中单击【确定】按钮，确认删除。

step 6 单击【关闭】按钮，关闭记录单对话框，记录删除效果如下图所示。

step 7 选择 A3 单元格，选择【数据】选项卡，在【排序和筛选】组中单击【降序】按钮，表格中的数据自动以降序排列。

step 8 在【分级显示】组中单击【分类汇总】按钮，打开【分类汇总】对话框。

step 9 在【分类字段】下拉列表框中选择【季度】选项，在【汇总方式】下拉列表框中选择【求和】选项，在【选定汇总项】列表框中选中【销售额】复选框。

step 10 单击【确定】按钮，返回工作表区域即可查看分类汇总效果。

step 11 在【分级显示】组中单击【分类汇总】按钮，再次打开【分类汇总】对话框。

step 12 在【分类字段】下拉列表框中选择【季度】选项，在【汇总方式】下拉列表框中选择【平均值】选项，在【选定汇总项】列表框中选中【销售额】复选框。

step 13 在【分类汇总】对话框中取消【替换当前分类汇总】复选框的选中状态后，单击【确定】按钮。

step 14 返回工作表后，即可显示嵌套分类汇总的效果，如下图所示。

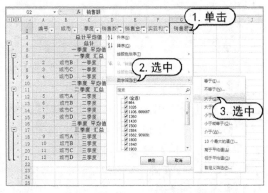

step 15 在【筛选和排序】组中单击【筛选】选项。

step 16 单击【销售额】单元格旁的□按钮，在弹出的下拉列表中选择【数字筛选】|【大于】选项。

框中输入 2000，然后单击【确定】按钮。

step 18 返回到工作表中即可查看自动筛选的结果。

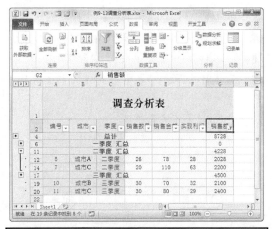

【例 9-14】在【楼盘销售信息表】工作表中管理表格中的数据。

视频+素材 (光盘素材\第 09 章\例 9-14)

step 1 打开【楼盘销售信息表】工作表，选择 A3：H25 单元格区域，选择【数据】选项卡，在【排序和筛选】组中单击【排序】按钮。

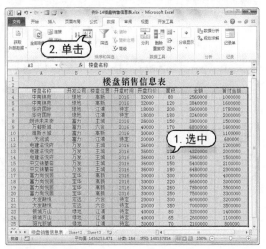

step 17 打开【自定义自动筛选方式】对话框，在【销售额】栏第一个下拉列表框后的文本

**step② ** 打开【排序】对话框，单击【主要关键字】下拉列表按钮，在弹出的下拉列表中选择【开盘均价】选项，单击【次序】下拉列表按钮，在弹出的下拉列表中选择【升序】选项。

**step③ ** 单击【添加条件】按钮，添加次要关键字，然后单击【次要关键字】下拉列表按钮，在弹出的下拉列表中选择【面积】选项，单击【次序】下拉列表按钮，在弹出的下拉列表中选择【升序】选项。

**step④ ** 单击【确定】按钮，即可按照【开盘均价】和【面积】的【升序】条件排序工作表中选定的数据。

**step⑤ ** 在【分级显示】组中单击【分类汇总】

按钮，打开【分类汇总】对话框。

**step⑥ ** 单击【分类字段】下拉列表按钮，在弹出的下拉列表中选择【开发公司】选项，单击【分类方式】下拉列表按钮，在弹出的下拉列表中选择【求和】选项，在【选定汇总项】列表框中选中【全额】复选框。

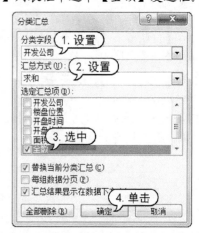

**step⑦ ** 单击【确定】按钮，返回工作表区域即可查看分类汇总效果。

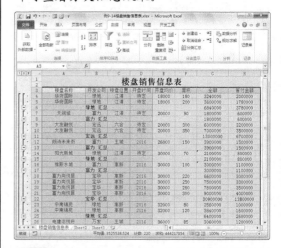

**step⑧ ** 再次单击【分类汇总】按钮，打开【分类汇总】对话框。

**step⑨ ** 在【分类汇总】对话框中单击【分类字段】下拉列表按钮，在弹出的下拉列表中选择【楼盘名称】选项，单击【汇总方式】下拉列表按钮，在弹出的下拉列表中选择【计数】选项，在【选定汇总项】列表框中选中【全额】复选框，并取消【替换当前分类汇总】复选框的选中状态。

step 10 单击【确定】按钮，即可显示嵌套分类汇总的效果，如下图所示。

step 11 在【排序和筛选】组中单击【筛选】按钮，进入筛选模式，显示筛选条件按钮。

在弹出的下拉列表中选择【数字筛选】|【介于】选项。

step 13 打开【自定义自动筛选方式】对话框，在【大于或等于】选项后的文本框中输入60，在【小于或等于】选项后的文本框中输入120，然后单击【确定】按钮。

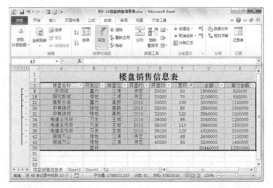

step 14 返回到工作表中即可查看自动筛选的结果。

step 15 在快速访问工具栏中单击【记录单】按钮，在打开的记录单对话框中单击【条件】按钮。

step 12 然后单击【面积】单元格旁的按钮，

step 16 在打开的对话框的【面积】文本框中输入70，然后按下回车键，即可找到相应的数据记录。

step 17 单击【删除】按钮，在弹出的提示对话框中单击【确定】按钮，即可将当前数据删除。

step 18 返回工作表，表格中记录删除效果如下图所示。

【例9-15】在【肉制品销售数据】工作表中管理表格中的数据。

视频+素材 (光盘素材\第09章\例9-15)

step 1 打开【肉制品销售数据】工作表，选择 A3：F20 单元格区域。

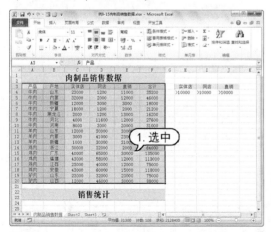

step 2 选择【数据】选项卡，在【排序和筛选】组中单击【排序】按钮。

step 3 打开【排序】对话框，单击【主要关键字】下拉列表按钮，在弹出的下拉列表中选择【实体店】选项，单击【次序】下拉列表按钮，在弹出的下拉列表中选择【升序】选项。

step 4 单击【确定】按钮，即可按照【实体店】销售信息的【升序】条件排序工作表中选定的数据。

step 5 在【分级显示】组中单击【分类汇总】选项，打开【分类汇总】对话框。

step 6 单击【分类字段】下拉列表按钮，在弹出的下拉列表中选择【产品】选项，在【选定汇总项】列表框中选中【合计】复选框。

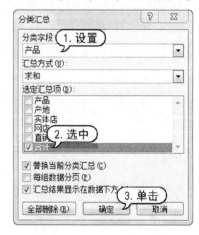

step ⑦ 单击【确定】按钮,,返回工作表区域即可查看分类汇总效果。

step ⑧ 在【排序和筛选】组中单击【高级】按钮,打开【高级筛选】对话框。

step ⑨ 在【高级筛选】对话框中,单击【条件区域】文本框后的按钮。

step ⑩ 在工作表中选择 H3：J4 单元格区域后,按下回车键。

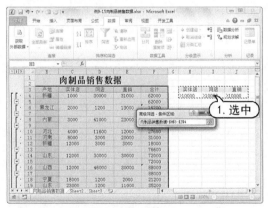

step ⑪ 返回【高级筛选】对话框后,选中【将筛选结果复制到其他位置】单选按钮,然后

单击【复制到】文本框后的按钮。

step ⑫ 在工作表中选择 A37 单元格后,按下回车键。

step ⑬ 返回【高级筛选】对话框,单击【确定】按钮,即可在工作表中复制实体店、网店和直销的销售数据均大于 10000 的记录。

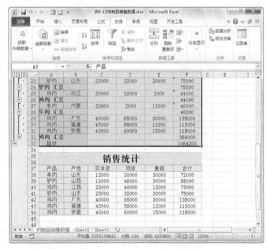

step ⑭ 选择 A3：F31 单元格区域,在【排序和筛选】组中单击【筛选】按钮,然后单击【合计】单元格旁的按钮。

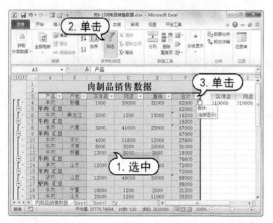

step 15 在弹出的【合计】下拉列表中选择【数字筛选】|【自定义筛选】选项。

step 16 打开【自定义自动筛选方式】对话框，单击【合计】下拉列表按钮，在弹出的下拉列表中选择【大于】选项，然后在该选项后的文本框中输入 50000。

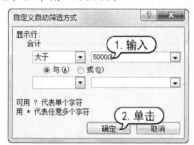

step 17 单击【确定】按钮，即可在工作表中

查看筛选效果。

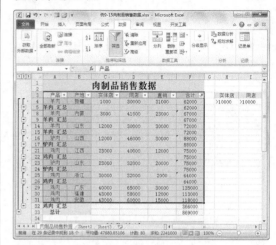

step 18 在【排序和筛选】组中单击【清除】按钮，可以将工作表中应用的筛选结果清除。

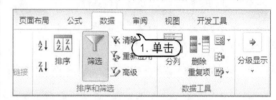

step 19 选择 A3：F33 单元格区域，在【分级显示】组中单击【分类汇总】选项，在打开的【分类汇总】对话框中单击【全部删除】按钮，可以将设置的分类汇总清除。

第 10 章

数据的高级计算

　　Excel中的数据大部分都需要进行相应的计算，在本书前面的章节中介绍过使用公式与函数计算表格中数据的方法。但对于计算表格中的复杂数据就需要用到Excel的高级计算功能，如多元方程求解、模拟分析数据等。

 对应光盘视频 -

Excel 2010 电子表格案例教程

10.1 计算数组

数组由多个单独数据组成，并作为一个整体参与计算，其原理与合并计算相似。用手动方式计算数据比较繁琐，但是用 Excel 进行计算就相对简单。下面将介绍在 Excel 2010 中计算数组的相关知识。

10.1.1 定义数组

数组参与计算实际上就是将多个数据作为一个整体参与计算。为了让多个数据成为一个整体，也就是一个组，用户可以通过定义数组的方法来实现（定义数组也就是对单元格区域进行命名，本书已经做过详细讲解，这里不再重复介绍）。

10.1.2 计算数组

定义数组的目的是将数组中的数据参与计算，并得出计算结果。下面将通过实例，介绍在工作表中计算数组的方法。

【例 10-1】在【学生成绩表】工作表的 I4 和 I10 单元格中，对男生和女生各科的乘积进行求和。

视频+素材 (光盘素材\第 10 章\例 10-1)

step ① 打开【学生成绩表】工作表后，选择 D4：H9 单元格区域。

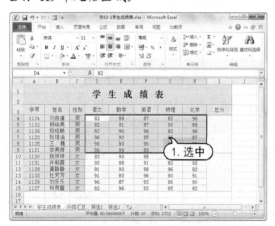

step ② 选择【公式】选项卡，在【定义的名称】组中单击【定义名称】按钮。

step ③ 在打开的【新建名称】对话框的【名称】文本框中输入【男生总分】，单击【范围】下拉列表按钮，在弹出的下拉列表中选

择【学生成绩表】选项，然后单击【确定】按钮。

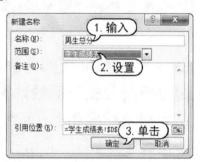

step ④ 使用相同的方法，将 D10：J15 单元格区域命名为【女生总分】。

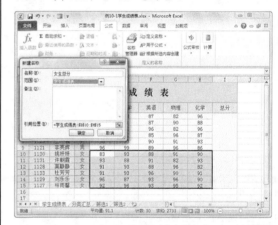

step ⑤ 选择 I4 单元格，然后在编辑栏中输入以下公式：

=SUM(男生总分)

step ⑥ 按下回车键，即可在 I4 单元格中得

224

出相应的计算结果。

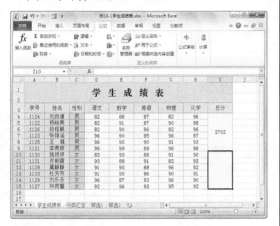

step 7 选中 I10 单元格，然后在编辑栏中输入以下公式：

$$=SUM(女生总分)$$

step 8 选下回车键，即可在 I10 单元格中得出相应的计算结果。

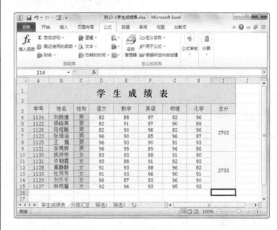

10.2　计算方程

在 Excel 中计算例如一元一次方程、多元一次方程等方程的方法非常简单。下面将通过实例，讲解使用 Excel 2010 计算各种常用方程的步骤。

10.2.1　计算一元一次方程

一元一次方程实际上就是计算出等式中的一个变量值，使等式两边的值相等。

> 【例 10-2】在【开发进度表】工作表中，根据预计调查的时间，使用一元一次方程求出 D3 单元格中项目参与者的平均工作量。
> 🎬视频•素材 (光盘素材\第 10 章\例 10-2)

step 1 打开【开发进度表】工作表，选择 E3 单元格。

step 2 在编辑栏中输入以下公式：

$$=B3*C3*D3$$

step 3 按下 Ctrl+回车键后，由于存在变量，

系统将在 E3 单元格中显示结果为 0。

step 4 选择【数据】选项卡，在【数据工具】组中单击【模拟分析】按钮，然后在弹出的下拉列表中选择【单变量求解】选项。

step 5 在打开的【单变量求解】对话框中的【目标值】文本框中输入参数 600，并单击【可变单元格】文本框后的 按钮。

step 6 选择 D3 单元格后，按下 Enter 键，返回【单变量求解】对话框。

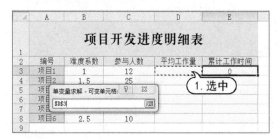

step 7 在【单变量求解】对话框中单击【确定】按钮，即可在打开的【单变量求解状态】对话框中显示当前目标值与其对应的求解值。

10.2.2 计算二元一次方程

多元一次方程是在一元一次方程的基础上发展起来的，所以他们的计算过程基本相似。但在计算多元一次方程时，需要加载数据的规划求解功能。

【例 10-3】在工作表中利用二元一次方程计算公式中 x、y 的值。

(光盘素材\第 10 章\例 10-3)

step 1 在 Excel 2010 中打开【二元一次方程求解】工作表后，单击【文件】按钮，在打开的界面中单击【选项】选项。

step 2 在打开的【Excel 选项】对话框中，选择【加载项】选项，然后在打开的选项区域中单击【转到】按钮。

step 3 在打开的【加载宏】对话框中选中【规划求解加载项】复选框，并单击【确定】按钮。

step 4 返回工作表后，选择 B8 单元格，然后在编辑栏中输入以下公式：

$$=G11*\$B\$11+G12*\$C\$11$$

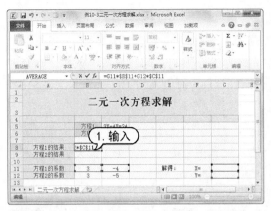

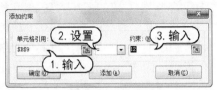

step 8 在【通过更改可变单元格】文本框中输入 $G$11:$G$12，单击【添加】按钮。

step 9 在打开的【添加约束】对话框的【单元格引用】文本框中输入$B$9，在其后的下拉列表中选择=选项，在【约束】文本框中输入参数 12，然后单击【确定】按钮。

step 5 按下 Ctrl+Enter 快捷键，选择 B9 单元格，在编辑栏中输入以下公式：

$$=G11*\$B\$12+G12*\$C\$12$$

step 10 返回【规划求解参数】对话框后，在该对话框中单击【求解】按钮，然后在打开的【规划求解结果】对话框中选中【保留规划求解的解】单选按钮，并单击【确定】按钮。

step 6 按下 Ctrl+回车快捷键，选择 B8 单元格，选择【数据】选项卡，在【分析】组中单击【规划求解】按钮。

step 7 在打开的【规划求解参数】对话框的【设置目标】文本框中输入$B$8，选中【目标值】单选按钮，并在其后的文本框中输入参数 24。

step 11 此时，返回工作表即可查看结果，效果如下图所示。

step 12 单击【保存】按钮，将工作簿以文件名【二元一次方程求解】保存。

10.3 数据的有效性

数据的有效性可以对单元格或单元格区域中的数据进行限制。若数据符合条件，则允许输入；若数据不符合条件，则禁止输入。设置数据的有效性，可以有效地防止输入无效数据，保证数据的准确性。

10.3.1 设置数据有效性检查

设置数据的有效性实际上就是对表格进行条件设置，为表格添加【门槛】，禁止低于【门槛】的数据输入表格。

> 【例 10-4】在【学生成绩表】工作表的 H 列设置 0~100 为合法数据。
> 🎬 **视频+素材** (光盘素材\第 10 章\例 10-4)

step 1 打开【学生成绩表】工作表，选择 H4: H16 单元格区域。

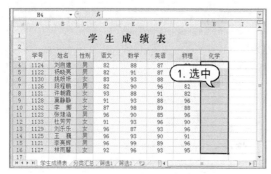

step 2 选择【数据】选项卡，在【数据工具】组中单击【数据有效性】选项。

step 3 在打开的对话框中选择【设置】选项卡，然后单击【允许】下拉列表按钮，在弹出的下拉列表中选择【整数】选项。

step 4 单击【数据】下拉列表按钮，在弹出

的下拉列表中选择【介于】选项，在【最小值】文本框中输入 0，在【最大值】文本框中输入 100。

step 5 在【数据有效性】对话框中单击【确定】按钮，返回工作表，在 H4: H16 单元格区域中的任意单元格中输入 105，Excel 将打开如下图所示的提示框,提示【输入值非法】。

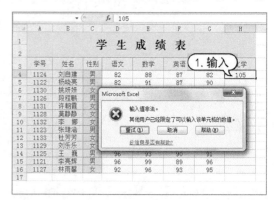

> 🖱 **实用技巧**
>
> 在【数据有效性】对话框中选择【输入法模式】选项卡，在该选项卡中可以设置输入法模式的状态，例如打开或关闭等（系统默认是【随意】选项）。

10.3.2 设置提示信息和出错信息

在表格中设置数据有效性后，只要输入非法数据，系统就会打开错误提示框。设置提示信息可让用户在没有输入数据前，就能了解到相应的规则。设置出错警告能让用户更加明确地知道输入的数据是非法的，以便快速采取相应的操作。

1. 设置输入提示信息

输入提示信息就是让用户在输入数据之前，明确地知道哪些数据是合法的，哪些数据是错误的。

【例 10-5】在【学生成绩表】工作表中设置单元格内容输入有效性提示信息。

📀视频+素材 (光盘素材\第 10 章\例 10-5)

step① 继续【例 10-4】的操作，选择 H4: H16 单元格区域，选择【数据】选项卡，在【数据工具】组中单击【数据有效性】选项📝。

step② 在打开的【数据有效性】对话框中选择【输入信息】选项卡，然后选中【选定单元格时显示输入信息】复选框，在【标题】文本框中输入文本【提示】，在【输入信息】文本框中输入【只能输入 0 至 100 之间的整数】。

step③ 在【数据有效性】对话框中单击【确定】按钮，即可查看效果。

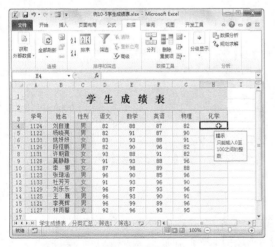

2. 设置出错警告提示

当用户在已设置数据有效性的单元格或单元格区域中输入非法数据后，系统会自动弹出错误提示框，用户也可以自定义设置警告提示信息。

【例 10-6】在【学生成绩表】工作表中设置出错警告提示。

📀视频+素材 (光盘素材\第 10 章\例 10-6)

step① 继续【例 10-5】的操作，选择 H4: H16 单元格区域，然后在【数据工具】组中单击【数据有效性】选项📝，打开【数据有效性】对话框。

step② 在【数据有效性】对话框中选择【出错警告】选项卡，在【标题】文本框中输入文本【输入错误警告！】，在【错误信息】文本框中输入【请输入合法数据】。

step③ 在【数据有效性】对话框中单击【确定】按钮后，返回工作表，在 H4: H16 单元格区域中的任意单元格中输入 105，将打开如下图所示的警告提示。

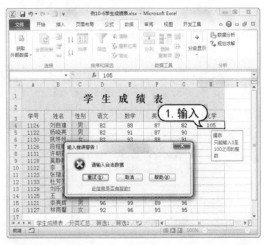

10.3.3 定位有验证设置的单元格

若用户需要在工作表中快速查找出已设置数据有效性的单元格或单元格区域，可以通过定位的方法来快速实现。

【例 10-7】在【学生成绩表】工作表中定位含有数据有效性设置的单元格。

视频+素材 (光盘素材\第 10 章\例 10-7)

step 1 继续【例 10-6】的操作,选择【开始】选项卡,在【编辑】组中单击【查找和选择】按钮,在弹出的下拉列表中选择【定位条件】选项。

step 2 在打开的【定位条件】对话框中选中【数据有效性】单选按钮后,再根据需要选中【全部】或【相同】单选按钮。

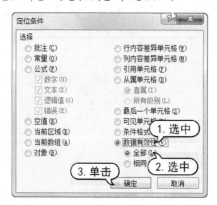

step 3 完成以上设置后,单击【确定】按钮,Excel 将选中工作表中设置了数据有效的单元格,效果如下图所示。

10.4 合并计算

合并计算就是将不同工作表或工作簿中结构或内容相同的数据合并到一起进行快速计算,并得出结果。合并计算通常分为按位置合并计算和按类合并计算两种,下面将分别进行介绍。

10.4.1 按类合并计算

若表格中的数据内容相同,但表头字段、

10.3.4 删除数据有效性检查

在表格中设置数据有效性是为了限定输入一些数据,以确保数据的准确性。若表格中不再需要已设置的数据有效性条件,可以将其删除。

【例 10-8】删除【学生成绩表】工作表中设置的数据有效性条件检查。

视频+素材 (光盘素材\第 10 章\例 10-8)

step 1 继续【例 10-7】的操作,选择【学生成绩表】工作表中设置数据有效性条件的单元格区域后,在【数据工具】组中单击【数据有效性】按钮。

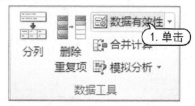

step 2 打开【数据有效性】对话框,选择【设置】选项卡,然后单击【全部清除】按钮。

step 3 完成以上设置后,在【数据有效性】对话框中单击【确定】按钮即可。

记录名称或排列顺序不同时,就不能使用按位置合并计算,此时可以使用按类合并的方式对数据进行合并计算。

【例 10-9】在【学生成绩表】工作簿中合并计算【第一次模拟考试】和【第二次模拟考试】的总分。

🎬 视频+素材 (光盘素材\第 10 章\例 10-9)

step 1 打开【学生成绩表】工作簿后，选中【总分】工作表中的 A1 单元格。

step 2 选择【数据】选项卡，在【数据工具】组中单击【合并计算】选项 🔳。

step 3 在打开的【合并计算】对话框中单击【函数】下拉列表按钮，在弹出的下拉列表中选择【求和】选项。

step 4 单击【引用位置】文本框后的 🔳 按钮，选择【第一次模拟考试】工作表标签。

step 5 切换到【第一次模拟考试】工作表后，选择 A1:C14 单元格区域，并按下 Enter 键。

step 6 返回【合并计算】对话框后，单击【添加】按钮。

step 7 使用相同的方法，引用【第二次模拟考试】工作表中的 A1:C14 单元格区域数据，然后在【合并计算】对话框中选中【首行】和【最左列】复选框，并单击【确定】按钮。

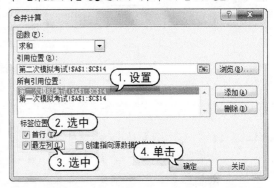

step 8 此时，Excel 软件将自动切换到【总分】工作表，显示按类合并计算的结果。

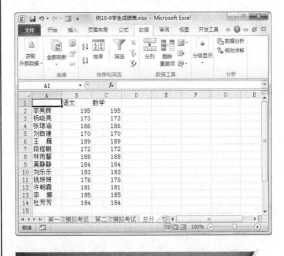

10.4.2 按位置合并计算

采用按位置合并计算必须要求多个表格中数据的排列顺序与结构完全相同，如此才能得出正确的计算结果。

【例 10-10】利用按位置合并计算，在【学生成绩表】工作簿中计算【第一次模拟考试】和【第二次模拟考试】的总分。

视频+素材 (光盘素材\第 10 章\例 10-10)

step 1 打开【学生成绩表】工作簿后，选择【总分】工作表中的 D2 单元格。

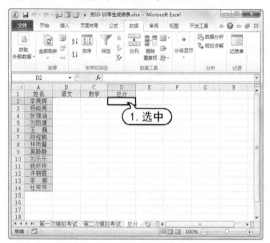

step 2 选择【数据】选项卡，在【数据工具】组中单击【合并计算】选项，在打开的【合并计算】对话框中单击【函数】下拉列表按钮，并在弹出的下拉列表中选择【求和】选项。

step 3 在【合并计算】对话框中单击【引用位置】文本框后的，然后切换到【第一次模拟考试】工作表并选择 D2:D14 单元格区域，并按下回车键。

step 4 返回【合并计算】对话框后，单击【添加】按钮，将引用的位置添加到【所有引用位置】列表框中。

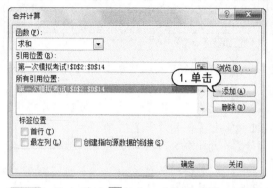

step 5 再次单击按钮，选择【第二次模拟考试】工作表，Excel 将自动将该工作表中的相同单元格区域添加到【合并计算】对话框的【引用位置】文本框中。

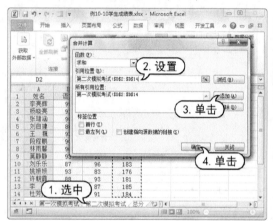

step 6 在【合并计算】对话框中单击【添加】按钮，再单击【确定】按钮，即可在【两个月工资合计】对话框中查看合并计算结果。

10.5　模拟运算表

若用户需要处理少量或简单的模拟分析运算，可以使用 Excel 中的模拟运算表功能。模拟运算表功能主要适用于计算模型简单、模拟目标较小而且分析要求不复杂的分析运算。模拟运算表根据工作表行数和列数的格式，可分为单变量和多变量模拟运算表。

10.5.1　单变量模拟运算表

单变量模拟运算表在计算中只有一个行数或列数的变量，随着这个变量的不断变化可生成不同的运算结果。

【例 10-11】单变量波动估算月交易额。

视频+素材 (光盘素材\第 10 章\例 10-11)

step 1 打开【交易量波动估算】工作簿后，在 B8 单元格中输入公式：

=B6*B5*B2

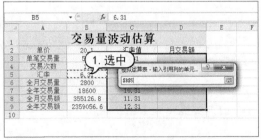

step 2 选择 B9 单元格，输入公式：

=B7*B5*B2

step 3 在 D3 单元格中输入公式：

=B8

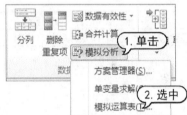

step 4 选择 C3:D9 单元格区域，选择【数据】选项卡，在【数据工具】组中单击【模拟分析】按钮，在弹出的下拉列表中选择【模拟运算表】选项。

step 5 在打开的【模拟运算表】对话框中单击【输入引用列的单元格】文本框后的按钮。

step 6 选择 B5 单元格，然后按下回车键。

step 7 返回【模拟运算表】对话框后单击【确

定】按钮，即可在工作表中查看使用单变量
模拟运算表功能计算的结构。

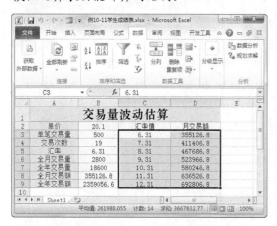

10.5.2 双变量模拟运算表

双变量指的是有两个不确定的量，使用
双变量模拟运算表功能可以在变量不确定的
情况下估算出相应的数额。

【例10-12】双变量波动估算月交易额。

视频+素材 (光盘素材\第10章\例10-12)

step① 打开【交易量波动估算】工作簿后，
选择 A16 单元格。

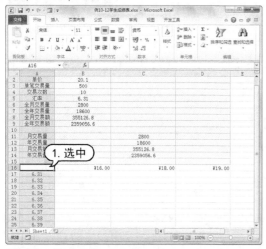

step② 在编辑栏中输入公式：

$$=C13$$

按下回车键显示如下图所示。

step③ 选择 A16:D25 单元格区域，然后选择
【数据】选项卡，在【数据工具】组中单击
【模拟分析】下拉列表按钮，在弹出的下拉
列表中选择【模拟运算表】选项。

step④ 在打开的【模拟运算表】对话框中单
击【输入引用行的单元格】文本框后的 按
钮。

step⑤ 选择 B6 单元格后，按下回车键。

step⑥ 返回【模拟运算表】对话框后，单击
【输入引用列的单元格】文本框后的 按钮。

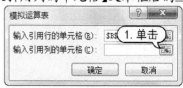

step⑦ 在选择 B5 单元格后，按下回车键。

算表功能计算的结果。

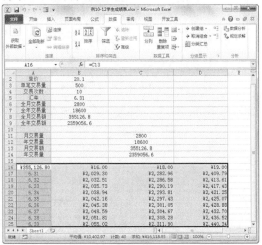

step 8　返回【模拟运算表】对话框后，单击【确定】按钮，即可查看使用双变量模拟运

step 9　单击【保存】按钮，将工作簿保存。

10.6　案例演练

　　本章的案例演练部分包括计算房屋交易税费比例，计算销售量和销售额总和以及设置数据输入有效性等多个综合实例操作，用户通过练习从而巩固本章所学知识。

【例 10-13】在【房屋交易价格表】工作簿中计算房屋交易税费比例。

视频+素材 (光盘素材\第 10 章\例 10-13)

step 1　打开【房屋交易价格表】工作簿后，选择 F4 单元格。

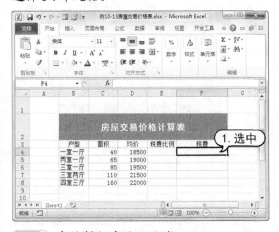

step 2　在编辑栏中输入公式：

$$=C4*D4*E4$$

按下 Ctrl+Enter 键后，系统将在 F4 单元格中显示数字 0。

step 3　选择【数据】选项卡，在【数据工具】组中单击【模拟分析】下拉列表按钮，在弹出的下拉列表中选择【单变量求解】选项。

step 4　在打开的【单变量求解】对话框中单

击【可变单元格】文本框后的 按钮。

step 5 选择 E4 单元格后，按下回车键。

step 6 返回【单变量求解】对话框后，在【目标值】文本框中输入参数 22500，然后单击【确定】按钮。

step 7 在打开的【单变量求解状态】对话框中单击【确定】按钮。

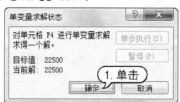

step 8 右击 E4 单元格，在弹出的菜单中选中【设置单元格格式】命令。

step 9 在打开的【设置单元格格式】对话框中选择【数字】选项卡，然后在【分类】列表框中选择【百分比】选项并单击【确定】按钮。

step 10 此时，将在 E4 单元格中显示购买房

屋的税费比例。

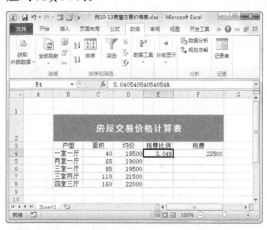

step 11 选择 F4 单元格，然后拖动单元格右下角的控制点至 F8 单元格

step 12 使用同样的操作，在 E5:E8 单元格区域中计算出各种户型房屋交易的税费比例。

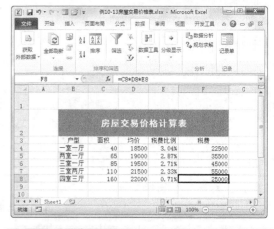

【例 10-14】在【销售情况统计表】中计算销售量和金额的总和。

视频+素材 (光盘素材\第 10 章\例 10-14)

step 1 打开【销售情况统计表】工作簿后，在工作表中输入相应的数据。

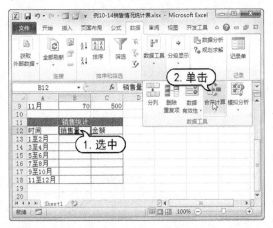

step 2　选择 B12 单元格作为存放合并计算后的起始位置，然后选择【数据】选项卡，在【数据工具】组中单击【合并计算】按钮。

step 3　在打开的【合并计算】对话框中单击【函数】下拉列表按钮，在弹出的下拉列表中选择【求和】选项。

step 4　在【合并计算】对话框中单击【引用位置】文本框后的 按钮。

step 5　选择 B3:B9 单元格区域，然后按下回车键。

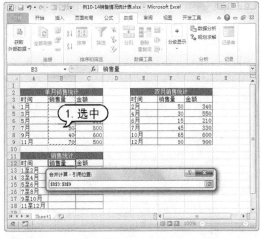

step 6　返回【合并计算】对话框后，单击【添加】按钮，然后再次单击【浏览】按钮前的 按钮。

step 7　在工作表中选择 F3:F9 单元格区域后，按下回车键。

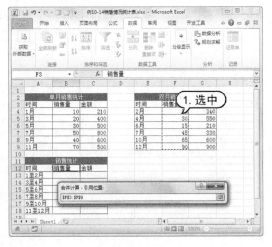

step ⑧ 返回【合并计算】对话框后，单击【添加】按钮，选中【首行】复选框，并单击【确定】按钮。

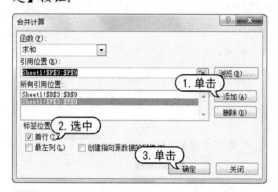

step ⑨ 此时，Excel 将在 B13:B18 单元格区域中计算出双月销售量的总数。

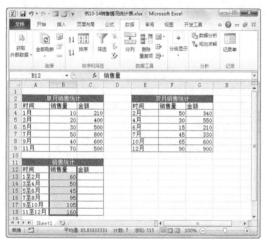

step ⑩ 选择C12单元格，选择【数据】选项卡，在【数据工具】组中单击【合并计算】按钮。

step ⑪ 打开【合并计算】对话框，在【所有引用位置】列表框中选中一个引用位置后，单击【删除】按钮。

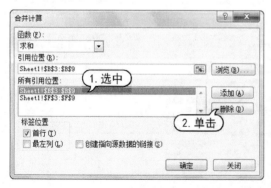

step ⑫ 使用同样的方法，删除【所有引用位置】列表框中所有的引用位置。

step ⑬ 在【合并计算】对话框中单击【引用位置】文本框后的按钮，选择 C3:C9 单元格区域，然后按下回车键。

step ⑭ 返回【合并计算】对话框后，单击【添加】按钮，然后再次单击【浏览】按钮前的按钮。

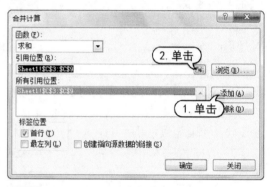

step ⑮ 在工作表中选择 G3:G9 单元格区域后，按下回车键。

step ⑯ 在返回【合并计算】对话框后，单击【添加】按钮，选中【首行】复选框，并单击【确定】按钮。

step ⑰ 此时，可以在 C13:C18 单元格区域中计算出两个月销售额的总数。

【例 10-15】在【人事档案】工作簿中设置数据输入有效性。

视频+素材 (光盘素材\第 10 章\例 10-15)

step ① 打开【人事档案】工作表后，并在其中输入相应的数据。

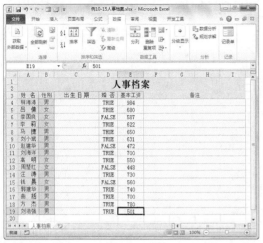

step 2 选择 C4:C19 单元格区域后，选择【数据】选项卡，在【数据工具】组中单击【数据有效性】按钮。

step 3 打开【数据有效性】对话框，选择【设置】选项卡，然后单击【允许】下拉列表按钮，在弹出的下拉列表中选择【日期】选项。

step 4 在【设置】选项卡中单击【数据】下拉列表按钮，在弹出的下拉列表中选择【介于】选项，然后在【开始日期】文本框中输入文本 1950/1/1，在【结束日期】文本框中输入文本 1999/1/1，设置在 C4:C19 单元格区域中可输入的日期范围。

step 5 选择【输入信息】选项卡，然后在该选项卡中选中【选定单元格时显示输入信息】复选框，并在【标题】文本框中输入文本【提示】，在【输入信息】文本框中输入文本【请输入员工出生日期】，设置当鼠标指针移动至 C4:C19 单元格区域上时，Excel 所显示文本提示。

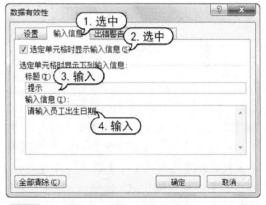

step 6 选择【出错警告】选项卡，然后选中该选项卡中的【输入无效数据时显示出错警告】复选框，单击【样式】下拉列表按钮，在弹出的下拉列表中选中【停止】选项。

step 7 在【标题】文本框中输入文本【输入错误】，在【错误信息】文本框中输入文本【请输入正确日期，例如 1955/8/1，设置在 C4:C19 单元格区域中输入错误信息时，Excel 弹出的信息。

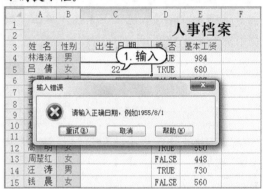

移动至 C4:C19 单元格区域中时，将显示如下图所示的提示信息。

step 8 选择【输入法模式】选项卡，然后在该选项卡中单击【模式】下拉列表按钮，在弹出的下拉列表中选择【关闭（英文模式）】选项，并单击【确定】按钮。

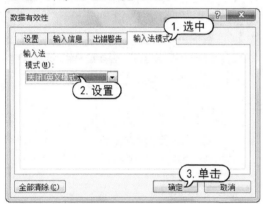

step 11 当用户在 C4:C19 单元格区域中输入错误的日期信息时，Excel 将打开如下图所示的提示框。

step 9 右击 C4:C19 单元格区域，在弹出的菜单中选择【设置单元格格式】命令，在打开的对话框中选择【数字】选项卡，在【分类】列表框中选择【日期】选项，在【类型】列表框中选择*2001/3/14 选项，然后单击【确定】按钮。

step 12 选择 E4:E19 单元格区域后，在【数据】选项卡的【数据工具】组中单击【数据有效性】按钮。

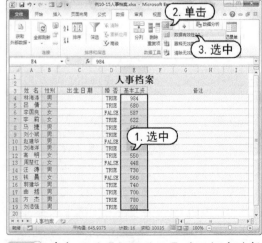

step 10 完成以上设置后，当用户将鼠标指针

step 13 在打开的【数据验证】对话框中选择【设置】选项卡，然后单击【允许】下拉列表

按钮，在弹出的下拉列表中选择【整数】选项，在【最小值】文本框中输入参数 300，在【最大值】文本框中输入参数 600，并单击【确定】按钮。

step⑭ 选择【数据】选项卡，在【数据工具】组中单击【数据有效性】下拉列表按钮，在弹出的下拉列表中选择【圈释无效数据】选项。

step⑮ 此时，Excel 将在工作表中用红色圆圈圈出表格中在300至600数字以外的数据。

step⑯ 单击【保存】按钮🖫，将创建的工作簿保存。

> 【例 10-16】在【公司年度考核表】工作表中使用数组计算年度考核平均分、季度考核总分和季度考核平均分。
> 视频+素材 (光盘素材\第 10 章\例 10-16)

step① 打开【公司年度考核表】工作表后，选择 D3：D11 单元格区域。

step② 选择【公式】选项卡，在【定义的名称】组中单击【名称管理器】按钮。

step③ 打开【名称管理器】对话框，单击【新建】按钮。

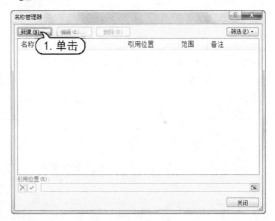

step④ 打开【新建名称】对话框，在【名称】文本框中输入【一季度】，单击【范围】下拉列表按钮，在弹出的下拉列表中选择【公司年度考核表】选项，然后单击【确定】按钮。

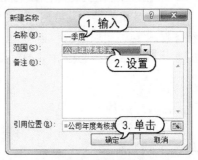

step⑤ 返回【名称管理器】对话框，再次单击【新建】按钮，打开【新建名称】对话框，

在【名称】文本框中输入【二季度】，单击【范围】下拉列表按钮，在弹出的下拉列表中选择【公司年度考核表】选项，然后单击 ，选择 E3：E11 单元格区域，并按下回车键。

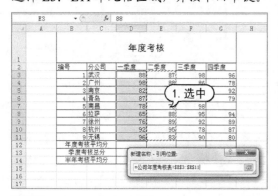

step 6　返回【新建名称】对话框，单击【确定】按钮。

step 7　返回【名称管理器】对话框，使用相同的方法，将 F3：F11 单元格区域的名称定义为【三季度】，将 G3：G11 单元格的名称定义为【四季度】。

step 8　单击【关闭】按钮，关闭【名称管理器】对话框。

step 9　在工作表中选择 D12 单元格，然后输入以下公式：

$$=AVERAGE(一季度)$$

按下 Ctrl+Enter 键即可计算出一季度公司各区域考核的平均分。

step 10　使用相同的方法，在 E12 单元格中输入【=AVERAGE(二季度)】；在 F12 单元格中

输入【=AVERAGE(三季度)】；在 G12 单元格中输入【=AVERAGE(四季度)】，计算出公司年度考核的每季度平均分。

step 11　在 D13 单元格中输入【=SUM（一季度）】；在 E13 单元格中输入【=SUM(二季度)】；在 F13 单元格中输入【=SUM（三季度）】；在 G13 单元格中输入【=SUM（四季度）】，计算出公司年度考核的每季度总分。

step 12　在 D14 单元格中输入【=AVERAGE(一季度,二季度)】；在 F14 单元格中输入【=AVERAGE(三季度,四季度)】，计算出公司半年考核的平均分。

第11章

使用透视图表分析数据

　　数据透视图、表允许用户使用特殊的、直接的操作分析 Excel 表格中的数据，对于创建好的数据透视图、表，用户可以灵活重组其中的行字段和列字段，从而实现修改表格布局，达到【透视】的目的。

对应光盘视频

11.1　数据透视图表简介

在实际工作中，一些需要汇总或对数据进行细致分析的工作簿，普通图表有可能不能很好地表现出数据之间的关系，这时应使用数据透视图、表来显示工作簿中的数据。本节将介绍运用数据透视图、表的定义和关系，为下面的学习打下基础。

11.1.1　数据透视图表的定义

Excel 与数据透视图的概念并不相同，其各自的定义如下。

▶ 数据透视表：数据透视表是一种可以快速汇总大量数据的交互式报表，它可以将表格中的行和列转换为有意义的、可供分析的数据，并清晰、方便地查看工作簿中的数据信息。

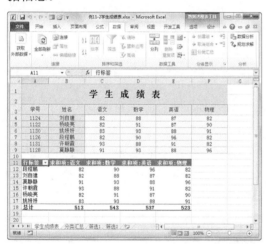

▶ 数据透视图：数据透视图与数据透视表相关联，它能准确地以图表形式显示相应数据表中的数据。

11.1.2　数据透视图表的关系

数据透视图和数据透视表是动态联系的，一个数据透视图一般有一个使用相应布局的相关联的数据透视表。数据透视图和数据透视表中的字段相互对应，若用户需要修改其中的一个的某个字段位置，则另一个中的相应字段位置也会发生改变。

11.2　使用数据透视表

在 Excel 中，用户要应用数据透视表，首先要学会如何创建它。在实际工作中，为了让数据透视表更美观，更符合工作簿的整体风格，用户还需要掌握设置数据透视表格式的方法，包括设置数据汇总、排序数据透视表、显示与隐藏数据透视表等。

11.2.1　创建数据透视表

在 Excel 中，创建数据透视表与创建图表的方法基本类似。用户可以参考以下实例所介绍的方法，创建数据透视表。

【例 11-1】在【学生成绩表】工作表中创建数据透视表。

🔘 视频+素材 (光盘素材\第 11 章\例 11-1)

step 1 打开【学生成绩表】工作表，选择 B4:F9 单元格区域，然后选择【插入】选项卡，并单击【表格】组中的【数据透视表】按钮。

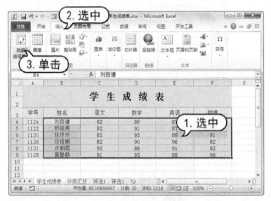

step 2 在打开的【创建数据透视表】对话框中选中【现有工作表】单选按钮，然后单击【位置】后面的按钮。

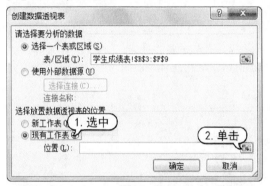

step 3 单击 A11 单元格，然后按下回车键。

step 4 返回【创建数据透视表】对话框后，在该对话框中单击【确定】按钮。

step 5 在显示的【数据透视表字段列表】窗格中，选择需要在数据透视表中显示的字段。

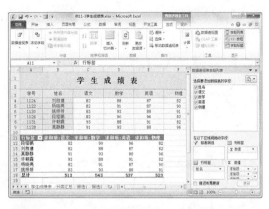

step 6 关闭【数据透视表字段列表】窗口，完成数据透视表的创建。

11.2.2 设置数据透视表

数据透视表主要用整理与分析数据，在创建数据透视表后，用户可以根据需要对其设置汇总、隐藏、显示和排序等操作。

1. 设置数据汇总

数据透视表中默认的汇总方式为求和汇总，除此之外，用户还可以手动为其设置求平均值、最大值等汇总方式。

【例 11-2】在【学生成绩表】工作表中设置数据的汇总方式。

视频+素材 (光盘素材\第 11 章\例 11-2)

step 1 打开【学生成绩表】工作表，右击数据透视表中的 C11 单元格，在弹出的菜单中选择【值汇总依据】|【平均值】命令。

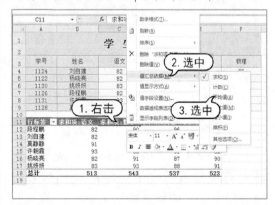

step 2 此时，数据透视表中 C 列的数据将随之发生变化。

2. 隐藏/显示明细数据

当数据透视表中的数据过多时，可能会不利于阅读者查阅，此时，通过隐藏和显示明细数据，可以设置只显示需要查阅的数据。

【例11-3】在【学生成绩表】工作表中设置隐藏与显示数据。

视频+素材 (光盘素材\第 11 章\例 11-3)

step① 打开【学生成绩表】工作表，选中并右击 A12 单元格，在弹出的菜单中选择【展开/折叠】|【展开】命令。

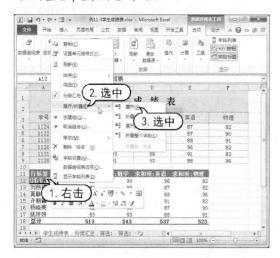

step② 打开【显示明细数据】对话框，在【请选择待要显示的明细数据所在的字段】列表框中选择【语文】选项，然后单击【确定】按钮。

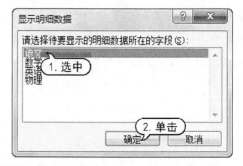

step③ 此时，将展开 A12 单元格数据透视表中相应的明细数据。

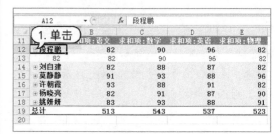

step④ 单击展开数据前的□按钮，即可将显示的明细数据隐藏。

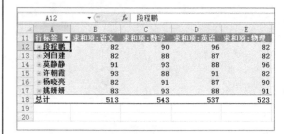

3. 数据透视表的排序

在 Excel 中对数据透视表进行排序，将更有利于用户快速查看其中的数据。

【例11-4】在【学生成绩表】工作表中设置排序数据透视表。

视频+素材 (光盘素材\第 11 章\例 11-4)

step① 打开【学生成绩表】工作表，选择数据透视表中的 A12 单元格后，右击鼠标，在弹出的菜单中选择【排序】|【其他排序选项】命令。

step② 在打开的【排序（姓名）】对话框中选中【升序排序（A 到 Z）依据】单选按钮，然后单击该单选按钮下方的下拉列表按钮，在弹出的下拉列表中选择【求和项：语文】选项。

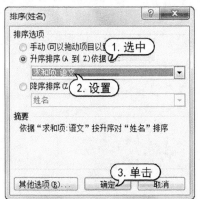

step 3　在【排序（姓名）】对话框中单击【确定】按钮，返回工作表后即可看到设置排序后的效果。

实用技巧

单击【数据】选项卡中的【排序和筛选】组中的【排序】按钮，也可以打开【排序】对话框。用户在设置数据表排序时，应注意的是，【排序】对话框中的内容将根据当前所选择的单元格进行调整。

11.2.3　修改数据透视表格式

数据透视表与图表一样，如果用户需要让对其进行外观设置，可以在 Excel 中，对数据透视表的格式进行调整。

【例 11-5】在【学生成绩表】工作表中修改数据透视表的格式。

视频+素材 (光盘素材\第 11 章\例 11-5)

step 1　打开【学生成绩表】工作表中创建的

数据透视表。选择【设计】选项卡，单击【数据透视表样式】组中的【其他】按钮。

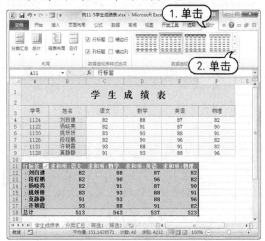

step 2　在展开的列表框中选择一种数据透视表样式。

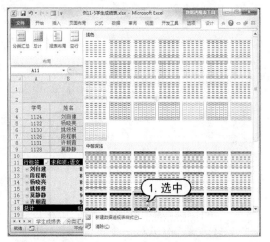

step 3　此时，即可看到设置后的数据透视表的样式效果。

11.3 使用数据透视图

数据透视图是针对数据透视表统计出的数据进行展示的一种手段。下面将通过实例详细介绍创建数据透视图的方法。

11.3.1 创建数据透视图

创建数据透视图的方法与创建数据透视表类似，具体如下。

【例 11-6】在【学生成绩表】工作表中创建数据透视图。

📀 视频+素材 (光盘素材\第 11 章\例 11-6)

step 1 打开【学生成绩表】工作表，选择工作表中的整个数据透视表，然后选择【选项】选项卡，并单击【工具】组中的【数据透视图】按钮 。

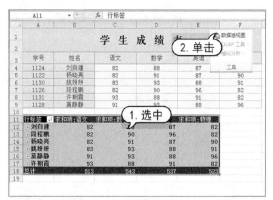

step 2 在打开的【插入图表】对话框中选择一种数据透视图样式后，单击【确定】按钮。

step 3 返回工作表后，即可看到创建的数据透视图效果。

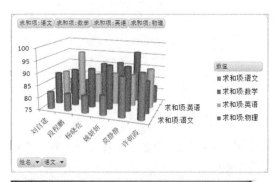

11.3.2 编辑数据透视图

数据透视图与标准图表的不同之处在于，用户可以根据实际需要对其中的数据进行设置。

1. 修改数据透视图类型

对于已经创建好的数据透视图，用户可以使用以下方法修改其图表类型。

【例 11-7】在【学生成绩表】工作表中设置数据透视图的类型。

📀 视频+素材 (光盘素材\第 11 章\例 11-7)

step 1 打开【学生成绩表】工作表，选择创建的数据透视图，选择【设计】选项卡，然后单击【类型】组中的【更改图表类型】按钮 。

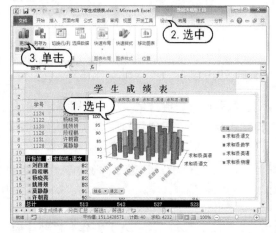

step 2 在打开的【更改图表类型】对话框中用户可以根据需要更改图表的类型，完成后单击【确定】按钮。

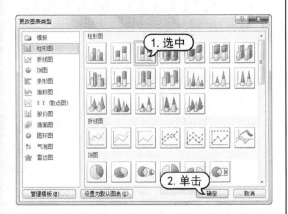

step 3 此时，数据透视图的类型将被修改。

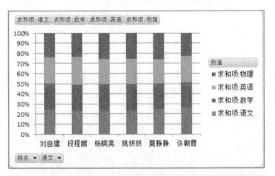

实用技巧

数据透视图中的数据与数据透视表中的数据是相互关联的，当数据透视表中的数据发生变化时，数据透视图中对应的数据也会发生相应的改变。

2. 修改数据透视图显示项目

用户可以参考以下实例所介绍的方法修改数据透视图的显示项目。

【例 11-8】在【学生成绩表】工作表中设置数据透视图的显示项目。

视频+素材（光盘素材\第 11 章\例 11-8）

step 1 打开【学生成绩表】工作表，选中并右击工作表中的数据透视图，在弹出的菜单中选择【显示字段列表】命令。

step 2 在显示的【数据透视图字段】窗格中的【选中要添加到报表的字段】列表框中，用户可以根据需要，选择在图表中显示的图例。

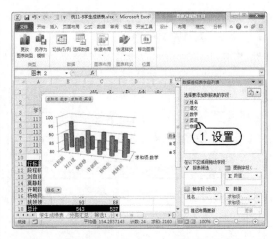

step 3 单击【姓名】选项后的下拉列表按钮。
step 4 在弹出的窗格中，设置图表中显示的【姓名】项目。

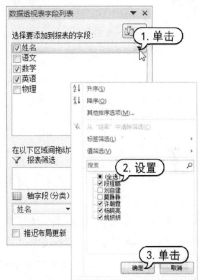

step 5 单击【确定】按钮，工作表中数据透视图的效果如下图所示。

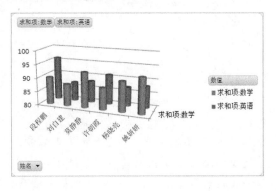

11.4　案例演练

本章的案例演练部分将介绍在【人事档案】、【产品销售】和【进货记录表】工作表中设置数据透视表和数据透视图的方法，用户通过练习从而巩固本章所学知识。

【例 11-9】在【人事档案】工作表中创建数据透视表，并将数据透视表中的多个数据项组合成一个大项。

视频+素材 (光盘素材\第 11 章\例 11-9)

step ① 打开【人事档案】工作表，在【插入】选项卡的【表格】组中单击【数据透视表】选项。

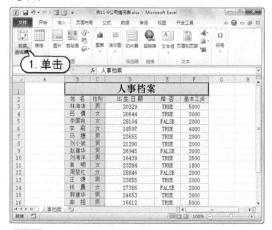

step ② 打开【创建数据透视表】对话框，在该对话框的【选择一个表或区域】文本框中输入【人事档案!$B$2:$F$21】，在【选择放置数据透视表的位置】选项区域中选中【新工作表】单选按钮，然后单击【确定】按钮。

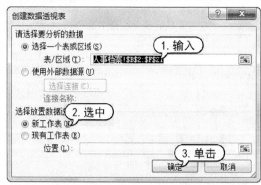

step ③ 打开【数据透视表字段列表】窗格，在【选择要添加到报表的字段】选项区域中选中【姓名】、【性别】、【出生日期】、【婚否】

和【基本工资】复选框。

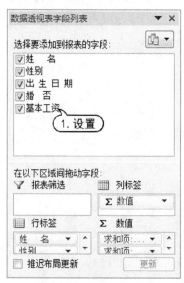

step ④ 关闭【数据透视表字段列表】窗格完成数据透视表的创建，按住 Ctrl 键，选择 A4、A7 和 A13 单元格，在【选项】选项卡的【分组】组中单击【将所选内容分组】选项。

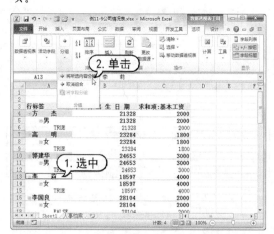

step ⑤ 此时，Excel 将自动将所选的类别合并成一个大项，默认组名称为【数据组 1】，效果如下图所示。

step 6 使用同样的方法，创建【数据组】2、【数据组3】、【数据组4】和【数据组5】。

step 7 选择 A4 单元格，输入【北京办事处】，修改数据组的名称。

step 8 使用同样的方法，修改【数据组2】、【数据组3】、【数据组4】和【数据组5】等数据组的名称。

step 9 选择 B 列，右击鼠标，在弹出的菜单中选中【设置单元格格式】命令。

step 10 打开【设置单元格格式】对话框，选择【数字】选项卡，在【分类】列表框中选择【日期】选项，在【类型】列表框中选择【*2001 年 3 月 14 日】选项，然后单击【确定】按钮。

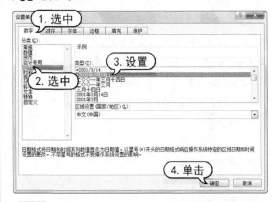

step 11 完成以上设置后，工作表中数据透视表的效果如下图所示。

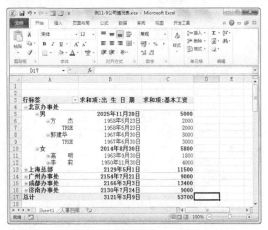

step 12 单击【保存】按钮，将工作簿保存。

【例11-10】在【产品销售】工作表中创建数据透视表，并通过在数据透视表中插入计算字段来弥补数据透视表的不足。

🎬 视频+素材 (光盘素材\第11章\例11-10)

step 1 打开【产品销售】工作表后，选择A9单元格。

step 2 选择【插入】选项卡，在【表格】组中单击【数据透视表】选项。

step 3 打开【创建数据透视表】对话框，单击【表/区域】文本框后的🔳按钮。

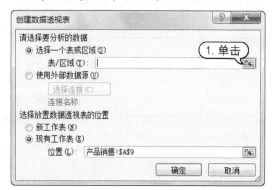

step 4 在工作表中选择A2：E7单元格区域后，按下回车键。

step 5 返回【创建数据透视表】对话框，单

击【确定】按钮，在打开的【数据透视表字段列表】窗格中分别选中【地区】、【产品】、【销售日期】、【销售数量】和【销售金额】复选框。

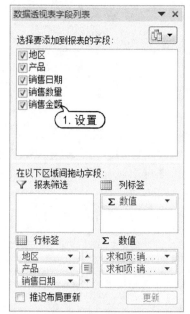

step 6 关闭【数据透视表字段列表】窗格，在数据透视表中选择任意一个单元格。

step 7 在【选项】选项卡的【计算】组中单击【域、项目和集】下拉列表按钮，在弹出的下拉列表中选择【计算字段】选项。

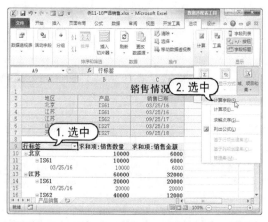

step 8 打开【插入计算字段】对话框，在【名称】文本框中输入【总额】，在【公式】文本框中输入【=销售数量*销售金额】，然后单击【添加】按钮。

step ⑨ 在【插入计算字段】对话框中单击【确定】按钮，Excel 将在数据透视表中添加如下图所示的计算字段。

step ⑩ 在【计算】组中再次单击【域、项目和集】下拉列表按钮，在弹出的下拉列表中选择【列出公式】选项，Excel 将在新工作表中显示数据透视表中的公式。

出的下拉列表中选择【总额】选项，然后单击【删除】按钮。

step ⑪ 若用户需要删除在数据透视表中添加的计算字段，可以在【插入计算字段】对话框中单击【名称】下拉列表按钮，在弹出的下拉列表中选择【总额】选项，然后单击【删除】按钮。

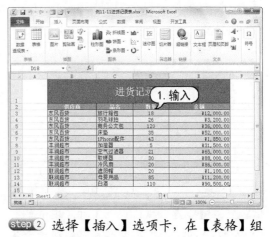

> **【例 11-11】** 在【进货记录表】工作簿中创建数据透视图和数据透视表。
>
> **视频+素材** (光盘素材第 11 章\例 11-11)

step ① 打开【进货记录表】工作簿，在 Sheet1 工作表中创建数据。

step ② 选择【插入】选项卡，在【表格】组中单击【数据透视表】按钮。

step ③ 在打开的【创建数据透视表】对话框中单击【表/区域】文本框后的按钮。

step④ 在工作表中选择 B2:E14 单元格区域后，按下回车键。

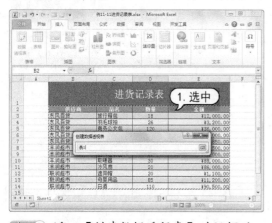

step⑤ 返回【创建数据透视表】对话框后，在【选择放置数据透视表的位置】选项区域中，选中【现有工作表】单选按钮，在【位置】文本框中输入 Sheet1!$B$16。

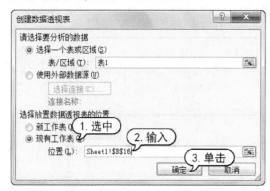

step⑥ 在【创建数据透视表】对话框中单击【确定】按钮后，即可在工作表中创建一个名为【数据透视表】的数据透视表，并打开【数据透视表字段】窗格。

step⑦ 在【数据透视表字段列表】窗格中的【选择要添加到报表的字段】选项区域中选中所有的复选框，即可在数据透视表中插入相应的字段。

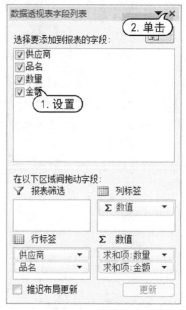

step⑧ 关闭【数据透视表字段列表】窗格，选中创建的数据透视表，然后选择【设计】选项卡。

step⑨ 单击【数据透视表样式】组中的【其他】按钮，在弹出的下拉列表中选择【数据透视表样式中等深浅9】选项。

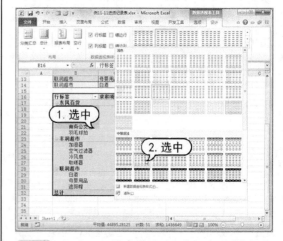

step⑩ 此时，工作表中数据透视表的样式将如下图所示。

step 11 选择工作表中的整个数据透视表，选择【选项】选项卡，在【工具】组中单击【数据透视图】选项。

step 12 打开【插入图表】对话框，在对话框左侧的列表框中选择【条形图】选项，在右侧的列表框中选择【堆积条形图】选项。

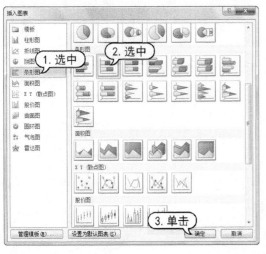

step 13 在【插入图表】对话框中单击【确定】按钮，即可在工作表中插入如下图所示的数据透视图。

step 14 选择并右击工作表中的数据透视表，在弹出的菜单中选择【移动图表】命令。

step 15 在打开的【移动图表】对话框中选中【新工作表】单选按钮，并单击【确定】按钮。

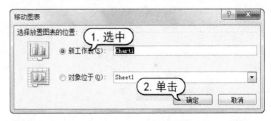

step 16 此时，Excel 将自动创建一个工作表，并将数据透视图移动至该工作表中。

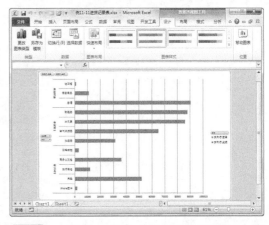

step 17 选择新工作表中的数据透视图，选择【设计】选项卡，在【图表样式】组中单击【样式 36】选项。

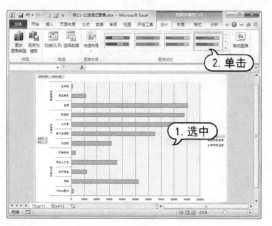

step 18 选择【分析】选项卡，在【显示/隐藏】组中单击【字段列表】选项。

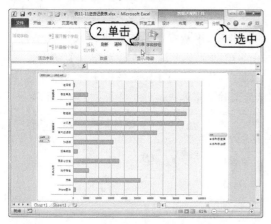

step 19 在打开的【数据透视表字段列表】窗格中，取消【供应商】复选框的选中状态。

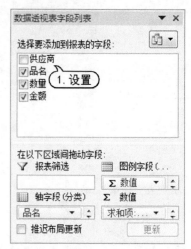

step 20 此时，工作表中数据透视图的效果将如下图所示。

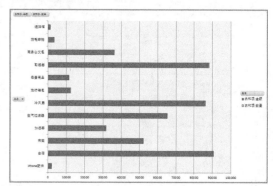

step 21 单击【保存】按钮🔲，将制作的【进货记录表】工作簿保存。

第 12 章

使用 Excel 模板和宏

Excel 支持模板功能，使用其内置或自定义的模板，可以快速创建新的工作簿与工作表。对于 Excel 中常用的一些操作，可以将其录制为宏，方便用户的多次调用，以达到提高制作电子表格效率的目的。本章就将详细介绍如何在 Excel 2010 中使用模板与宏的方法。

 对应光盘视频

12.1 使用模板

模板是包含指定内容和格式的工作簿，它可以作为模型使用以创建其他类似的工作簿。在模板中包含格式、样式、标准的文本(如页眉和行列标志)和公式等。使用模板可以简化工作并节约时间，从而提高工作效率。

12.1.1 创建模板

Excel 内置的模板有时并不能完全满足用户的实际需要，这时可按照自己的需求创建新的模板。通常，创建模板都是先创建一个工作簿，然后在工作簿中按要求将其中的内容进行格式化，然后再将工作簿另存为模板形式，便于以后调用。

【例 12-1】将【学生成绩表】工作簿保存为模板。
视频+素材 (光盘素材\第 12 章\例 12-1)

step 1 使用 Excel 2010 打开如下图所示的【学生成绩表】工作簿。

step 2 单击【文件】按钮，在弹出的菜单中选择【另存为】选项。

step 3 打开【另存为】对话框，然后在该对

话框中单击【保存类型】下拉列表按钮，在弹出的下拉列表中选中【Excel 模板】选项。

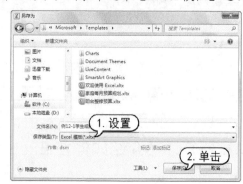

step 4 在【另存为】对话框中单击【保存】按钮即可。

12.1.2 应用模板

如果用户创建模板的目的在于应用该模板创建其他基于该模板的工作簿，那么需要在使用模板的时候，在【新建】选项区域中选择【根据现有内容新建】选项。

【例 12-2】应用模板创建工作簿。
视频+素材 (光盘素材\第 12 章\例 12-2)

step 1 单击【文件】按钮，在弹出的菜单中选择【新建】命令，在显示的选项区域中单击【根据现有内容新建】选项。

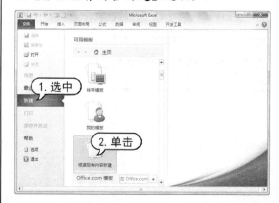

step ② 在打开的对话框中选择【例 12-1 学生成绩表.xltx】文件后，单击【打开】按钮。

step ③ 此时，即可创建一个如下图所示的

【学生成绩表 1】工作簿。

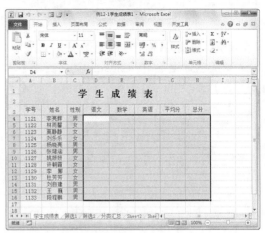

12.2　使用宏

VBA (Visual Basic for Applications)是 Visual Basic 的一种宏语言，主要能用来扩展 Windows 的应用程式功能。使用 Excel 的 VBA 开发的 Excel 文档，在 Excel 中运行时需要开启 Excel 的宏功能，否则此文档的 VBA 自动化功能将被完全屏蔽，文档的功能无法实现。

12.2.1　启用宏

在 Excel 2010 中，用户可以参考下面介绍的方法启用宏功能和相应的开发工具。

【例 12-3】在 Excel 2010 中启用宏功能。
🎬 视频+素材 (光盘素材\第 12 章\例 12-3)

step ① 启动 Excel 2010 后，单击【开始】按钮，在弹出的菜单中选择【选项】选项。

step ② 在打开的【Excel 选项】对话框中选择【信任中心】选项，然后在显示的选项区

域中单击【信任中心设置】按钮。

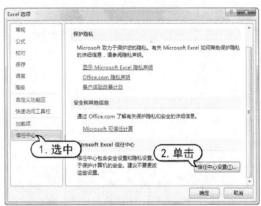

step ③ 打开【信任中心】对话框，然后选择【宏设置】选项，在显示的选项区域中选中【启用所有宏】单选按钮，并单击【确定】按钮。

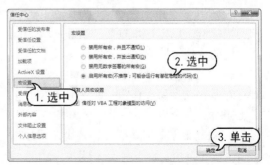

12.2.2 录制宏

在录制宏前，需要对宏进行一些准备工作，如定义宏的名称、设置宏的保存位置等，设置宏的快捷键等。在 Excel 2010 中选择【开发工具】选项卡，在【代码】组中单击【录制宏】选项即可进行相关操作。

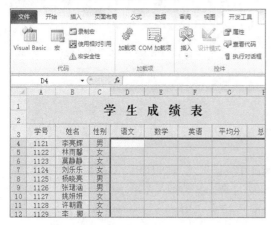

打开【录制新宏】对话框。在该对话框中可以完成录制宏前的准备操作。

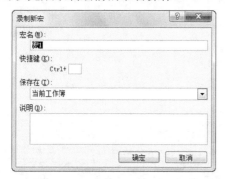

在【录制新宏】对话框中，各选项的功能如下所示：

➤ 在【宏名】文本框中，可以输入新录制宏的名称。

➤ 在【快捷键】选项区域中，可以设置宏的快捷键。选定文本框后，在键盘上按下要设置的快捷键即可。

➤ 在【保存在】下拉列表框中，可以设置将宏保存在当前工作簿、新工作簿或个人宏工作簿这 3 个地方。

➤ 在【说明】文本区域中，用户可以输入对该宏的相关说明。

在 Excel 中设置录制宏，打开【录制新宏】对话框之前，应先在工作簿中选择要录制的单元格区域。在选择录制宏的单元格区域时，要求所选的单元格区域中没有任何数据。

【例 12-4】在【一月份工资】工作表中，设置要录制宏的名称为【添加记录】，设置执行宏的快捷键为 Ctrl+a 键。

视频+素材 (光盘素材\第 12 章\例 12-4)

step ① 打开【一月份工资】工作表选定 A4:D12 单元格区域为录制宏的区域。

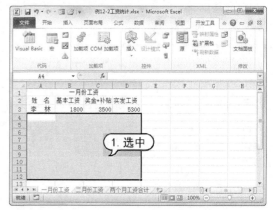

step ② 在【开发工具】选项卡的【代码】组中单击【录制宏】选项，打开【录制宏】对话框，并在该对话框的【宏名】文本框中输入文本【添加记录】。

step ③ 在【快捷键】文本框中输入 a，在【保存在】下拉列表框中选择【当前工作簿】选项，完成后单击【确定】按钮，即可完成录制宏前的准备操作并开始录制宏。

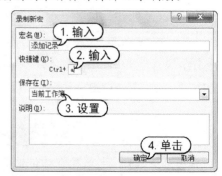

完成录制宏的准备操作后，即可开始录

制新宏,操作方法为:在准备时选定的单元格区域中完成所要录制的操作,如输入数据,设定函数等,完成后在【代码】组中单击【停止录制】按钮即可。

【例 12-5】在【一月份工资】工作表中完成录制添加记录的操作。

视频+素材 (光盘素材\第 12 章\例 12-5)

step 1 单击【文件】按钮,在打开的界面中选择【选项】命令,打开【Excel 选项】对话框。

step 2 在【Excel 选项】对话框中选择【自定义功能区】选项,并在显示的选项区域中的【自定义功能区】列表框中选中【数据】复选框,并单击【新建组】按钮,创建一个【新建组(自定义)】组。

step 3 单击【重命名】按钮,在打开的【重命名】对话框的【显示名称】文本框中输入文本【记录】,然后单击【确定】按钮。

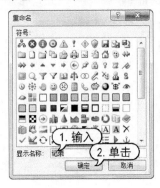

step 4 单击【从下列位置选择命令】下拉列表按钮,在弹出的下拉列表中选择【所有命令】选项,然后在其下方的列表框中选择【记录单】选项,并单击【添加】按钮。

step 5 在【Excel 选项】对话框中单击【确定】按钮,返回【一月份工资】工作表,在【开发工具】组中单击【录制宏】选项,然后参考【例 12-4】的操作,打开【录制宏】对话框,并设置该对话框中的宏名称(添加记录)、快捷键(Ctrl+b)和保存位置(当前工作簿)。

step 6 在【录制宏】对话框中单击【确定】按钮后,选择【数据】选项卡,在【记录】组中单击【记录单】选项。

step 7 打开【一月份工资】对话框,然后在该对话框中单击【关闭】按钮。

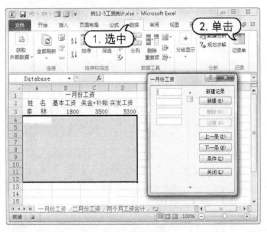

step 8 在【开发工具】选项卡的【代码】组中单击【停止录制】按钮。

在录制宏的过程中尽量不要进行其他操

Excel 2010 电子表格案例教程

作，以免 Excel 将其视为宏命令的一部分，从而增大执行宏时的操作时间与系统负载。

12.2.3 执行宏

录制完成宏后，即可将宏保存在指定的工作簿中。需要注意的是为了防止宏病毒，Excel 2010 默认的安全级别为【禁用所有宏，并且不通知】，此时无法在工作簿中执行宏。因此在执行宏前，用户应参考【例12-3】所介绍的方法启用宏，才能运行宏。

在 Excel 中，用户可以使用以下 3 种方法来执行宏。

➤ 通过【宏】对话框执行。

➤ 通过快捷键执行。

➤ 通过 Visual Basic 编辑器执行。

1. 通过【宏】对话框执行宏

在 Excel【开发工具】选项卡的【代码】组中单击【宏】选项，即可打开【宏】对话框，在该对话框中可以对宏进行执行、删除等操作。

在【宏】对话框中，各选项的功能说明如下所示：

➤ 在【宏名】列表框中，显示所有已经创建的宏，单击宏名即可将其选定。

➤ 在【位置】下列表框中，可以选择在【宏名】列表框中显示所有打开的工作簿当中的宏、或者只显示当前工作簿中的宏、或显示宏工作簿中保存的宏。

➤ 单击【执行】按钮，可以执行当前选

定的宏。

➤ 单击【单步执行】按钮，可以打开 Visual Basic 编辑器，并逐步执行宏操作。

➤ 单击【编辑】按钮，可以打开 Visual Basic 编辑器，在其中可以自定义编辑宏操作。

➤ 单击【删除】按钮，可以删除当前选定的宏。

➤ 单击【选项】按钮，可以打开【宏选项】对话框，在其中可以设置当前选定宏的快捷键与说明文本。

➤ 在【说明】选项区域中，会显示当前选定宏的说明文本。

【例 12-6】在【一月份工资】工作表，通过【宏】对话框执行【添加记录】宏。
👁 视频+素材 (光盘素材\第 12 章\例 12-6)

step ① 继续【例 12-5】的操作，在【开发工具】选项卡的【代码】组中单击【宏】选项，打开【宏】对话框。

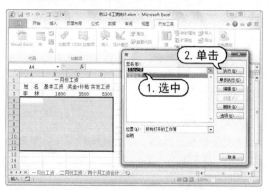

step ② 在【宏名】列表框中选择【添加记录】选项，然后单击【执行】按钮，打开【一月份工资】对话框。

step 3 在【一月份工资】对话框中单击▼，新建一个记录。

step 4 在【一月份工资】对话框中的【姓名】、【基本工资】、【奖金+补贴】文本框中依次输入具体的数据，然后单击【关闭】按钮。

step 5 此时，可在【一月份工资】工作表中添加相应的数据记录。

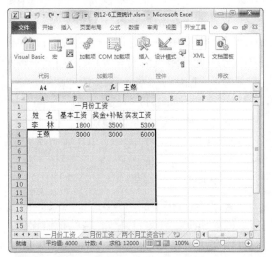

step 6 重复以上操作，即可使用录制的宏完成数据记录的添加工作。

2. 利用快捷键执行宏

执行宏的方法中，最方便的方法就是利用在录制宏前设置的快捷键。在要执行宏的工作簿中，使用宏快捷键即可快速执行宏。然后在空白工作表中使用宏的快捷键即可。

若要修改宏的快捷键，可以在【宏】对话框中单击【选项】按钮，打开【宏选项】对话框，在其中即可修改宏的快捷键。

3. 利用 Visual Basic 编辑器执行宏

利用 Excel 自带的 Visual Basic 编辑器，也可以执行宏，操作方法为：打开录制宏的工作簿，在【开发工具】选项卡的【代码】组中单击 Visual Basic 选项，打开【Visual Basic 编辑器】窗口。

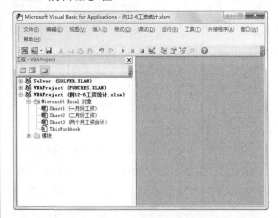

在【Visual Basic 编辑器】窗口菜单栏中选择【运行】|【运行子过程/用户窗体】命令，可以打开【宏】对话框，在【宏名称】列表框中选择要执行的宏，然后单击【运行】按钮即可执行宏。

另外，打开【Visual Basic 编辑器】窗口后，按 F5 快捷键，可以快速执行宏。

12.2.4　编辑宏

若用户熟悉编程语言，可以对已经创建的宏进行编辑。打开【宏】对话框，选定要编辑的宏，然后单击【编辑】按钮，打开【Visual Basic 编辑器】窗口，在其中即可对宏进行编辑操作。

1. VBA 的基本语法

在【Visual Basic 编辑器】窗口中，可以使用 VBA(Visual Basic for Applications)语言命令编辑宏。VBA 与 Visual Basic、C 语言、JavaScript 等一样是一种编程语言，在使用这类语言编写程序或命令时，用户需要先了解其基本的语法，否则就无法进行深入的编辑操作。

使用 VBA 的基本语句前必须了解该语言中的数据类型、常量与变量，下面分别进行介绍。

(1) 数据类型

在编写 VBA 语句时经常会使用数据，特别是在定义数据类型时，必须弄清楚数据需要定义为什么类型，如定义 A 为字符串(dim A AS String)，那么就必须知道字符串的关键字是什么，以及其使用的范围等。在 VBA 中可以使用的数据类型非常多，但常用的数据类型主要有 10 类，包含 Integer、Boolean、Long、Single、Double、Date、Currency、String、Decimal 和 Object 等。

关 键 字	数据类型	占用内存大小
Integer	整数	16 位(2 个字节)
Boolean	布尔值	16 位(2 个字节)
Long	长整数	32 位(4 个字节)
Single	单精度浮点值	64 位(8 个字节)浮点数值
Double	双精度浮点值	64 位(8 个字节)浮点数值

(续表)

关 键 字	数据类型	占用内存大小
Date	日期	64 位(8 个字节)浮点数值
Currency	货币	64 位(8 个字节)整数值
String	字符型	10 字节+字符串长
Decimal	十进制小数(满十进一)	96 位(12 个字节)带符号的整数形式
Object	对象	32 位(4 个字节)的地址形式

(2) 数据类型

区分常量与变量非常简单，在程序中始终不变的量就是常量，如数值、字符串等。变量就是会变化的量，没有固定值。在VBA语句中常量直接设置即可，变量需要进行定义而且在定义中需要遵守一定的规则，否则VBA程序就不能识别或导致程序运行出现误差或错误。下面将分别介绍定义变量的规则。

➤ 变量必须是以字母作为开头，否则程序会将其当作常量或是其他对象。

➤ 变量中不能存在空格，且变量名有长度的限定，最多不能超过 255 个字符，最少为 1 个字符。

➤ 变量名称不能与 VBA 中的关键字相同，如将 String 定义为整数，这就是错误的，但可以在关键字后加上其他数字或字母，如将 String1 定位为整数，这是允许的。

➤ 变量名称中不能带有%、&、@、! 或 $等，但允许有下划线(不能在变量的首位)。

为了保护程序的安全性和有效性，用户可对变量的权限或等级进行设置。这些等级或权限可以分为 3 类，即局部变量、模块变量和全局变量。

➤ 局部变量：也可以称为流水变量，它只在声明的过程中有效，通常用 Dim 和 Static 来定义。其定义语法为：Dim/Static+变量名+AS+数据类型，如 Dim/Static B AS Int 表示定义变量 B 为整数类型。

> 模块变量：也可以称为私有变量，它只允许在一定的模块或范围内访问和使用该变量，通常用 Dim 和 Private 来定义。其定义语法为：Dim/Private+变量名+AS+数据类型，如 Private A1 AS String 表示定义变量 A1 为作为私有的字符串类型变量。

> 全局变量：也可以称为公有变量，所有的用户或命令都可以访问或调用这些变量，但程序安全系数低，运行速度缓慢。其定义语法为：Public+变量名+AS+数据类型，如 Public A2 AS Int 表示定义 A2 为数据类型的全局变量。

2. VBA 中的运算符

VBA 中的运算符可分为算术运算符、比较运算符、连接运算符和逻辑运算符等 4 种。

类　别	运算符	作　用
算术运算符	+	加法运算
	-	减法运算或负数
	*	乘法运算
	/	浮点除法
	\	整除
	Mod	取模运算
比较运算符	=	判断两个表达式是否相等
	>	判断表达式 1 是否大于表达式 2
	<	判断表达式 1 是否小于表达式 2
	>=	判断表达式 1 是否大于等于表达式 2
	<=	判断表达式 1 是否小于等于表达式 2
	<>或><	判断两个表达式是否不相等
连接运算符	&	连接两个字符串或字符串和数值
	+	

(续表)

类　别	运算符	作　用
逻辑运算符	Or	或
	And	和
	Not	非
	Xor	亦或
	Eqv	等价
	Imp	蕴含

3. 常见的 VBA 对象的使用

对象其实就是程序中的各个元素，这样的元素在 VBA 语言中有很多，使用这些元素的属性或方法可控制或返回应用程序范围内的特性或设置属性等。在 VBA 语言中的对象主要分为 3 类，具体如下。

(1) Application 对象

它是公用对象，也就是所有用户都有权限对该类对象进行编辑、修改或增减等操作。Application 对象的属性含义说明如下表所示。

属　性	含　义
ActiveCell	表示目前工作表中被选择的单元格
ActiveShell	表示目前正在使用的工作表
ActiveWorkbook	表示目前正在使用的工作簿
Caption	设置标题栏名称
Height	设置高度
Left	设置左方的坐标位置
Top	设置顶端的坐标位置
Width	设置宽度
DisplayAlert	设置宏执行时是否要出现特定的警告窗口，默认值为 true
StatusBar	返回或设置状态列上的文字
WindowState	设置应用程序的窗口状态，可设置的值有 xlMaximized、xlNormal 和 xlMinimized，分别代表最大化、正常和最小化

Application 对象的方法及含义说明如下所示。

方 法	含 义
Quit	退出该应用程序

(2) Workbooks 对象

即是把许多的 Workbook 结合起来, 成为一个集合对象, Workbooks 对象的属性及其含义说明如下。

属 性	含 义
Count	目前打开工作表的数量
Item	可用来指定工作表, 指定的方式可以是索引值或工作表名称, 索引值由 1 开始计算, 并且最先被打开的工作表的索引值为 1
Add	增加一个工作簿
Close	关闭指定的工作簿
Open	打开已经存在的工作簿

Workbook 对象的属性及其含义的说明如下。

属 性	含 义
Cell	选择指定的单元格
Columns	选择指定的列
Name	取得或者设置工作表的名称
Names	取得工作表集合的名称
Range	返回 Range 对象, 用来选择指定的单元格
Rows	选择指定的行
Visible	设置是否显示工作表
Activate	将工作表激活
Copy	复制单元格
Delete	删除单元格
Move	移动单元格
Select	选择单元格

(3) Worksheets 对象

它和 Workbooks 对象基本相同, 也是一个集合对象。不同的是 Worksheets 对象包含了许多的 Worksheet(工作表)而不是 Worksheet(工作簿)。

Worksheets 对象的属性及含义的说明如下。

属 性	含 义
Cells	选择指定的单元格
Columns	选择指定的列
Name	取得或设置工作表的名称
Names	取得工作表集合的名称
Range	返回 Range 对象, 用来选择指定的单元格
Rows	选择指定的行
Visible	设置是否显示工作表
Activate	将工作表激活
Copy	复制单元格
Delete	删除单元格
Move	移动单元格
Select	选择单元格

4. 过程

过程是可以执行的语句序列单元格, 所有可执行的代码必须包含在某个过程中。任何代码都不能嵌套在其他过程中。在 VBA 中主要有 3 个过程: Sub、Function 和 Property 过程。下面分别进行介绍。

➤ Sub 过程以关键字 Sub 开头和关键字 End Sub 结束, 它主要执行指定的操作, 不返回运行结果。可在 VBA 编辑窗口中直接编写, 也可以通过录制宏来生成 Sub 过程。

➤ Function 过程以关键字 Function 开头和关键字 End Function 结束, 执行指定的操作, 但要返回运行结果。

➤ Property 过程主要用于调用或设置自定义对象的属性值, 也可以用于设置引用的一个对象。

Sub 过程与 Function 过程既有相同之处又有不同, 下面将列出它们之间的相同点和区别。

项目	Sub 过程	Function 过程
是否有返回值	否	是
是否可被其他过程调用	是	是
是否可在工作表的公式中使用	否	是
是否可在录制宏时生成相应的代码	是	否
是否可在 VBA 代码窗口中编辑代码	是	是
是否可用在赋值语句右侧的表达式中	否	是

5. VBA 常用的控制语句

在任何一种编程语言中都离不开控制语句，主要用于控制语句，对语句进行判断，决定执行还是不执行。VBA 中常见的控制语句有 3 种，即条件、循环和 With 语句。

(1) 条件语句

在所有的编程语句中都离不开条件语句，也就是对条件进行判断的语句。若条件成立，执行什么命令；若条件不成立，执行什么命令。在 VBA 中用到较多的条件语句有两种：IF Then Else End IF 和 Select Case End Select。

▶ IF Then Else End IF 语句：IF Then Else End IF 语句不能直接对设置的条件进行判断，它是通过条件的值(true 或 false)来判断是否执行语句。其语句结构为：if 条件 Then 语句组 1 Else 语句组 2 End if，它表示如果条件成立执行语句组 1 中的程序，不成立则执行语句组 2 的程序。

【例 12-7】新建一个工作簿，在其中创建命令按钮，并输入 IF 条件语句，对是否需要缴电进行判断。
视频+素材 (光盘素材\第 12 章\例 12-7)
step 1 启动 Excel 2010，选择【开发工具】选

项卡，在【代码】组中单击 Visual Basic 按钮，打开 VBA 程序编辑窗口。
step 2 选择【插入】|【用户窗体】命令，打开【工作簿】窗口和【工具箱】窗口。

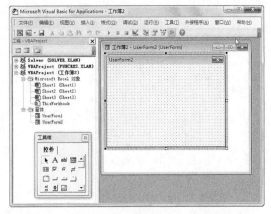

step 3 在【工具箱】窗口中单击【命令按钮】按钮，将鼠标指针移动到【工作簿】窗口中，按住鼠标左键拖动绘制一个大小合适的按钮，然后按下回车键。

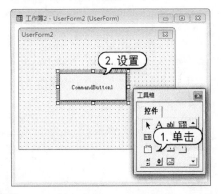

step 4 进入命令按钮文本编辑状态，将原有的文本删除，输入新的按钮名称，例如【应缴电费】，完成后单击窗口中其他位置确认。

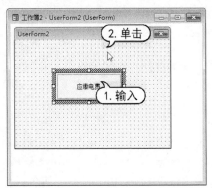

step ⑤ 双击命令按钮，打开【工作簿(代码)】窗口，在其中输入 IF 条件语句。

step ⑥ 选择【运行】|【运行子过程/用户窗体】命令，打开测试是否需缴电费界面，单击【应缴电费】按钮。

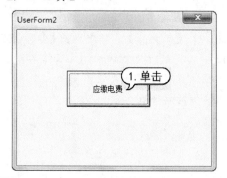

step ⑦ 在打开的提示对话框中输入 550，然后单击【确定】按钮。

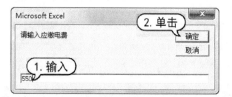

step ⑧ 此时，系统将自动进行判断，并弹出提示框，显示判断结果。

> Select Case End Select 语句：Select

Case End Select 语句与 IF Then Else End IF 语句的用法基本相同。在大多数情况下，能使用 IF 语句的地方也可以使用 Select 语句。Select 语句的结构如下：

```
Select Case  测试表达式
      Case  值列表 1
            语句组 1
      Case  值列表 2
            语句组 2
      Case Else
            语句组 n
End Select
```

Select 语句执行时，首先计算【测试表达式】的值，然后用该值一次测试各个 Case 值列表。列表找到了匹配的值，则执行该 Case 语句之后的语句组，然后执行 End Select 之后的语句。如果所有的值列表都没有找到匹配值，则执行 Case Else 之后的语句组。

【例 12-8】使用 Select 语句计算不同贷款额所需的利率。

视频+素材 (光盘素材\第 12 章\例 12-8)

step ① 在【开发工具】选项卡的【代码】组中单击 Visual Basic 按钮，打开 VBA 程序编辑窗口。

step ② 选择【插入】|【用户窗体】命令，打开【工作簿】窗口和【工具箱】窗口。

step ③ 在【工具箱】窗口中单击【命令按钮】按钮 ，绘制一个命令按钮，并在其中输入文本【计算贷款利率】。

step ④ 双击命令按钮，打开【工作簿(代码)】窗口，在其中输入 Select 条件语句。

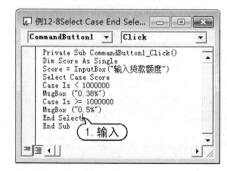

step⑤ 选择【运行】|【运行子过程/用户窗体】命令,打开测试是否需缴电费界面,单击【计算贷款利率】按钮。

step⑥ 在打开的提示对话框中输入 3500000,然后单击【确定】按钮。

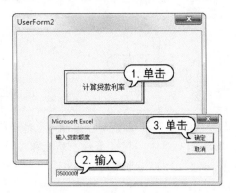

step⑦ 此时,系统将自动进行判断,并弹出提示框,显示判断结果。

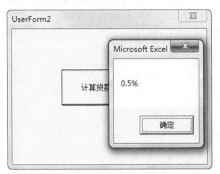

(2) 循环语句

循环语句就是在程序中多次重复的代码,创建于累加计算或重复动作中。在 VBA 中常见的循环语句主要有 3 类:For Next、Do Loop 和 While Wend。它们都可以实现语句的循环,有时还可以通用,如在计算数据累加时,都可以实现。这类循环语句用法基

本相同,掌握其中一个语句的写法,其他的两个也就了解了。如使用 For Next 语句计算出 1~10 的累加值,只需编写以下一段语句即可。

```
Private Sub CommandButton1_Click()
Dim n As Integer,s As Integer
S=0
For i = 1 To 10
s = s+i
Next i
MsgBox("1 到 10 的累加值为:" & s)
End Sub
```

(3) With 语句

With 语句专门针对某一指定的对象执行一系列的语句,使用 With 语句不仅能够简化代码,而且可以提高程序运行的效率。其语法结构为:With End With。在 With 语句中常使用点号(.)来表示 With 所指定的对象,所以 With 指定的对象有且只有一个,不能同时指定多个不同的对象。如下面所示的一段语句中,就用到了 With 语句。

```
Sub WithDemo1()
With Application.ActionWorkBook.Sheet(2)
.Visible=true
.Cells(2,1)= "jzsy"
.Name=.Cells(2,1)
End With
End Sub
```

12.3 案例演练

本章的案例演练部分包括在 Excel 使用模板或宏创建成绩统计表、工资统计表以及销售情况调查表等多个实例操作,用户通过练习从而巩固本章所学知识。

【例 12-9】使用 Excel 2010 创建【成绩统计】工作簿，然后将其保存为同名模板，并修改模板中表格的边框和文本样式。

视频+素材 (光盘素材\第 12 章\例 12-9)

step 1 新建一个名为【成绩统计】的工作簿，在 A1 单元格中输入标题文本【成绩统计表】；在 A2:E2 单元格区域依次输入姓名、语文、历史、地理和总分。

step 2 单击【文件】按钮，在弹出的菜单中选中【另存为】选项。

step 3 在打开的【另存为】对话框中单击【保存类型】下拉列表按钮，在弹出的下拉列表中选择【Excel 模板】选项，然后单击【保存】按钮，将当前工作簿保存为模板。

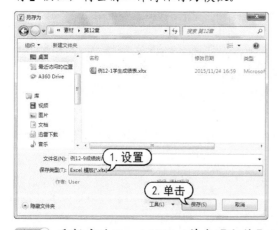

step 4 重新启动 Excel 2010，单击【文件】按钮，在弹出的菜单中选择【新建】选项，在显示的选项区域中单击【根据现有内容新建】选项。

step 5 打开【根据现有工作簿新建】对话框，选择步骤(3)创建的模板文件，然后单击【新建】按钮，打开模板文件。

step 6 在打开的模板文件中，设置表格的标题文字、单元格背景颜色和边框等参数后，单击【保存】按钮，将模板保存。

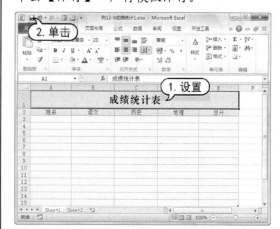

step 7 单击【文件】按钮，在弹出的菜单中选择【另存为】命令，打开【另存为】对话

框，单击【保存类型】下拉列表按钮，在弹
出的下拉列表中选择【Excel 工作簿】选项，
在【文件名】文本框中输入文本【期末成绩
统计】。

step 8 在【另存为】对话框中单击【保存】
按钮，即可将模板文件保存为 Excel 文件。

> **【例 12-10】**【工资统计】工作簿包含了 2 张结构相
> 同的工作表，将第一张工作表的操作录制为宏，然
> 后通过宏快速创建另外一张工作表内容。
> **视频+素材** (光盘素材第 12 章\例 12-10)

step 1 打开【工资统计】工作簿，该工作簿
中包含了【一月份工资】工作表和【二月份
工资】工作表，这两个工作表的结构相同。

step 2 切换至【一月份工资】工作表，然后
在【开发工具】选项卡的【代码】组中单击
【宏安全性】选项。

step 3 在打开的【信任中心】对话框中选中
【启用所有宏】单选按钮，然后单击【确定】

按钮。

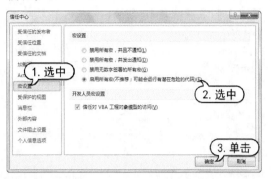

step 4 返回【一月份工资】工作表，在【代
码】组中单击【录制宏】选项，打开【录
制新宏】对话框。

step 5 在【录制新宏】对话框的【宏名】文
本框中输入文本【快速输入】，在【快捷键】
文本框中输入 i，在【说明】文本框中输入
文本【快速输入数据记录】，然后单击【保存
在】下拉列表按钮，在弹出的下拉列表中选
择【当前工作簿】选项。

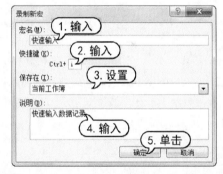

step 6 在【录制宏】对话框中单击【确定】
按钮后，在 B3 和 C3 单元格中输入数据，并
选择 D3 单元格，单击【插入函数】按钮。

step ⑦ 打开【插入函数】对话框，在【选择函数】列表框中选择 SUM 选项，然后单击【确定】按钮。

step ⑧ 打开【函数参数】对话框，然后单击 Number1 文本框后的■按钮。

step ⑨ 选择 B3:C3 单元格区域后按下回车键。

step ⑩ 返回【函数参数】对话框，单击【确定】按钮，计算实发工资。

step ⑪ 将鼠标指针移动至 D3 单元格右下角，当指针变为十字形状后，按住鼠标向下移动至 D9 单元格。

step ⑫ 在 B4:B9 单元格区域中输入基本工资数据。

step ⑬ 在 C4:C9 单元格区域中输入【奖金+补贴】数据。

step ⑭ 在【开发工具】选项卡的【代码】组中单击【停止录制】选项。

step ⑮ 选择【二月份工资】工作表，在【代码】组中单击【宏】按钮，打开【宏】对话框。

step ⑯ 在【宏】对话框中单击【执行】按钮，即可使用宏在【二月份工资】工作表中快速输入数据。

step 17 单击【保存】按钮 🔲，将工作簿保存。

【例 12-11】在 Excel 2010 中使用【宏】，创建【销售情况调查表】。

📀 视频+素材 (光盘素材\第 12 章\例 12-11)

step 1 创建一个空白工作簿，在【开发工具】选项卡的【代码】组中单击【宏安全性】选项⚠。

step 2 在打开的【信任中心】对话框中选中【启用所有宏】单选按钮，然后单击【确定】按钮。

step 3 选择【视图】选项卡，在【宏】组中单击【宏】下拉列表按钮，在弹出的下拉列表中选择【录制宏】选项。

step 4 打开【录制宏】对话框，在【宏名】文本框中输入【调查表】，在【快捷键】参数框中输入 a，在【说明】文本框中输入【销售情况调查表】，单击【保存在】下拉列表按钮，在弹出的下拉列表中选择【当前工作簿】选项。

step 5 单击【确定】按钮，返回到工作表中，在其中输入【销售情况调查表】的内容。

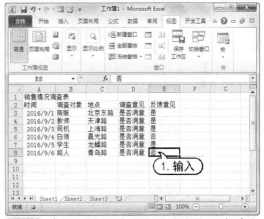

step 6 在【视图】选项卡的【宏】组中单击【宏】下拉列表按钮，在弹出的下拉列表中选择【停止录制】选项。

step 7 切换到 Sheet2 工作表，选择【开发工具】选项卡，在【代码】组中单击【宏】按钮，打开【宏】对话框。

step 8 在【宏】对话框中的【宏名】列表框中选择【调查表】选项，单击【执行】按钮。

step 9 此时，在 Sheet2 工作表中即可查看宏

的运行结果，如下图所示。

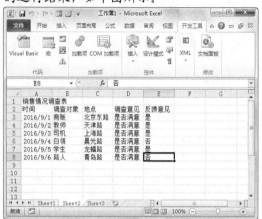

step ⑩ 选择【视图】选项卡，在【宏】组中单击【宏】下拉列表按钮，在弹出的下拉列表中选择【查看宏】选项。

step ⑪ 打开【宏】对话框，在【宏名】列表框中选择【调查表】选项，然后单击【编辑】按钮。

step ⑫ 在打开的对话框中间的代码窗口中可以对宏代码进行编辑。将其快捷键改为Ctrl+b。

step ⑬ 单击 ✕ 按钮关闭对话框，返回工作表。单击【文件】按钮，在弹出的菜单中选择【另存为】选项。

step ⑭ 打开【另存为】对话框，单击【保存类型】下拉列表按钮，在弹出的下拉列表中选择【Excel 启用宏的工作簿】选项，并单击【保存】按钮。

第13章

Excel 数据共享与协作

随着网络技术的发展，与网络的集成也成为电子表格的重要功能之一。在 Excel 中，可以在局域网和 Internet 上共享工作簿，并能将工作簿保存为网页格式，方便直接将其发布到网页上。此外，可以使用 Excel 中的超链接功能为单元格或工作表创建超链接。

 对应光盘视频

Excel 2010 电子表格案例教程

13.1 使用超链接

在 Excel 中，超链接是指从一个页面或文件跳转到另外一个页面或文件。链接目标通常是另外一个网页，但也可以是一幅图片、一个电子邮件地址或一个程序。超链接通常以与正常文本不同的格式显示。通过单击该链接，用户可以快速跳转到本机系统中的文件、网络共享资源、互联网中的某个位置。

13.1.1 创建超链接

在 Excel 2010 中，常用的超链接可以分为 5 种类型：到现有文件或网页、本文档中的其他位置的链接、到新建文档的链接，电子邮件地址的链接和用工作表函数创建的超链接。

1. 链接现有文件或网页

在 Excel 中可以建立链接至本地文件或网页地址的超链接，当用户单击链接时即可直接打开对应的文件或网页。在【插入超链接】对话框的【原有文件或网页】选项卡中，可以设置链接到已有文件和网页的超链接。

【例 13-1】在【学生成绩表】工作表中添加外形图片链接。
🎬 视频+素材 (光盘素材\第 13 章\例 13-1)

step 1 打开【学生成绩表】工作表，选择要添加超链接的单元格，选择【插入】选项卡，在【链接】组中单击【超链接】按钮。

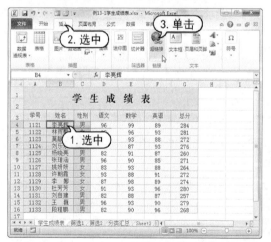

step 2 打开【插入超链接】对话框中的【现有文件或网页】选项卡，在【当前文件夹】

列表框中选择对应的外形图片文件，然后单击【确定】按钮。

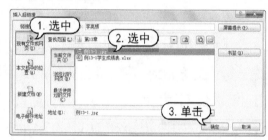

step 3 返回【学生成绩表】工作簿，即可插入外形图片的超链接。在工作簿中单击超链接后，即可打开外形图片文件。

在【插入超链接】对话框的【现有文件或网页】选项卡中，各选项的功能如下所示。

➤ 在【当前文件夹】列表框中，可以打开工作簿所在文件夹，在其中选择要链接的文件。用户可以在【查找范围】下拉列表框中，选择要链接文件的保存路径。

➤ 在【浏览过的网页】列表框中，可以选择最近访问过的网页地址，作为链接网页。

➤ 在【最近使用过的文件】列表框中，

会显示最近访问的文件列表，在其中可以选择要链接的文件。

2. 链接本文档中的位置

链接到本文档中的其他位置的链接就是创建链接到当前工作簿的某个位置，这个位置就可以用目标单元格定义名称或使用单元格引用。在【插入超链接】对话框的【本文档中的位置】选项卡中，可以设置链接到已有文件和网页的超链接。

> **【例 13-2】** 在【学生成绩表】工作表中为不同系列的文本添加报价导航超链接。
> 📀 视频+素材 (光盘素材\第 13 章\例 13-2)

step 1 打开【学生成绩表】工作表后选择 A1 单元格区域，在编辑栏中将该单元格命名为【顶部】。

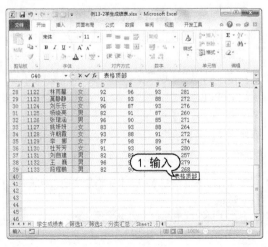

step 2 在 G40 单元格中添加导航文本【表格顶部】。

step 3 选择 G40 单元格，然后在【插入】选项卡的【链接】组中单击【超链接】按钮，在打开的【插入超链接】对话框中选择【本文档中的位置】选项。

step 4 在【本文档中的位置】选项卡的【或在此文档中选择一个位置】列表框内，选择【已定义名称】选项组下的【顶部】选项，然后单击【确定】按钮。

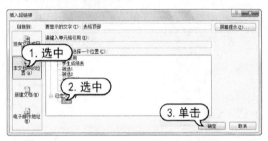

step 5 此时，单击 G40 单元格中设置的超链接，即可快速转到表格中 A1 单元格。

在【插入超链接】对话框的【本文档中的位置】选项卡中，各选项的功能如下所示。

▶ 在【要显示的文字】文本框中，显示当前选定单元格中的内容。

▶ 在【请输入单元格引用】文本框中，可以输入当前工作表中单元格的位置，使超链接指向该单元格。

▶ 在【或在此文档中选择一个位置】列表框中，选择工作簿的其他工作表，让超链接指向其他工作表中的单元格。

3. 链接到新建表格文档

创建到新建文档的链接指的是用户在创建链接时创建一个新的文档，这个新的文档的位置或是在本机上，或是在网络上。

【例13-3】在【学生成绩表】工作表中创建一个能够链接到新建文档的超链接。

视频+素材 (光盘素材\第13章\例13-3)

step 1 打开【学生成绩表】工作表后，在A18单元格中输入文本【创建表格】。

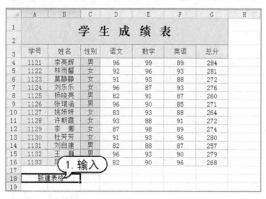

step 2 选择A18单元格，在【插入】选项卡的【链接】组中单击【超链接】按钮，然后在打开的【插入超链接】对话框中选择【新建文档】选项。

step 3 在【新建文档】选项卡中的【新建文档名称】文本框中输入【成绩表附件】，然后单击【更改】按钮。

step 4 打开【新建文档】对话框，在其中指定一个新建电子表格文档的保存位置后，单击【确定】按钮。

step 5 返回【插入超链接】对话框后，单击【确定】按钮。此时单击【学生成绩表】工作表中A18单元格中的超链接将创建如下图所示的空白电子表格文档。

在【插入超链接】对话框的【新建文档】选项卡中，各选项的功能如下所示。

▶ 在【新建文档名称】文本框中，输入新建工作簿的名称。

▶ 单击【更改】按钮，可以重新设置新建工作簿的保存位置。

▶ 在【何时编辑】选项区域中，若选中【以后再编辑新文档】单选按钮，则只创建工作簿而并不打开新建工作簿；若选中【开始编辑新文档】单选按钮，则单击超链接后，会创建并打开新工作簿。

4. 链接到电子邮件地址

创建到电子邮件地址的链接是指建立指向电子邮件地址的链接，如果事先已安装了电子邮件程序，如Outlook、Outlook Express等，单击所创建的指向电子邮件地址的超链接时，将自动启动电子邮件程序，创建一个电子邮件。在【插入超链接】对话框的【电子邮件地址】选项卡中，可以设置链接至电子邮件地址的超链接。

【例13-4】在【学生成绩表】工作表中插入电子邮件超链接。

视频+素材 (光盘素材\第13章\例13-4)

step 1 打开【学生成绩表】工作表后，选择

H4 单元格。

step 2 在【插入】选项卡的【链接】组中单击【超链接】按钮，然后在打开的【插入超链接】对话框中选择【电子邮件地址】选项。

step 3 在【电子邮件地址】文本框中输入电子邮件的地址，在【主题】文本框中输入【李亮辉的电子邮件】，然后单击【确定】按钮。

step 4 返回工作表，即可插入电子邮件超链接。在工作簿中单击 H4 单元格中的超链接即可为设定的电子邮件地址发送邮件。

在【插入超链接】对话框的【电子邮件地址】选项卡中，各选项的功能如下所示。

➢ 在【电子邮件地址】文本框中，可以

输入链接的电子邮件地址。

➢ 在【主题】文本框中，可以预先输入邮件的主题。

➢ 在【最近用过的电子邮件地址】列表中，会显示最近使用的邮件地址，方便用户选择。

5. 用工作表函数创建自定义的超链接

用工作表函数创建自定义的超链接指的是利用函数 HYPERLINK 来创建一个快捷方式(跳转)，用以打开存储在网络服务器或 Internet 中的文件。当单击函数 HYPERLINK 所在的单元格时，Excel 将打开存储在 link_location 中的文件。

语法：HYPERLINK(link_location,friendly_name)

Link_location 为文档的路径和文件名，此文档可以作为文本打开。Link_location 还可以指向文档中某个更为具体的位置，如 Excel 工作表或工作簿中的单元格或命名区域，或是指向 Microsoft Word 文档中的书签。路径可以是存储硬盘驱动器的文件，或是服务器中的【通用型命名约定】(UNC)路径，或是在 Internet 上的【统一资源定位符】(URL)路径。

Friendly_name 为单元格中显示的跳转文本或数字值。单元格的内容为蓝色并带有下划线。如果省略 Friendly_name，单元格将 Link_location 显示为跳转文本。

在使用 HYPERLINK 函数创建自定义的超链接时应注意以下几点：

➢ Link_location 可以为括在引号中的文字串，或是包含文字串链接的单元格。

➢ Friendly_name 可以为数值、文字串、名称或包含跳转文本或数值的单元格。

➢ 如果 Friendly_name 返回错误值(例如#VALUE!)单元格将显示错误值以代替跳转文本。

➢ 若在 Link_location 中指定的跳转地址不存在或不能访问，则当单击单元格时会出现错误信息。

▶ 如果需要选定函数 HYPERLINK 所在的单元格，请单击该单元格旁边的某个单元格，再用箭头移动到该单元格。

13.1.2 添加屏幕显示

在【插入超链接】对话框中单击【屏幕提示】按钮，打开【设置超链接屏幕提示】对话框，在【屏幕提示文字】文本框中输入所需文本，然后单击【确定】按钮即可。

此时，将在超链接上添加屏幕提示，将鼠标指针悬停在链接文本上时将显示相应的提示信息，如下图所示。

数学	英语	总分	联系方式
99	89	284	电子邮件
96	93	281	电子邮件
93	88	272	电子邮件
87	93	276	电子邮件
91	87	260	电子邮件
90	85	271	电子邮件
93	88	264	电子邮件
88	91	272	电子邮件
98	89	274	电子邮件

成 绩 表

13.1.3 修改超链接

超链接建立好以后，在使用过程中可以根据实际需要进行修改，包括修改超链接的目标、修改超链接的文本或图形、修改超链接文本的显示方式，下面分别予以详细介绍。

1. 修改超链接的目标

选定需要修改的超链接的文本或图形，右击文本或图形，从弹出的快捷菜单中选择【编辑超链接】命令。

打开的【编辑超链接】对话框。在该对话框中设置新的超链接地址，然后单击【确定】按钮即可。

2. 修改超链接的文本或图形

对于已建立超链接的文本或图形，可以直接对它们进行修改。首先选定超链接的文本或图形，如果是对于文本，可以在编辑栏中进行修改；如果要重新设置图形的格式，可以使用【绘图】或【图片】工具栏进行修改；如果要更改代表超链接的图形，则可以插入新的图形，使其成为指向相同目标的超链接，然后删除此图形即可。

另外，对于使用 HYPERLINK 工作表函数创建的超链接也可以修改其链接文本。首先使用方向键选定包含该函数的单元格，然后单击编辑栏，对函数中的 Friendly_name 进行修改，最后按下回车键。

3. 修改超链接文本的显示方式

对于超链接文本的显示方式进行修改，可以使其更为醒目、美观。对【超链接】进行的更改，将应用于当前工作簿中的所有超链接。

【例 13-5】在工作表中为超链接添加背景色。

视频+素材 (光盘素材\第 13 章\例 13-5)

step 1 打开【学生成绩表】工作表后选择 G40 单元格，在【开始】选项卡的【样式】组中单击【单元格样式】下拉列表按钮，从弹出的下拉列表中选择【新建单元格样式】选项。

step 2 打开【样式】对话框，单击【格式】按钮。

step 3 在打开的【设置单元格格式】对话框中选择【填充】选项卡，然后在该选项卡的【背景色】选项区域中选择一种合适的颜色，然后单击【确定】按钮。

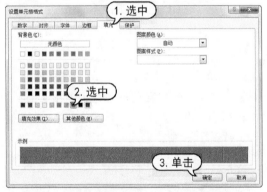

13.2 发布与导入表格数据

用户在使用 Excel 2010 制作表格时，既可以将工作簿或其中一部分(例如工作表中的某项)保存为网页，并发布在互联网上，也可以将网上的表格内容导入至 Excel 中。

13.2.1 发布 Excel 表格数据

在 Excel 中，整个工作簿、工作表、单元格区域或图表等均可发布。在【另存为】

step 4 返回【样式】对话框后单击【确定】按钮，再次单击【单元格样式】下拉列表按钮，在弹出的下拉列表中选择定义的单元格样式，即可将其应用在超链接上。

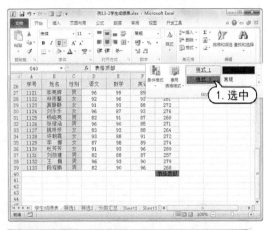

13.1.4 复制、移动和取消超链接

对于在 Excel 中建立好的超链接，用户可以根据实际制表需要进行复制、移动、取消及删除操作。下面将分别进行介绍。

➤ 复制超链接：首先右击要复制的超链接的文本或图形，在弹出的菜单中选择【复制】命令，然后选定目标单元格，并右击鼠标，在弹出的菜单中选择【选择性粘贴】|【粘贴】命令即可。

➤ 移动超链接：右击要复制的超链接的文本或图形，在弹出的菜单中选择【剪切】命令，然后选定目标单元格，并右击鼠标，在弹出的菜单中选择【粘贴】命令即可。

➤ 取消超链接：右击需要取消的超链接，在弹出的菜单中选择【取消超链接】命令。

对话框中单击【保存类型】下拉列表按钮，在弹出的下拉列表中选择【网页】选项，然后在显示的选项区域中单击【发布】按钮。

在打开的【发布为网页】对话框中可以设置要发表表格的内容与相关选项。

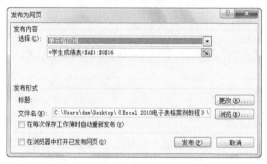

在【发布为网页】对话框中，各选项的功能如下所示：

▶ 在【选择】下拉列表框中，可以选择是发表整个工作簿还是工作簿表格中的某一部分，如工作表、图表等。

▶ 在【文件名】文本框中可以输入网页的标题，单击【更改】按钮可以更改网页的标题。

▶ 单击【浏览】按钮，可以打开已经发布的网页文件。

▶ 选中【在每次保存工作簿时自动重新发布】复选框，则当用户每次保存源工作簿时，不论是否修改其中数据，Excel 都会自动重新发布。

▶ 选中【在浏览器中打开已发布网页】复选框，则在单击【发布】按钮后，会自动在浏览器中打开已经发布的网页。

▶ 单击【发布】按钮，即可将表格中的

数据发布到网页当中。

1. 将整个工作簿放置到 Web 页上

如果要将工作簿中的所有数据一次发布到网页上，可以在网页上发布整个工作簿。下面将以一个实例来详细介绍具体操作步骤。

【例 13-6】将【学生成绩表】工作簿发布至网页。

视频+素材 (光盘素材\第 13 章\例 13-6)

step 1 打开【学生成绩表】工作簿后单击【文件】按钮，在打开的界面中选择【另存为】选项。

step 2 打开【另存为】对话框，单击【保存类型】下拉列表按钮，在弹出的下拉列表中选择【网页】选项。

step 3 单击【发布】按钮，打开【发布为网页】对话框，然后在该对话框中单击【选择】下拉列表按钮，在弹出的下拉列表中选择【整个工作簿】选项。

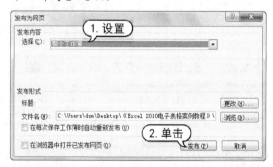

step 4 在【发布为网页】对话框中单击【发布】按钮，即可将【产品销售】整个工作簿发布为网页。

2. 将单元格区域发布到网页上

在 Excel 2010 中也可以将单元格区域发布到网页上。操作方法与前述大体相同，只需在【发布为网页】对话框中的【选择】下拉列表中选择【单元格区域】选项，并指定要发布的单元格区域，然后单击【发布】按钮即可。

【例 13-7】将【学生成绩表】工作表中将 A1:G16 单元格区域中的内容发布至网页上。

视频+素材 (光盘素材\第 13 章\例 13-7)

step 1 打开【学生成绩表】工作表后单击【文件】按钮，在打开的界面中选择【另存为】选项。

step 2 打开【另存为】对话框，单击【保存类型】下拉列表按钮，在弹出的下拉列表中选择【网页】选项。

step 3 单击【发布】按钮，打开【发布为网页】对话框，然后在该对话框中单击【选择】下拉列表按钮，在弹出的下拉列表中选择【单元格区域】选项。

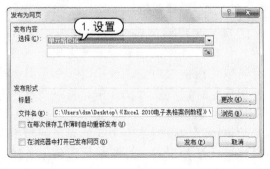

step 4 单击 按钮，选择 A1:G16 单元格区域，然后按下回车键。

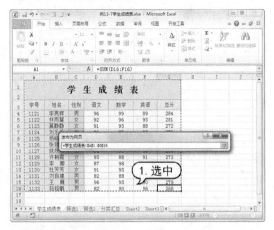

step 5 返回【发布为网页】对话框后，单击【发布】按钮即可。

13.2.2　将网页数据导入 Excel

如果用户需要使用 Excel 收集网页中的数据，可以参考下面实例介绍的方法，进行操作。

【例 13-8】将网页中的数据导入至 Excel 中。

视频+素材 (光盘素材\第 13 章\例 13-8)

step 1 新建一个空白工作表，选择【数据】选项卡，在【获取外部数据】组中单击【自网站】选项。

step 2 打开【新建 Web 查询】对话框，在【地址】文本框中输入网站地址，然后单击【转到】按钮。

step 3 单击网页中的【单击可选定此表】按钮 →, 当该按钮状态变为 ✔ 时, 表示网页中的内容被选定。

step 4 在【新建 Web 查询】对话框中单击【导入】按钮, 打开【导入数据】对话框, 然后选择一个单元格, 并单击【确定】按钮。

step 5 此时, 即可在工作表中导入网页中的数据。

此外, 在【导入数据】对话框中单击【属性】按钮, 可以对导入数据进行设置, 例如查询定义、刷新控件、数据格式及布局等。

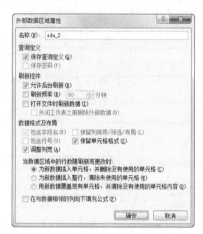

13.3 链接与嵌入外部对象

在 Excel 中, 用户可以使用链接或嵌入对象的方式, 将其他应用程序中的对象插入到 Excel 表格中(比如将通过 AutoCAD 程序绘制的图形链接或嵌入到 Excel 电子表格中)。

▶ 链接对象是指该对象在源文件中创建, 然后被插入到目标文件中, 并且维持这两个文件之间的链接关系。更新源文件时, 目标文件中的链接对象也可以得到更新。

▶ 嵌入对象是将在源文件中创建的对象嵌入到目标文件中, 使该对象成为目标文件的一部分。通过这种方式, 如果源文件发生了变化不会对嵌入的对象产生影响, 而且对嵌入对象所做的更改也只反映在目标文件中。

13.3.1 链接和嵌入对象简介

链接对象和嵌入对象之间主要的区别在于数据存放的位置, 和对象被放置到目标文件中之后的更新方式。嵌入对象存放在插入的文档中, 并且不进行更新。链接对象保持独立的文件, 并可被更新。

1. 使用链接对象

如果希望源文件中的数据发生变化时, 目标文件中的信息也能随之更新, 那么可以使用链接对象。使用链接对象时, 原始信息会保存在源文件中。目标文件中只显示链接信息的一个映像, 它只保存原始数据的存放位置。为了保持对原始数据的链接, 那些保存在计算机或网络上的源文件必须始终可用。

如果更改源文件中的原始数据，链接信息将会自动更新。例如，如果在 Microsoft Excel 工作簿中选择了一个单元格区域，然后在 Word 文档中将其粘贴为链接对象，那么修改工作簿中的信息后，Word 中的信息也会被更新。

2．使用嵌入对象

当源文件的数据变化时，如果用户不希望更新复制的数据，那么可以使用嵌入对象。这样，源文件的拷贝可以完全嵌入到工作簿中。

当打开网络中其他位置的文件时，不必访问原始数据就可以查看嵌入对象。由于嵌入对象与源文件没有链接关系，所以更改原始数据时并不更新该对象。如果需要更改嵌入对象，那么双击该对象即可在源应用程序中将其打开并进行编辑，要求源应用程序或其他能编辑该对象的应用程序必须安装在当前的计算机中。如果将信息复制为嵌入对象，目标文件占用的磁盘空间比使用链接对象时要大。

3．控制链接的更新方式

默认情况下，每次打开目标文件或在目标文件已打开的情况下，源文件发生变化时，链接对象都会自动更新。打开工作簿时，将出现一个启动提示，询问是否要更新链接。尽管可以手动更新，但是这是更新链接的主要方法。

如果用户使用公式链接其他文档中的数据，那么只要该数据发生变化，Microsoft Excel 就会自动更新数据。

13.3.2　插入外部对象

在 Excel 2010 工作表中，可以直接插入一些外部对象。在插入对象时，Excel 将自动启动该对象的编辑程序，并且可以在 Excel 和该程序之间自由切换。下面将介绍在 Excel

工作表中插入对象的操作方法。

【例 13-9】新建一个 Excel 工作簿，并在其中插入 AutoCAD 图形对象。
视频+素材 (光盘素材\第 13 章\例 13-9)

step 1 创建一个空白工作表，然后选择 A1 单元格。

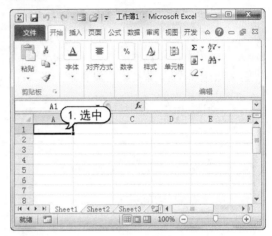

step 2 选择【插入】选项卡，然后在【文本】组中单击【对象】选项。

step 3 打开【对象】对话框，在【新建】选项卡的【对象类型】列表中选择将要插入到文件中对象的类型，这里选择【AutoCAD 图形】选项，然后单击【确定】按钮。

step 4 此时，即可启动 AutoCAD 软件在工作表中插入图形。

13.3.3　将已有文件插入工作表

在 Excel 中，除了可以插入某个对象外，还可以通过插入对象的方式将整个文件插入到工作簿中并建立链接，也可以把存放在磁盘上的文件插入到工作表中。

【例 13-10】新建一个工作簿，并在其中插入制作完成的 Flash 影片。

视频+素材 (光盘素材\第 13 章\例 13-10)

step 1 创键一个空白工作簿并选择【插入】选项卡，在【文本】组中单击【对象】选项。

step 2 打开【对象】对话框选择【由文件创建】选项卡并单击【浏览】按钮。

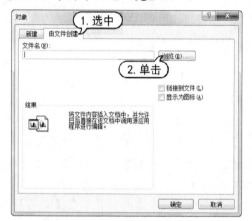

step 3 打开【浏览】对话框，选择要插入的 Flash 影片文件，然后单击【插入】按钮。

step 4 返回【对象】对话框，然后单击【确定】按钮即可在工作簿中插入 Flash 影片文件，双击可以浏览该文件。

13.3.4 编辑外部对象

在 Excel 工作表中，对于链接或嵌入的对象，可以随时将其打开，再进行相应的操

作。对于链接对象，可以自动进行更新，还可以随时手动进行更新，特别是当链接文件移动位置或重新命名之后。

1. 在源程序中编辑连接对象

对于在工作表中插入的链接对象，可以在【编辑链接】对话框中，对链接的对象进行更新、更改源、断开链接、打开等操作。

在 Excel 2010 中选择【数据】选项卡，在【连接】组中单击【编辑链接】选项，可以打开【编辑链接】对话框。

在【编辑链接】对话框中，用户可以在选择要编辑的链接对象后进行如下操作。

➤ 单击【更新值】按钮，可以更新在【链接】对话框中选定的所有链接。

➤ 单击【更改源】按钮，可以打开【更改链接】对话框，允许引用对其他对象的链接，在【将链接更改为】文本框中输入新的链接后单击【确定】按钮返回。

➤ 单击【打开源文件】按钮，可以打开与工作簿相链接的文件进行编辑。

▶ 单击【断开链接】按钮，可以打开一个消息框，提示用户是否确定要断开链接。单击【取消】按钮，取消此次操作，单击【断开链接】按钮，可以取消链接，并替换为最新的值。

▶ 单击【检查状态】按钮，可以验证所有的链接。

▶ 选中【自动更新】单选按钮，可以在打开文件后，每当源文件更改后都自动更新选定链接的数据。当链接被锁定时，【自动更新】选项无效。

▶ 选中【手动更新】单选按钮，这样每当单击【更新值】按钮时，对选定的链接进行数据更新。

▶ 单击【启动提示】按钮，可以打开【启动提示】对话框。在该对话框中可以设置当打开工作簿时，Excel 是否提示用户要更新其他工作簿的链接等选项。

【例 13-11】新建一个工作簿并在其中插入一个图片对象，然后将链接对象修改成其他对象。
视频+素材（光盘素材\第 13 章\例 13-11）

step 1　创键一个空白工作簿并选择【插入】选项卡，在【文本】组中单击【对象】选项。

step 2　在打开的【对象】对话框中选择【由文件创建】选项卡，选中【链接到文件】复选框，然后单击【浏览】按钮。

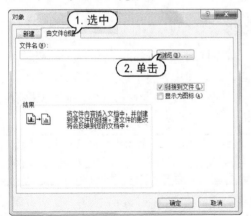

step 3　在打开的【浏览】对话框中选择一个图片文件后，单击【插入】按钮。

step 4　返回【对象】对话框后，单击【确定】按钮，以【链接到文件】的方式在工作簿中插入图片对象。

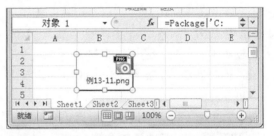

step 5　选择【数据】选项卡，在【连接】组中单击【编辑链接】选项，打开【编辑链接】对话框。

step 6　在【编辑链接】对话框内的列表框中选择刚插入的图片对象，然后单击【更改源】按钮，打开【更改链接】对话框。

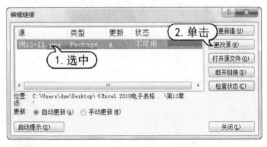

step 7　在【更改链接】对话框的文本框中输入要修改对象的地址，单击【确定】按钮。

step 8　返回【编辑链接】对话框，然后单击【关闭】按钮即可。

2. 在源程序中编辑嵌入对象

如果要在源程序中编辑嵌入的对象，可以双击该对象并将其打开，然后根据需要进行更改。如果是在嵌入程序中对对象进行编辑，在对象外面的任意位置单击就可返回到目标文件中。如果是在源应用程序中编辑嵌入对象，可以在完成编辑后，关闭源应用程序即可返回到目标文件中。

13.4 与其他 Office 软件协作

作为 Microsoft Office 2010 组成部分的 Excel 2010 来说，它的一个重要功能就是与其他 Office 应用程序之间的协作。这种协作主要体现在这些应用程序之间可以方便地交换信息。例如，可以将 Excel 工作表单元格区域或者图表复制到 Word 文档中，或者将 Word 文档链接到 Excel 中。

13.4.1 与 Word 软件协作

在 Excel 2010 中，可以使用前面介绍插入对象的方法，在 Excel 表格中插入 Word 文档对象。此外，还可以直接复制 Word 电子文档中创建的表格至 Excel 2010 中，反之亦可。

【例 13-12】将 Word 文档中的表格导入 Excel 中。
视频+素材 (光盘素材\第 13 章\例 13-12)

step 1 在 Word 中创建表格，然后选择并右击要导入 Excel 的表格区域，在弹出的菜单中选择【复制】命令。

step 2 新建一个 Excel 工作簿，右击任意单元格，在弹出的菜单中选择【粘贴选项】|【保留源格式】命令。

step 3 此时，即可将 Word 文档中的表格复制到 Excel 中。

若需要插入的 Word 文档表格仍然可以使用 Word 来进行编辑，则需要使用插入对象的方法来导入表格。

13.4.2 与 PowerPoint 软件协作

在使用 PowerPoint 制作演示文稿时，常常会需要使用表格，但其制作表格的功能十分有限，此时可以在 Excel 中制作表格后再将其导入 PowerPoint 中。

【例 13-13】在 PowerPoint 演示文稿中插入 Excel 工作簿。
视频+素材 (光盘素材\第 13 章\例 13-13)

step 1 使用 PowerPoint 创建一个空白演示文稿，然后选择【插入】选项卡，在【文本】组中单击【对象】按钮。

step 2 在打开的【插入对象】对话框中选中

【由文件创建】单选按钮，然后单击【浏览】
按钮。

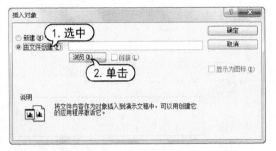

step 3　在打开的【浏览】对话框中选择一个
Excel 文档后，单击【确定】按钮。

step 4　此时，Excel 电子表格将被插入至
PowerPoint 演示文稿中。

13.5　案例演练

　　本章的实战演练部分包括将工作簿上传到网站和将工作簿发布为 PDF 文件两个实例操
作，用户通过练习从而巩固本章所学知识。

【例 13-14】在 Excel 2010 中将工作簿上传到
Microsoft OneDrive。
视频+素材 (光盘素材\第 13 章\例 13-14)

step 1　在 Excel 2010 中打开一个工作簿后，
单击【开始】按钮，在弹出的菜单中选择【保
存并发送】命令，在显示的选项区域中选择
【保存到 Web】选项，并单击【登录】按钮。

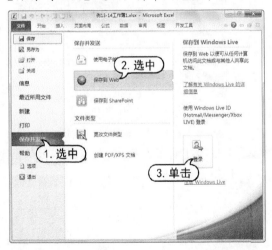

step 2　在打开的对话框中输入用于登录
Office 账户的电子邮箱及密码，然后单击【确
定】按钮。

step 3　在窗口右侧的窗格中选择【公开】文
件夹后单击【另存为】按钮。

step 4　在打开的【另存为】对话框中单击【保

存】按钮，将工作簿保存。

step 5 重新启动 Excel 2010 单击【开始】按钮，在弹出的菜单中选择【打开】选项，打开【打开】对话框，在对话框左侧的列表中选择【公开的位置在 d.docs.live.net】选项。

step 6 此时，将打开输入用于登录 Office 账户的电子邮箱及密码，并单击【确定】按钮，即可查看网站中上传的文件。

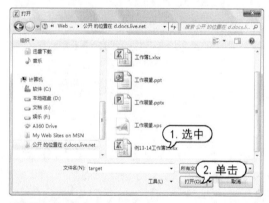

step 7 选择需要打开的文件，并单击【打开】按钮即可将文件打开。

【例 13-15】在 Excel 2010 中将工作簿保存为 PDF 文档。

视频+素材 (光盘素材\第 13 章\例 13-15)

step 1 打开一个工作簿后，单击【开始】按钮，在弹出的菜单中选择【保存并发送】选项，然后在显示的选项区域中选择【创建 PDF/XPS 文档】选项，并单击【创建 PDF/XPS】按钮。

step 2 在打开的【发布为 PDF 或 XPS】对话框中单击【选项】按钮。

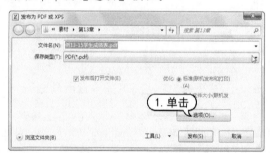

step 3 打开【选项】对话框，设置文件发布参数，然后单击【确定】按钮。

step 4 返回【发布为 PDF 或 XPS】对话框后，单击【发布】按钮即可。